本书获得陕西师范大学学术出版基金一等资助

心理学重要理论问题探析

霍涌泉◎著

科学出版社

北 京

内 容 简 介

本书旨在通过"理论视野"深入剖析当代心理学的热点议题,结合国内外心理学领域的新动态,围绕现代心理学的核心主题展开系统且深入的研究与评述。书中重点探讨了脑科学、认知心理学、积极心理学等多个方面,同时涉及多个重要的实体理论。本书不仅深入考察了心理学发展的新趋势,还对心理学的本体论、认识反映论、价值论以及新时代心理学问题等进行了详尽的探讨,以期推动现代心理学基本理论的建设进程。

本书适用心理学研究者、专业教师及学生,同时也是对心理学理论感兴趣的读者的理想参考读物。

图书在版编目(CIP)数据

心理学重要理论问题探析 / 霍涌泉著. —北京:科学出版社,2024.6
ISBN 978-7-03-078639-5

Ⅰ.①心… Ⅱ.①霍… Ⅲ.①心理学理论-理论研究 Ⅳ.①B84

中国国家版本馆 CIP 数据核字(2024)第 110576 号

责任编辑:崔文燕 / 责任校对:贾伟娟
责任印制:徐晓晨 / 封面设计:润一文化

科 学 出 版 社 出版
北京东黄城根北街 16 号
邮政编码:100717
http://www.sciencep.com
北京建宏印刷有限公司印刷
科学出版社发行 各地新华书店经销

*

2024 年 6 月第 一 版 开本:720×1000 1/16
2025 年 10 月第四次印刷 印张:20 1/2
字数:375 000
定价:128.00 元
(如有印装质量问题,我社负责调换)

作者简介

霍涌泉　陕西师范大学心理学院二级教授、博士生导师，曾任中国心理学会理论与历史专业委员会副主任，校学术委员会委员，曾为"陕西师范大学跨世纪人才工程"入选人员，多伦多大学高访学者，2016年在中央党校学习。主要从事心理学理论与历史、认知科学和教师教育研究。代表性的学术成就：聚焦心理学理论与历史研究，重视将传统性与现代性、基础性与前沿性、理论性与实践性相结合，已在科学出版社、中国社会科学出版社等出版学术专著6部；在《心理学报》《教育研究》，以及 *Theory & Psychology*（《理论与心理学》）、*History of Psychology*（《心理学史》）等国内外知名刊物发表学术论文100多篇。

目 录
CONTENTS

第 一 章

心理学研究的新动向与发展

　　科学心理学（psychology），作为 19 世纪末期新科学运动中的新兴重要学科（确立于 1879 年），已在美国发展成为紧随经济学和法学之后的热门专业学科之一。作为文理交叉的学科，心理学既注重理科的严谨性，也重视文科的人文性。我国传统文化中蕴含着深厚的心理学思想，而作为专业性的心理科学，则是从西方引进的。自 1921 年中国心理学会成立至今，我国心理学的专业发展已经历百年的风雨沧桑。1999 年，科技部确定增加心理学作为 18 个需要优先发展的基础学科之一，这体现了中国科学研究致力于追赶世界潮流，以及打造国内核心重点学科的坚定决心。

第一节　当前心理学研究的新热潮与发展挑战

在心理学这一门相对年轻的学科中，新理论、新方法、新思潮持续不断涌现。新东西很多是这门科学的优势所在之一。探析心理学重要理论问题首先不能脱离这门学科发展的现状与近期变革转型特点。

有学者指出，"科学心理学的进程，大致分为产生、形成、演变和发展四个阶段：①1879 年至第一次世界大战；②两次世界大战之间；③第二次世界大战到20 世纪 70 年代；④20 世纪 70 年代后"①。一般意义上的"现代心理学"应该指的是精神分析思潮、行为主义思潮、人本主义思潮、认知心理学思潮占主导地位的时期，其时间跨度大致是 20 世纪初至今。由此不难发现，心理学的阶段交替都伴随着巨大的变革。

现代心理学的发展有可能带动 21 世纪人类科学发展整体水平的提高。许多学者认为，20 世纪末期是生物学和脑科学大发展的时代。21 世纪初期，以分子生物学为中心的一组新学科进入全盛阶段，生物科学的领先地位又将被以心理学为中心的一组学科取代。心理学即将成为带头科学之一，将成为人类认识世界改造世界的又一新工具。现代心理学取得了公认的历史性成就。早在 20 世纪 70 年代，美国著名学者丹尼尔·贝尔就总结了 1900—1965 年人文社会科学所取得的75 项重大成就，其中有经济学 13 项，心理学 12 项，政治学 11 项，数理统计学11 项，社会学 7 项，哲学 5 项，人类学 3 项，其他学科 13 项②。心理学是除了经济学而取得成就最多的学科。目前西方许多国家将心理学列为国家科学发展战略计划中的优先发展学科之一。

21 世纪，国内外心理学研究迈入一个前所未有的新阶段，许多领域的学术发展呈现出"今非昔比"的新格局。其中，"认知热""神经热""文化热""应用

---

① 林崇德.加快心理学研究中国化进程.教育研究，2019（10）.
② 丹尼尔·贝尔.资本主义文化矛盾.严蓓雯，译.北京：人民出版社，2010.

热"等诸多研究热潮,日益影响着人们的认识视野与理解深度,极大地影响了世界性的心理学发展局面。①

一、认知研究热潮的日新月异发展

认知革命是现代心理学的重大事件。这一革命所促成的认知心理学研究汇成了当代心理学发展的时代性主题和主体性特征。崛起于 20 世纪 50 年代末期的认知心理学,是 20 世纪 90 年代国际心理学研究的前沿性主战场,也是衡量一个国家的心理学研究水准的主要指标,更是现代心理学发展的积极生长点。由于 20 世纪 90 年代计算机科学与人工智能(artificial intelligence,AI)技术的日益迫切发展的需要,世界各发达国家纷纷投入大量的人力物力,以推进认知科学的基础性学术研究,从而将心理学研究带入更深、更新的研究认知活动的重要阶段。

进入 21 世纪,国际认知心理学的研究较之于 20 世纪以前出现了许多新的变化与特点。科学心理学诞生半个世纪之后,心理学发展的主流是行为主义的实验性研究,而"认知研究的名声不佳。因为这一领域的研究往往超出正统的科学范围,而容易被卷入到一些'心灵主义'的概念中去"②。在信息计算、语言学等的新兴科学技术日新月异发展的影响下,心理学的认知实验研究又进入了一个新的发展阶段,极大地推进了以实验方法探讨人心理内在机制的研究进程。

人的心理活动涉及知、情、意、行的选择及其整体优化。缺乏正确的认知会削弱人的主体能动性,缺乏特定的情感倾向则无法形成客观的认知和行动。知、情、意、行的和谐统一构成了人心灵的基石,然而知与行之间的不协调和失衡却屡见不鲜。心理学是一门兼具自然科学与社会科学属性的学科,心理学研究在当今已经取得了许多引人注目的内在主义积极成果。其中,认知活动机制是科学心理学研究取得学术成果最丰硕的领域之一,尤其是以现代心理学主流思潮为代表的认知心理学研究取向,更蕴含着丰富的能动性认知思想。

按照当前认知科学研究的观点,需要有五种认知水平和解释水平,即神经层级的认知、心理层级的认知、语言层级的认知、思维层级的认知、文化层级的认知。③一旦我们能够在如何(how)、为何(why)、何处(where)和何时

---

① 霍涌泉,王静. 当前心理学研究的三大热潮及学术引领. 中国社会科学报,2018-01-15.

② Gauvain M,Munroe R L. Contributions of societal modernity to cognitive development:A comparison of four cultures. Child Development,2009(6).

③ 蔡曙山. 认知科学:世界的和中国的. 学术界,2007(4).

（when）这几个层次上理解思维，就可以用纳米科学技术对认知进行建构，用生物技术和医学、信息技术对认知进行操作控制，用生态的、社会的和文化视角看待人的进化。

目前，哲学和心理学界关于认知的普遍研究结论是强调"人是有限理性的"。康德在《纯粹理性批判》①中回答"人是什么"等问题时提出，人同时是两个世界的成员，受到两种法则的影响，因为人终其一生都受制于自然法则而不可能完全按照理性法则行动，而且理性法则对人表现为应该做什么的道德法则。有限的人类理性有两种功能，即理论理性与实践理性。在这一问题上，西蒙的"理性有限性"②决策思想已经在世界范围内得到认可。现代心理学，一方面强调人类行为的有限合理性，如人的身体生物机能的有限性、认知资源的限制、客观条件的限制以及实践活动条件的限制；另一方面，主张人的心智潜能是难以估计的，人的潜力、能动性与创新性巨大。从有限理性的观点确立心理活动的规律，并不追求最佳、最优，而是以基本满意的方式解决问题，从而构成了人类认知活动的主要策略途径。2011 年诺贝尔经济学奖获得者克里斯托弗·西姆斯建立的"理性疏忽"概念，也加深了我们对认知理性有限性的理解。这一观点认为，个体在获得、吸收与处理信息时需要付出一定成本，因此只能在有限的信息基础上形成预期理性。由于无法对所有信息给予充分的关注，因此实际效果往往受到限制。认知双加工模型的核心思想是利用理性认知与直觉认知进行就等于赋予知识预先的客观确定性和权威性。认知双加工模型可被视为有限合理性的一种表现形式，是长期日常生活行为经验积累发展的产物。

人们通常把 20 世纪 50 年代中期视为认知心理学运动形成的关键年代，"认知科学"则是 20 世纪 70 年代中后期才开始使用的概念。认知科学这门科学制度化的标志是 1975 年美国率先对认知科学给予资助和 1977 年《认知科学杂志》（*Journal of Cognitive Science*）的创立。在改革开放初期，我国的心理学研究重心内容也由普通心理学、实验心理学转向认知实验心理学。20 世纪 80 年代之后，许多大学相继将认知科学列入研究生的高级学位课程培养计划之中。这门学科是研究广义的认知问题的新科学领域。有的学者认为，认知科学的研究范围涉及六个方面的交叉内容：哲学、语言学、神经科学、计算机科学、心理学和人类学。这些不同的研究领域被总称为认知科学。进入 21 世纪，认知心理学和认知科学更是进入了一个快速发展的黄金时期，涌现出以"认知 4E+"为突出代表的新范

---

① 康德. 纯粹理性批判. 蓝公武, 译. 北京：商务印书馆, 1982.

② 黄柏. 管理就是决策——赫伯特·A. 西蒙《管理行为》评介. 管理世界, 1990（1）.

式，极大地改变着心理学研究的发展格局。当前，认知心理学已不仅是母体心理学中的一个分支学科，而且是"认知科学"这门新的学科群中的核心基础学科。认知神经科学唱主角的新趋势出现。

同时，认知心理学成为当今人工智能科学发展的重要理论技术支撑。目前，认知心理学已成为认知科学的前沿性攻关项目，其所取得的很多最新进展迅速成为人工智能、神经网络计算机等高新技术研究的理论模型和技术路径。人工智能开发系统体现的是人类智力行为的特点，诸如理解和使用语言，学习、推理和求解问题，使不灵活的机器灵活起来。因此，人工智能领域的研究亟须认知心理学的理论先导和技术支撑。由于认知心理学强调"人类的所有智能活动都是可以用符号和计算来实现的"，"认知即计算"，这就把智能与计算紧密地联系在一起，形成了"计算智能"的新概念。因此，认知心理学领域出现了一场被称为"神经计算（又称人工神经网络）的革命"。[①]这对智能的基础研究乃至电子计算机产业都产生了空前的刺激和推动作用。

2000 年以来，认知心理学不仅致力于阐明人脑的工作机制和思维的本质，探索人类智能的源泉，而且设计出具有某些大脑神经计算特性的人工智能系统，即神经网络计算机，从而为人工智能研究开辟了新的领域。当前阶段，认知心理学研究在与人工智能科技紧密结合的同时，也与生物神经科学紧密相连，逐步实现了从数字化计算的功能类比到神经计算机功能模拟的转变，进而在生物脑与计算机之间建立了桥梁。近年来，在脑功能模拟研究领域，系统水平、细胞水平和分子水平等不同层次上的大量实验研究已经取得了丰硕的成果。有学者预测，这有可能在 21 世纪初期引发一场以人脑为核心的新技术革命。

二、认知神经科学研究热潮的兴盛

认知神经科学的热潮源于神经生理心理学分支的快速发展。作为近 20 年来国际心理学发展的又一重点，神经生理心理学在世纪之交的高速发展中引发了各国心理学家的浓厚兴趣。随着认知神经科学在过去 20 年的持续进步，心理学的发展已经站在了一个激动人心的新时代的前沿。

生理心理学与神经科学的结合研究，旨在深入探索行为活动变化与大脑神经生理活动之间的内在机制。这一直是心理学工作者渴望攻克的科学难题。然而，

---

① 何振亚.神经智能：认知科学中若干重大问题的研究.长沙：湖南科学技术出版社，2017：6.

由于该研究方向受到科学发展水平、科学仪器及学术理论等多重因素的制约，自心理学成为独立学科起，该领域的研究进展相对缓慢。但随着当代生物科学研究技术和脑科学研究方法的不断进步，从 20 世纪 80 年代开始，这一领域的心理学研究取得了飞速发展，并已成为主流心理学的重要研究内容之一。

当前国内外心理学界掀起了一场脑科学与认知神经科学研究的新浪潮。心理学的这一前沿领域研究运动的勃兴，是与现阶段的带头学科——神经科学的迅猛发展分不开的。进入 20 世纪 60 年代，国际上神经科学呈爆炸性发展。由于当代微电子技术的日新月异，传统的宏观层次的生理学研究技术开始向微观层次的电生理技术和分子化学领域发展，将神经生理学的研究推向细胞水平和分子水平，从而确立了现代神经生理学的理论体系。近些年，生理心理学和神经心理学的成果主要依赖脑神经科学、实验心理学和计算机科学这三个学科领域的协同攻关。世界许多发达国家相继推出了雄心勃勃的脑科学研究计划，像美国推出了"脑的十年"（Decade of the Brain）计划，日本实施了"新人类计划"（Human Frontier Science Program，HFSP），欧洲国家也开启了脑科学与认知科学的研究项目。在这些重大研究政策中，有很多内容与心理学有关。美国于 2001 年启动了"行为的十年计划"（Decade of the Behavior Initiative）（2000—2010 年，由美国心理学会倡导），又于 2007 年提出了"心智十年行动方案"（Decade of the Mind Initiative）[2012—2022 年，由《科学》（Science）发表的一份宣言]。2013 年，美国总统奥巴马更是宣布推进"创新神经技术脑研究计划"[Brain Research through Advancing Innovative Neurotechnologies（BRAIN）Initiative]，简称"美国脑计划"。受西方发达国家的影响，2016 年，我国也将"脑科学及类脑研究"（也被称为"中国脑计划"）列入"十三五"规划，着重从两个研究方向展开脑科学攻关目标：一是以探索大脑奥秘、攻克脑疾病为主线的脑科学研究；二是以构建和发展人工智能技术为导向的类脑研究。杨雄里院士概括指出，"中国脑计划"的研究方向是以认识脑认知原理（认识脑）为主体，以类脑计算与脑机智能（模仿脑）和脑疾病诊治（保护脑）为两翼。①

当今脑科学研究热的兴盛是与当代神经生理技术的不断进步分不开的。脑研究技术日新月异的发展为心理学研究的深入推进提供了很大助力。心理学学者在有关神经生理机制的研究上呈现出前所未有的热情。近年来，涉及认知神经方面的研究报告日益繁多，认知神经科学被视为当前心理学最重要的研究方向之一。

---

① 杨雄里. 为中国脑计划呐喊. 中国科学：生命科学，2016（2）.

认知神经科学探索心理与行为脑神经机制的途径主要有三种：一是对不同机能进化水平的动物进行分子、细胞、神经环路等多层次的神经生物学研究；二是对脑损伤病人进行神经心理学临床研究；三是对正常人进行脑功能成像研究。[1]虽然神经影像技术还没有完全证明身心同型论的假设，但是至少现在我们正朝着心理过程对应的大脑活动的方向迈进。回顾近 20 年认知神经科学在诸多领域取得的令人值得关注的进展，可以说其对传统心理学的研究范式和发展趋势产生了极大的影响。有些学者甚至非常乐观地预言：运用认知神经科学能够打开大脑的"黑匣子"，揭开"大脑产生心理"的秘密，必将引领心理学发展的方向。[2]也有学者指出，"如果我们想要认清认知神经科学在心理学中最合适的角色，这是至关重要的。我们认为认知神经科学在未来跨学科的心理学中会非常有优势，它能够补充和扩展其他心理学的分支"[3]。

　　毫无疑问，认知神经科学是距离心理活动最近的自然科学分支，是承载心理活动的物质本体性研究领域。运用神经科学的新技术手段，可以进一步拓展心理学研究的广度和深度，增强传统心理学对生理机制研究的薄弱环节，进而有可能建立一系列新的丰富而深刻的理论范式与实践模式。当前，国内外许多知名心理机构名称的更换也表现出对神经科学的关注。譬如加利福尼亚大学、斯坦福大学、波士顿大学等高等院校将其"心理学系"改名为"心理与脑科学研究中心"，杜克大学的"心理学系"更名为"心理与神经科学研究中心"。目前，美国国家卫生基金会下属的 4 个有关心理研究的机构——儿童健康与人类发展研究所、心理健康研究所、药物滥用研究所、酒精滥用与中毒研究所，同时将资助力度向神经生物学领域倾斜。近年来，由于美国联邦基金资助重心的迁移以及来自政策方面的支持，神经科学和某些生物学领域更多地享有资助优先权。美国国家心理健康研究所近期起草的文案《国家心理健康研究所战略计划目标 1：定义复杂行为背后的大脑机制》（The National Institute of Mental Health Strategic Plan Goal 1：Define the Brain Mechanisms Underlying Complex Behaviors）声称，美国将大力扶持从事基础研究的科学家探究心理功能在神经生物学层面上的解释。未来的战略目标之一就是鉴别复杂行为背后的神经生物学机制，厘清复杂行为背后的分子、细胞和神经回路，对精神类疾病进行神经层面上的寻本探源。这一目标

---

　　① 张卫东，李其维. 认知神经科学对心理学的研究贡献——主要来自我国心理学界的重要研究工作述评. 华东师范大学学报（教育科学版），2007（1）.

　　② Alison Caldwell，Micah Caldwell. 大脑的奥秘. 唐洁，译. 北京：华龄出版社，2022.

　　③ Schwartz S J，Lilienfeld S O，Meca A L，et al. The role of neuroscience within psychology：A call for inclusiveness over exclusiveness. American Psychologist，2016（1）.

的实施确实给今后精神类疾病的诊疗带来了新的希望。近期，由美国国立卫生研究院资助的研究人员还设计开发了一种软件，能够自动定位这些区域的"指纹"。卡斯伯特表示这些全新的见解和工具将有助于我们解释大脑皮层如何进行演变，以及其在健康和疾病等特定领域发挥的作用。这项研究最终可能给脑外科及临床工作带来前所未有的希望。①近些年，神经科学在美国心理学招聘岗位中的比率，从 2011 年的 33%提高到 2012 年的 40%，又增加到 2013 年的 50%，其间的增幅比任何时期都大。社会与人格心理学聘用的神经生理学背景的人员也从 2011 的 24%提高到 2012 年的 29%，又增加到 2013 年的 48%，这部分地反映了社会神经科学的发展势头。②

　　虽然有关心理学研究中"神经主义"的崛起尚有很多争议，但是越来越多的迹象表明这种运动的影响在心理学中是十分突出的。面对这一热潮，也有许多不同的声音。有学者认为，神经现象复杂、解释困难而可操作性有限，"我们也需要对神经革命的未来保持适度的警惕"③。美国心理学会（American Psychological Association，APA）原主席艾森伯格（Eisenberg）也对这种倾向发出了一些警告，即越来越多的研究者倾向去假设研究基因、神经和身体生理的过程比研究行为和心理过程更加重要，本质上是因为生理发现将最终解释人类心理的大部分功能。艾森伯格进一步担忧国家健康机构的资助优先放在这方面的倾向越来越明显，而一直忽视社会心理因素和患者主观经历的作用，因为如果把注意力集中在遗传和身体倾向上，则很难谈得上在医疗过程中对症下药。所以，过分狭隘地强调神经科学是有问题的，这不仅有悖心理学的传统研究维度，还会给神经科学本身带来很多问题。极端化的研究立场与方法在心理学、精神病学中非常有害。神经科学难以完全描述人产生的各种行为和经验、社会，或者文化心理有没有类似或相同的机制④。

---

① 研究人员绘制另外 180 个大脑皮层区域. https://www.sohu.com/a/106913566_162522，2016.

② Schwartz S J，Lilienfeld S O，Meca A L，et al. The role of neuroscience within psychology：A call for inclusiveness over exclusiveness. American Psychologist，2016（1）.

③ Slaby J，Choudhury S. Proposal for a critical neuroscience//The Palgrave Handbook of Biology and Society. London：Palgrave Macmillan UK，2018：341-370.

④ Luthar S S，Eisenberg N. Resilient adaptation among at-risk children：Harnessing science toward maximizing salutary environments. Child Development，2017（2）.

三、人文社会心理学研究热潮的勃兴

从社会心理文化的视角探讨人类行为活动规律（即人文心理学的研究取向），是20世纪90年代以来国际心理学发展的又一个重要研究方向。人文取向的心理学家尽管反对心理学中的自然科学中心主义的弊端，但他们仍然力图保持研究的科学性质。他们着重整体分析、临床观察、案例研究等科学方法，系统地研究和探索个体的内在心理世界及主观经验，从而使人文心理学的观点和研究纳入科学研究的形态及规范之中。从心理学研究的发展来看，人文心理学代表着心理学发展的最高级复杂阶段。心理学最初主要研究个人的心理和行为活动，随着社会心理学科分支的出现，人和社会的相互作用问题成为心理学的主要研究课题。20世纪30年代以后，心理学者在社会心理学、实验心理学和人类学的知识基础上创立了文化心理学和人格心理学。20世纪80年代以来，第三世界文化本位心理学的崛起给人文心理学的研究注入了新的活力。有的学者预言，人文领域的研究不久将成为心理学发展的中心领域，未来人文心理学的贡献将日益增大，而且人文心理学的研究将有可能促使产生一种崭新的思维方法，从而在心理学领域内出现新的更具有生命力的理论。

就心理学的研究方法论而言，人文心理学的研究取向代表了一种新的心理学研究范式的出现。因为这一新的心理学研究范式一方面吸收了主流心理学的主要研究——定量方法，即通过观察、实验、测量的方法研究人类的高级行为活动模式；另一方面，又通过质化研究（即定性研究）揭示个体心理活动的社会文化原本形态。这两种研究方法的综合运用、相互补充，有力地促进了包括社会心理学、人格心理学、文化心理学和本土心理学在内的人文心理学领域的整体研究水平的提高，极大地提高了人文心理学在心理学界的学术地位。西方兴起的定性研究的热潮并不同于传统的以思辨推理和经验描述为主的定性方法。提倡质化研究范式的学者通常认为，观察、实验和测量属于经验的方法，是一个由理论假设到实际调查的"自上而下"的研究过程，其只有验证性和重复性，缺乏对研究对象的真实的阐述与诠释。所以通过这种方法所取得的资料成果，往往只关心自己的研究是否符合研究程序或统计要求，而不重视研究现实生活中相互作用的复杂情境，也不重视对此加以解释和理解。有学者指出，质化研究方法的实质是发掘当事人的经验，通过当事人的经验了解其生活世界，而不是沿用一些社会上或者学术上已经存在的见解或结论；质化研究的大前提是要抛开空洞抽象的词汇，发掘具体的细微的经验，以此来发现人与事物、人与社会的关系；质化研究要达到的目的就是从当事人的经验中总结出结构性现象，进而从中分析出结构性的一般关系。①在他们看来，这一研究的特点是从研究对象的内在意义来定义抽象的概念，然后建构理论，因而是一个"自下而上"的研究过程，有着很强的创造性。它不仅能够描述活生生的人和事，而且能够揭示不同族群的社会差异性和文化差异性，包括真实的心理生活世界的价值及意义。积极心理学、人本主义心理学和后现代主义心理学思潮在这一研究领域做出了积极的探索。

人文社会心理学研究取向中的另外几个有代表性的核心主题，如社会心理学、人格心理学、文化心理学、管理心理学等，也为此做出了卓有成效的学术努力，其中文化心理学近年来的蓬勃发展相当引人注目。当然，我们也需要清醒地看到，在当今世界性的文化研究热潮中，心理学界所出现的这种转向也面临着很大的挑战与难题。客观地讲，目前文化心理学的研究尚未走到全球性文化探索的最前沿。当前，心理学范式中的文化研究所涉及的大多是研究对象和内容的多样性以及多元方法的异质性，心理学对世界文化理论的贡献多属于局部的、补充性的。对于有关文化心理学研究的核心问题、跨学科目标、认识论和方法论所提出的更深刻的挑战，心理学界所做出的积极回应尚不多见。这就造成了较之于其他人文社会科学，心理学在文化研究的开放性与学术内涵上滞后的局面②；同时，在当前文化的全球化、多元化的异化问题上，仍然一味站在追随性、肯定性的表层上；批判性、解释性力度尚没有达到哲学、教育学和社会学的研究高度。这些都说明文化心理学亟须深入探讨人类共同命运的关切研究。

四、心理学的情绪研究热潮

人的本质具有"知"的一面，同时又具有"情"的一面。人是知、情、意、行合一的社会性动物，为生存和幸福而奋斗。因此，动机、情绪问题成为当前心理学研究的新潮流。近年来，国际上有关情绪研究十分活跃，国内心理学界也广泛掀起情绪研究的革命性热潮。情绪研究作为 21 世纪心理学发展的新焦点，已成为多学科交叉研究的前沿和热点，进而纠正了学术界多年来以认知主导心理学的研究偏差。目前情绪研究热潮主要涉及三个焦点问题：一是情绪与认知的关系；二是情绪计算；三是情绪与健康的关系问题。

对情绪与认知的关系问题的探讨，是心理学中长久以来备受争议的话题。以

---

① 万明钢.文化视野中的人类行为：跨文化心理学导论.兰州：甘肃文化出版社，1996：13.

② 叶浩生.试析现代西方心理学的文化转向.心理学报，2001（3）.

往的研究主要集中于"是情绪控制认知，还是认知支配情绪"。现阶段研究则认为，情绪与认知本身作为心理研究中的两大板块，是人类生存于社会的必要条件。情绪不仅与认知相互依存、相互作用，而且认知、情绪与大脑结构有着千丝万缕的联系，因此，要了解情绪的本质，就必须探究情绪的内在生理神经活动机制。

情绪计算是当前情绪心理学研究的一个突出进展。神经科学家在《自然神经科学》（*Nature Neuroscience*）杂志发表的一项研究证实：尽管情感极具个体性和主观性，但是大脑会把它们转换成一个标准的代码体系，这一代码体系客观地代表着不同感官、内心状况甚至是人的情感。在实验过程中，研究人员向被试提供了一系列图片和味道，然后让被试做出主观经验评级，脑成像记录被试的大脑激活模式。文章总结道："尽管我们的情感是个人的，但证据表明，我们的大脑使用一种标准的代码，来说出同样的情感语言。"①目前，情绪计算在人工智能领域已有技术化、工程化的实现。

当前，情绪心理学关于积极认知与情绪的作用问题的深入研究，从实证角度进一步加深了人们对积极情绪与认知的理解。在实验研究中，一般将认知分为积极认知、中性认知与消极认知三种类型，这种分类在某种程度上与积极情绪与消极情绪有一定的关系。积极认知指个体在一定的程度上，对未来抱有积极预期的思维过程，与个体的行为存在内在的关联；相反，消极认知指对未来抱有消极预期的思维过程，也与个体的行为存在联系。在情绪、认知与行为中存在着作用与反作用的关系，积极情绪会促进积极认知、积极行为和增强认知能力；积极认知和积极行为反过来也会促进积极情绪，积极情绪与认知资源之间呈螺旋式上升。积极情绪或消极情绪对认知过程中的具体影响已有实验证明。有学者发现，积极情绪会促进注意加工过程，扩大注意范围，消极情绪会抑制这种加工过程，缩小注意范围②；积极情绪会增加认知资源，消极情绪会减弱注意促进效应。积极情绪会加速冲突的解决过程，消极情绪也会增加对立反应倾向之间的冲突。在积极情境中，相比于中性情绪启动的被试，追求积极情绪的被试所体验到的快乐情绪水平显著降低，且报告更多的负性情绪；在消极情境中，二者的情绪体验则不存在显著差异③。当然，这些研究结论有待进一步实验证据的支持。

① Chikazoe J，Lee D H，Kriegeskorte N，et al. Population coding of affect across stimuli，modalities and individuals. Nature Neuroscience，2014（17）.

② Fredrickson B L. Positive emotions broaden and build. Advances in Experimental Social Psychology，2013（1）.

③ Kanske P，Kotz S A. Emotion triggers executive attention：Anterior cingulate cortex and amygdala responses to emotional words in a conflict task. Human Brain Mapping，2011（2）.

有关情绪唤醒维度与皮肤生物电活动的研究发现，积极与消极的情绪刺激产生的心理愉悦度效价有明显差异，人们对消极刺激更加敏感，更容易引起身体的生物电反应。对众多情绪与健康关系问题的实证性研究结果表明，虽然负性情绪是人类生存进化的产物，适度的负性情绪（像焦虑、恐惧、抑郁等）有利于人的生存和工作，但超过 3 个月的长时间负性情绪对人的身体生理健康会造成一定的损害。情绪与人的身体健康关系问题是情绪心理学研究的重大现实课题之一。

五、意志心理学研究的失落与崛起

人的心理是知、情、意、行合一的共在体，其中意志自由被誉为"人心灵的根基"。由于研究技术和主流研究的影响，对众多心理现象的研究在理论与实践上失去了平衡：认知偏重，情感有了拓展，意志研究则进展不大。因此，传统心理学有关意志的磨炼、挫折失败的应对、意志自由等问题的研究，其学术含量不太高。

随着当前认知心理学、情绪心理学、积极心理学的纵深发展，对意志心理学的探讨成为近年来国内外学术研究的又一新趋向，这在一定程度上改善了主流心理学长期以来有关知情意行的理论与实证探讨不平衡的问题。在意志心理学的科学探讨历程中，意志与人的幸福之间的关系问题再次恢复了学术研究的生命力，极大地改变了人们的认知理解方式。有关意志心理学这一长期滞后的理论与实证研究也有了新的拓展。自由、意义和幸福是人们生活的目标，也是人们生活的动力，更是人之为人和人生在世的价值所在。

科学心理学的创始人冯特是唯意志论者。冯特的心理学就是意志论心理学，他的心理学体系就是意志论哲学的具体表现。众所周知，冯特的心理学思想包含"个体心理学"（或"实验心理学"）和"民族心理学"（或"社会、文化心理学"）两部分。在个体心理学领域，意志不仅支配着包括感觉和情感在内的诸多心理过程，还支配着包括冲动行为、随意行为和选择行为在内的人的一切行为。事实上，"意志"这个概念在冯特的语境中统摄着其他所有概念。作为心理元素构成心理复合体的重要途径，统觉在冯特的思想体系中占据重要地位。冯特对人类各种文化行为动机的解释，就是建立在他的情绪论和意志论基础之上的，这些理论又以他的实验室研究为基础。因此，冯特的民族心理学体系就是建立在实验基础上的个体心理学领域的情绪论、动机论和意志论的进一步扩展，是从个体心理学向民族、社会、文化等方向的展开。人所共知，文化心理学的重建需要回到冯特，事实上意志心理学的重建也需要回到冯特。当然我们也不能苛求心理学的开创者，因为时代和技术方法手段没有为冯特心理学战略规划提供条件与基础。在哲学家的眼中，人类的自由意志是哲学探讨的古老问题，在当代认知神经科学家的眼中，无意识的神经活动是有意识动作或行动的始因，哲学家所言的人们拥有自由意志可能仅仅是幻觉。当前认知神经科学研究也涉及对自由意志问题的讨论。积极心理学关于心理弹性、如何对待挫折等问题的理论与实证探讨进一步丰富了意志心理学研究的科学内涵。

第二节 我国心理学发展的趋势与重要成就

我国传统文化中积累了丰富的心理学思想，而作为独立的心理学专业学科研究则引自西方。1889 年颜永京翻译出版《心灵学》（该书与日本西周于 1875 年翻译出版的《心理学》系同一本英文著作），心理学作为一个学科开始在中国正式登场。[①]1896 年或 1897 年，中国开始刊用"心理学"这一名称。[②]梁启超于 1902 年首次借鉴日本对 psychology 的译法，区分了哲学（philosophy）与心理学（psychology）。王国维于 1907 年翻译出版了《心理学概论》；1917 年，蔡元培支持陈大齐在北京大学建立第一个心理学实验室；1920 年，南京高等师范学校（后改名为东南大学）建立了中国第一个心理学系；1921 年，中华心理学会在南京建立，它就是中国心理学会的前身。自此，有学科建制的中国心理学正式启航。早期心理学研究主要集中在动物心理学、生理心理学、教育心理学、工业心理学、军事心理学等领域。

一、新中国初期心理学的建设成就

新中国成立后，党和政府很快恢复重建了中国心理学会和中国科学院心理研究所，学习借鉴苏联经验，我国心理学全面推进普通心理学、生理心理学、儿童心理学和教育心理学等领域的研究。尽管"文革"期间心理学被迫停止发展，但在老一辈心理学者的艰辛努力下，我国心理学在基础研究和应用服务方面取得了

---

① 赵莉如. 西方心理学传入中国及其发展. 心理学探新，1992（2）.
② 叶浩生. 心理学史. 2 版. 北京：高等教育出版社，2011：429.

重要进展，为新时期心理学的跨越式发展奠定了良好的基础。

第一，自然科学的理科专业定向为心理学的发展奠定了有利条件。老一辈学者对中国心理学发展最为突出的贡献是自然科学的学科定向。早在 20 世纪 20 年代，蔡元培便对心理学做了这样的定位——"驾于自然科学与社会科学之间的一门科学"，并于 1928 年在中央研究院成立了心理学研究所。新中国成立后，仍将心理学归属于自然科学的生物学部。潘菽等老一辈学者坚持将心理学定位于"既有自然科学的性质又有社会科学的属性"，强调不能把心理现象简单化，以为所有问题现在都可以应用现代自然科学的新技术进行研究。其实现代的自然科学的方法技术对研究心理现象来说还是很不够的。由于心理学还在幼年发展阶段，任务重、能力小，研究的问题多于可用的方法，应当兼容并包，应用和创造一切可用的方法，不要局限于任何一种方法束缚自己的手脚。[①]这些论断不仅至今仍有旺盛的学术生命力，而且由于这样一种学科定位，心理学在科研经费、实验室建设和政策支持力度方面也大大优于哲学、人文社会科学，从而为新时期心理学的大发展打下良好的学科基础。

第二，重视提高心理学基本理论的研究水平。心理学一直被看作一门实证科学和经验科学，中国心理学学科的自然科学定位被许多研究者强调。但仅仅停留在经验、实证层面上的研究积累，尚不足以支撑和维系这门具有独特研究范式与方法的学科。这一时期，潘菽、曹日昌、朱智贤、陈立、高觉敷、刘泽如、张述祖等一批心理学家，十分重视实证研究和解决社会实际问题，同时又重视独立的学科定向和进行深入的理论思考。曹日昌在 20 世纪 50 年代末提出了中国心理学的三项重点工作：一是理论任务与学科方向定位；二是为社会主义建设服务；三是计划分工与协作问题。他认为心理学的主要任务是解决人类认识的问题，大部分的工作只是间接服务于实际。理论研究与直接联系实际的研究工作应当作适当安排。"目前的主要力量应当放在理论研究上……必须使研究的成果既有助于任务的完成，也有助于学科理论的提高。"[②]

第三，提倡心理学的基础研究，同时加强应用研究。基础心理学涉及普通心理学、实验心理学、生理心理学、心理统计测量和发展心理学等诸多领域的主题与内容。心理学基础研究的任务在于揭示心理活动的规律，直接关系到心理学的理论建设与发展。20 世纪五六十年代，中国心理学界在感知觉、记忆、错觉以及结合针刺麻醉进行痛觉研究等领域进行了大量的实验研究，取得了丰富的学术成

---

① 曹日昌. 心理学界的论争. 心理学报，1959（3）.
② 曹日昌. 心理学界的论争. 心理学报，1959（3）.

果：在生理心理方面，进行了较多关于动物与人类高级神经活动方面的实验研究，同时采用脑电、电生理、微电极和生物化学等方法，对痛觉、学习、记忆、注意和情绪应激状态等方面的生理机制进行研究；在发展心理方面，对中国儿童认知发展、类比推理、语言和数学思维发展规律的实验研究，形成了明显的优势和特色。与此同时，联系实际的应用心理学研究也是这一时期心理学研究的重点，"从 1956 年到 1966 年全国社会主义建设的十年中，我国心理学界试图以辩证唯物主义为指导，结合实际，开始探索适合我国需要、能为社会主义经济文化建设服务的方向，调整并落实规划，在教育、劳动生产、医学等领域中以及在基本心理过程、心理的生理机制和心理发展等方面的研究都进行了相当数量的工作"[①]。

二、改革开放以来中国心理学发展的高位发展进程

改革开放以来，中国心理学走过恢复重建阶段，并进入一个前所未有的快速发展时期。有学者将改革开放 40 多年来中国心理学的发展划分为三个阶段：重建期（1978 年至 20 世纪 80 年代后期）、稳步成长期（20 世纪 80 年代后期至 20 世纪 90 年代后期）和快速发展期（20 世纪 90 年代后期至今）。近 40 年，中国心理学在专业教学、学科建设、学术研究和服务社会等方面都得到了空前的提升。

在专业教学与学科建设方面，改革开放初期仅有 5 所大学设立了心理系（1978 年），截至 2020 年底，我国大学有 405 个心理学系（院），有 32 个心理学一级学科博士学位点和 120 个心理学一级学科硕士学位点，以及 127 个应用心理专业硕士点；与此同时，中国心理学会也从 1962 年起开始建立二级学科的专业委员会，到 2024 年 5 月，已经设立 43 个专业委员会（含 1 个筹委会）、13 个工作委员会，在册心理学会会员 25 000 余名，在至少 40 个心理学学科分支中开展教学、科研和社会服务工作。有超过一半的省（区、市）建立了本、硕、博完整的学生培养体制。[②]中国心理学的人才培养规模、教材建设和实验室建设，呈现出超越式的快速发展。

在国家政策方面，进入 21 世纪，心理学科被正式列入国家主要学科建设系列，从点和面上有力地促进了中国各科研机构、高等院校中心理学专业人才的培养工作，进而提高了心理科学的教育和研究水平。近些年，党和政府出台了一系

---

① 复旦大学国外马克思主义与国外思潮研究国家创新基地，复旦大学当代国外马克思主义研究中心，复旦大学哲学学院. 国外马克思主义研究报告 2010. 北京：人民出版社，2010.

② 中国心理学会学会简介. https://www.cpsbeijing.org/about/introduction/index.htm.[2023-10-13].

列促进心理服务的政策文件，许多职能部门将心理学人才的职业化建设纳入规范化管理中，如人力资源和社会保障部认证的"心理咨询师""心理保健师"，以及国家卫生健康委员会认证的"心理治疗师"等。这些制度化的保障措施对中国心理学的专业化发展起到了很大的推动作用。

目前，中国心理学蓬勃发展，形势喜人，特别是在学术研究发展方面，经过发展、改革和转型，呈现以下四个主要特点。

第一，引进吸收与创新意识明显增强。心理学的理论和研究范式大部分来自国外，国际化是提升中国心理学研究水平的重要途径。积极引进吸收国外心理学的理论模式与技术方法，在此基础上结合自己的实际情况，开展一些有特色的中小型理论和应用性问题的研究，是近40年心理学发展的总体特征。在指导思想上，其不仅呈现开放性与多元性特点，而且以辩证唯物主义为指导，结合中国传统的和西方的心理学思想，正逐步形成一种理性、包容而又不失学术个性的中国心理学科学观和方法论。在研究方法上，其不断引进西方心理学的新理论、新技术和新方法，采用多元化的范式研究人类心理活动。西方心理学一直是中国学者观照、把握和理解同类型问题的参照，但中国学者在评述、学习、移植和转借西方先进理论的过程中，逐渐进行剥离和独立建构。值得关注的是，中国学者已经在创新方面迈出可喜的步伐，比如拓扑知觉理论、智力的多元结构理论、时间认知分段综合模型等，这些具有原创性的研究成果都产生了一定的国际影响。

第二，加强实证研究路径。实证研究是提高心理学研究水平的主要路径。强化实证性、可操作性已成为近40年中国心理学研究的一个主旋律。有学者在反思与总结改革开放以来中国心理学发展的成就时提出，"继续强化实证研究将是今后中国心理学发展的一大成功经验"[1]。这是国际心理学研究中长期存在的实证主义与人文主义的争论，以及两种研究取向的消长起伏和融合趋势在中国心理学界的回应。国内许多学者强调，实证性与心理学的科学性要求是内在相关的，实证研究人的心理问题是心理学科稳定发展的客观要求。心理学的科研成果只有得到实证材料或实验结果的支持，才能不断发展、巩固和完善。也就是说，研究心理学问题要尽量注意"操作化"，即研究结果必须能够直接或间接地予以验证，否则就会使心理学哲学化。目前，中国心理学普遍重视实验与测量研究，除了传统的基础心理学研究主题（如感觉、知觉、注意、记忆和思维等）进一步加大了实证研究的力度以外，新发展起来的社会心理学、人格心理学也逐渐演变为

---

[1] 申继亮，辛自强.迈进中的发展心理学事业.北京师范大学学报（人文社会科学版），2002（5）.

实验社会心理学、人格测量学。近十年成长起来的一批经过两大科学训练的年轻学者，均注重以实证操作化的方法探讨心理学的一般理论问题或实际问题。这种重视心理学研究的实证性倾向，在一定程度上促进了中国心理学学术水平的提高，也提升了心理学研究的学理价值。

第三，认知研究成为引领学科前沿的主要方向。改革开放40多年来，中国心理学的基础理论研究出现了两次明显的转向：第一次是20世纪80年代初期出现的普通心理学和实验心理学研究转向认知心理学；第二次是20世纪90年中期以来由认知心理学研究转向认知科学特别是认知神经科学。认知心理学和认知科学的研究范式标志着当代心理学研究的一次重要战略转变。作为研究纲领，认知神经科学代表了心理学的先进思想和方法，对中国心理学的基础理论研究起到了引领作用。中国心理学界在认知心理学和认知神经影像学领域进行了大量且富有成效的研究，深入探讨了知觉识别模式、空间知觉、汉字认知、汉字记忆规律及机制、语言理解与问题解决、机器理解汉语、自我与人格的脑神经机制等方面，并获得了国际社会的关注。值得一提的是，应用认知学和人工智能领域的心理学研究已取得显著成就，被纳入国家重点科研计划，并受到国家相关部门的高度重视。然而，目前国内的认知神经科学研究大多仍沿用西方较为成熟的实验范式或理论框架，主要关注通过硬件设施推动学科建设，在思想创新和理论发展方面仍有待加强。

第四，本土化自主性特色研究得到了广泛重视。自20世纪80年代中期起，中国心理学界掀起了一场规模宏大的本土化研究运动。这场运动的开端是对中国传统心理学思想进行系统的发掘与整理。随后，发展心理学领域开展了全国性的大规模协作研究——"中国儿童心理发展与教育"，并取得了一系列重大成果，彰显了中国心理学对丰富世界心理学理论的独特贡献。与此同时，众多认知心理学研究者也积极投身于这场"本土化"研究运动中。20世纪80年代末期，港台地区学者所倡导的本土心理学及其研究成果在内地（大陆）得到了广泛传播，极大地推动了心理学本土化的自主研究趋势。越来越多的学者提出构建本土化的概念和理论模式，这标志着国内心理学工作者开始自觉地致力于本土化心理学的研究。需要明确的是，心理学研究的本土化，即中国化，并非要建立一种封闭的本国心理学，而是要创立一种具有中国特色、面向世界的心理学。这样的心理学能够基于中国人的行为方式和文化心理模式，为全球多元化的发展进程提供新的视角和丰富的内容，为世界心理学研究贡献新的资料、理念和方法，从而推动世界心理学的发展。

第 二 章

心理学的科学与哲学问题

关于心理学是否为一门科学,历史上存在诸多争议。诸如伽利略、康德、巴甫洛夫等著名科学家,甚至包括心理学家詹姆斯在内,都曾否认心理学研究的科学性。近年来,有关心理学科学地位的争论仍在继续,其中"可重复性低"成为质疑心理学的一大新论点。然而,值得注意的是,绝大多数国家仍然承认心理学是一门科学,并且人类社会的生存和发展迫切需要这样一门科学。对人的心理活动进行科学研究是必不可少的。心理学作为自然科学与社会科学的定位是经过漫长努力才获得的,我们应当倍加珍惜。

第一节　心理学的自然科学问题

　　关于心理学研究的科学地位问题、客观性问题、可重复性危机等，是近年来学术界和社会再次关注的热点议题。质疑自然科学取向心理学研究的贡献成就，对探索心理学未来的发展路径并没有积极的价值。实际上，心理学的自然科学地位是心理学不断发展的立身之本，对自然科学地位的追求是心理学在科学前进的浪潮中永葆活力的力量之源。要进一步提升心理学的科学地位，一方面需要继续吸收其他自然科学（如生物学、物理学等）的先进成果；另一方面，需要进一步加强与其他人文社会学科融合发展，开辟以科学的方法探索人文社会科学研究新路径。

一、心理学科学地位在公众、学术领域的误解及认识偏差

　　关于心理学的科学地位在公众领域的误解问题，美国学者于 2015 年探讨了心理学在公众领域面临的危机与出路，总结出非心理学专业人士对心理学的六种类型的批评：①心理学只是常识；②心理学未使用科学方法；③由于个体的差异性，心理学不能产生有意义的概括；④心理学研究没有可重复性；⑤心理学不能做出准确的预测；⑥心理学对社会发展没有用处。[①]研究者试图改变这种心理学身份危机的现状，因为心理学肩负着倡导寻求人类福祉和试图寻求客观事实的双重职责。在理想主义的层面上，科学致力于寻找真理，即使该真理挑战公众的信念；相比之下，倡导者则关注构造特定的信息，以追求使自己或他人受益的预定目标。由于这两个过程的目标不一致，心理学的组织或者团体不太可能在两个方

[①] Ferguson C J. Everybody knows psychology is not a real science：Public perceptions of psychology and how we can improve our relationship with policymakers，the scientific community and the general public. American Psychologist，2015（6）.

面都获得成功。因此，科学的客观性与倡导对人类福祉的追求不可避免地造成内部的矛盾，导致公众质疑心理学的科学地位。除了科学界，李利费尔德（Lilienfeld）也指出，普通民众也对心理学的科学性产生怀疑。[1]在美国《纽约时报》、中国《南方周刊》等颇具影响力的报纸上，也有文章指出心理学是一门伪科学，甚至美国前总统里根的管理和预算办公室主任斯托克曼（Stockman）在为其政府削减行为科学基金的意图辩护时，也嘲笑心理学是伪科学。[2]不难看出，心理学学科性质的争论是持续存在的，这种对于学科性质的争论并未随着学科的发展逐渐消失，反而呈现愈演愈烈的趋势。在心理学的不同流派内部，一些心理学研究者甚至对不同领域的研究一无所知。与其对质疑心理学科学性之声充耳不闻，不如敞开大门，正确地面对这些质疑声，这将有助于进一步明晰心理学的学科地位。

费格森指出，与其将公众对心理学的怀疑视为敌人，不如将其视为盟友[3]，因为这种怀疑可以让心理学研究者预见非专业人士和政策制定者对心理学研究的潜在反对意见，并为相关研究领域提出更具说服力的证据。基于此，心理学研究者可以公众的怀疑作为契机，帮助科学心理学更有效地传播。更好地理解公众对心理学持怀疑态度的原因，也可以让心理学研究者了解关于心理学根深蒂固的误解的根源，并以此引导学术界采取干预措施来消除这些误解。

长期以来，学术界关于心理学是否是一门自然科学的结论一直悬而未决。詹姆斯曾称心理学的科学性问题是一个"令人厌恶的主题"。关于心理学科学性的争议一直持续到现在，以伽利略为代表的近代早期自然科学家认为心理学不属于自然科学的范畴，他们认为人的意识经验是次要的、不真实而且完全依赖感觉的，而感觉则是虚假的。外在于人类的世界是真实的、重要且受尊重的。黎黑也指出，无论是在"世俗的水平上"，还是"在学院的范围内"，心理学都不被视为一门真正的科学。"心理学家的科学地位在他们的自然科学的同事之间经常是受到怀疑的。"[4]胡塞尔认为，自然科学的实验方法是无法完成对心理学基本概念考

① Lilienfeld S O. Public skepticism of psychology: Why many people perceive the study of human behavior as unscientific. American Psychologist，2012（6）.

② Benjamin L T, et al. Psychology as a profession//Handbook of Psycology，History of Psycology. Hoboken: Wiley，2003：27-28.

③ Ferguson C J. Everybody knows psychology is not a real science: Public perceptions of psychology and how we can improve our relationship with policymakers，the scientific community，and the general public. The American Psychologist，2015（6）.

④ 黎黑. 心理学史：心理学思想的主要流派. 6版. 蒋柯，胡林成，奚家文，等，译. 上海：上海人民出版社，2013：217.

察的任务的，只有一种由意识的本性出发而建构的全新的科学观和方法论，才担当得起这一重任。这种科学不以自然科学为模板，而是具有严格性、明证性、彻底性、系统性，对心理因素进行内在研究的意识科学①。他极力反对自然科学的实证论，认为利用自然科学的方法对于人进行研究会将心理学引入歧途。狄尔泰在 1894 年发表的《关于描述性和分析性心理学的观点》（Ideas Concerning a Descriptive and Analytic Psychology）一文中，质疑了朝向自然科学的心理学的可行性，他呼吁精神科学，倡导通过发现个体以及每个人的特殊之处来理解人的历史性。康德在《自然科学的形而上学基础》②一书中提出，心理学不同于物理学，物理学考虑外感官的对象，心理学考虑内感官的对象。康德还划分了科学的不同层次，他认为纯粹的自然科学矗立在层次结构的最顶端，不那么纯粹的自然科学根据经验法则研究其主题，并且显示出经验的确定性。心理学位于科学层次结构的最底层，它不能满足类似于物理学这样严格的自然科学的条件，因为数学不适用于内感官的现象及其规律。

学科内部的争论最早表现在以冯特为代表的构造主义学派坚称，心理学是一门自然科学，心理学应该模仿物理学、生物学等学科进行研究。而以布伦塔诺（Brentano）为首的意动心理学者则强调人只能理解，不能描述，在研究人的心理时需要使用整体的观点和方法，要从精神以及社会文化方面去理解和研究人的心理。在逻辑实证主义范式下的科学序列中，一类是较高序列的特殊学科，像物理学、生物物理学、生理学、细胞学等；另一类是处于较低等级的结构序列要素，如心理学、社会学和人类学等。心理学被看作科学的"灰姑娘"，其合法性是不确定的。鲜有像心理学这种学科，在学科属性上聚讼纷纭，米勒声称试图成为科学家的心理学家只不过是披上了科学的外衣，他们采用科学的工具，如可量化的测量和统计分析，但他们的研究无法触及科学的本质③。担任过美国心理学会主席的托尔曼（Tolman）也认为"自然科学心理学注定从一开始就要遭遇失败，只有在心理学同时是道德的和自然的时，它才有能力超越仅仅是经验的心理学"④。2016 年，欧洲有影响的理论心理学家斯梅德斯隆德（Smedslund）从四个

① Jennings J L. Husserl E. The Encyclopedia of Psychology. Washingtong D.C.：American Psychologist Assocation and Oxford University Press，2000.

② 康德. 自然科学的形而上学基础. 邓晓芒，译. 北京：生活·读书·新知三联书店，1988.

③ Miller G A. Cognition and comparative psychology. Behavioral and Brain Sciences，1983（1）.

④ MacCorquodale K，Meehl P E. Edward C. T//Modern Learning Theory：A Critical Analysis of Five Examples. East Norwalk：Appleton-Century-Crofts，1954：177-266.

角度来证明心理学不是一门经验科学，也不属于自然科学的范畴。他指出：①心理学研究对象受社会交往的影响，包括实验过程本身；②心理学研究中所收集的数据更多是伪经验的，而不是经验数据；③心理学的研究不同于自然科学，其研究过程是不可逆的；④研究中额外变量的数量过多，不能精确控制，很难得出有意义的因果推论。[①]贝雷佐（Berezow）发表了一篇题为"Why psychology isn't science"（《为什么心理学不是科学》）的文章，他认为心理学不符合科学的6个基本要求：明确定义的术语、可量化、高度可控的实验条件、可重复性、可预测性和可检验性[②]。

2002年，美国国家科学委员会宣布，政府将大幅削减心理学研究领域的行为科学经费。无独有偶，英国医学研究理事会也宣称，将关闭位于伦敦大学学院的认知发育研究所。这种现象仍然是心理学自然科学地位并未得到稳固导致的。心理学缺乏明确的研究对象，即本体论问题含混不清，认识论和方法论方面的争论也层出不穷，甚至在学术界以外，大多数公众对心理学的了解只停留在精神分析领域。如果缺乏对这些根本性问题的思考及追问，心理学学科发展的基础和逻辑起点将会动摇。正如詹姆斯所言：心理学大厦建得再高，却仍然在它的每一个连接点上，都渗透着形而上学批判的水分。[③]对心理学科学地位的探索构成了解决心理学自身发展所出现的种种危机必不可少的一步。一名生物学家在《洛杉矶时报》曾发表过声称心理学不是一门科学的文章。但其他学者在《今日心理学》（*Psychology Today*）和《科学美国人》（*Scientific American*）杂志上发表了几篇声称心理学是一门科学的文章。[④]心理学科学性的辩论不只在西方国家进行，在我国，有学者曾发表一篇题为《心理学将被逐出科学圣殿？》[⑤]的文章。前几年，有人质疑心理学研究的可重复性，成为批评心理学科学地位的又一波"恶潮"。

---

① Smedslund J. Why psychology cannot be an empirical science. Integrative Psychological and Behavioral Science，2016（2）.

② Alex B Berezow. Why psychology isn't science. https://www.latimes.com/option/la-xpm-2012-jul-13-la-ol-blowbaack-paychology-science-20120713-story.html.（2012-07-13）[2023-12-15].

③ 转引自 Mazur L B，Watzlawik M. Debates about the scientific status of psychology：Looking at the bright side. Integrative Psychological and Behavioral Science，2016（4）.

④ Tweney R D，Budzynski C A. The scientific status of American psychology in 1900. American Psychologist，2000（9）.

⑤ 伍一军. 心理学将被逐出科学圣殿?. 科技文萃，2003（3）.

二、心理学的自然科学研究方法论的贡献

科学心理学的诞生是 19 世纪末期自然科学革命运动的突出成就之一。这是一个自然科学研究取得辉煌胜利的全盛时代。自然科学的三大发现"能量转化与守恒定律、进化论和细胞学说",直接推动了人们对自然、生命和人类的新认识与理解,进而"掀开了心理学澎湃发展的序幕"。①这为科学心理学的产生不仅提供了思想知识武器,而且提供了研究方法工具。这三大发现和这一时代的其他科学成就,使得自然科学研究集中于揭示事物的演变过程、研究事物的发生和发展。人们开始从个别科学领域各种过程的联系看到自然界这一整体联系的基本情景。赫尔姆霍兹等的能量守恒及转化定律破除了长期在哲学中盛行的生机论观点,填补了有机界与无机界之间不可逾越的鸿沟。人和动物机体只能由食物获得生命力量,食物的化学能转化为数量相等的热能和机械作用就是生命活动。生命机体完全可以通过机体自身的物理化学过程得到解释,而不需要以超自然的力量来解释。进化论揭示了宇宙事物由无生物到有生物、从低级生命细胞到高级生命机体呈现出了阶梯式的发展规律。达尔文进化论中的许多观念,像遗传、环境、个体差异、适应等概念,几乎成为以后科学心理学研究的重要主题。特别是对美国心理学的铸造和影响更为突出。"当科学心理学从欧洲输入到美国,在北美得以确立时,心理学家在寻求抽象和普遍性的心理规律时,采纳的是自上而下的实证主义方法。通过模仿自然科学,心理学家希冀确立人的行为和心理功能的元素周期表。"②自然科学的实证方法已经成为"现代心理学"中不可动摇的基本硬核地带,为提高心理学的科学化水准做出了巨大的贡献。较之于一切唯心主义和精神心理虚无论,自然科学化向度为心理学的研究奠定了坚实的本体论基础,使得实验研究获得高度重视。

以物理学为代表的近代自然科学方法论体系所强调基本原则包括:①客观决定论。科学研究主体必须与研究对象分立并保持距离(价值中立),认识客体完全不依赖认识主体,物质世界不以人的意志为转移。未受主体干扰介入的客观事物的原本状况才是科学研究的真正对象。②还原论。认为任何自然对象都可以均质化、物理化、数学化,研究自然对象必须从整体向构成部分的物质单元还原。③因果论。物质运动普遍存在着规律,即因果关系,对事物因果关系的解释就是

---

① 傅小兰,荆其诚. 心理学文集. 北京:人民出版社,2006:11.

② Hanson B. Wither Qualitative/quantitative? Grounds for methodological convergence. Quality & Quantity,2008(1).

对客观规律的揭示。④有限论。近代自然科学主张必须从根本上放弃古代亚里士多德以来的"元物理学"的、形而上的哲学思维方式,而自限于有限的认识,在此基础上强调科学知识的可积累性和无止境性。这些思想方法能够全面而完整地揭示出宏观、低速物质世界运动变化中的客观规律,极大地推动了物理学、化学和生物学的飞速发展,同时有力地推动了人类认识发展史上实现的一次伟大的革命性转变:在认识论上,深刻地揭示了客观性在认识过程中的地位作用问题;在方法论上,强调对物质世界的客观描述,突出了经验证实和实验研究方法的至高无上性;在身心问题和心理精神问题的认识上,也具有划时代的实质性意义,它从根本上破除了世界神性论、身体神秘论的历史迷信,开创了"物质第一性、物质决定意识并且决定人心理"的唯物主义科学认识模式。在伽利略、牛顿的自然科学理论体系中,自然规律既没有"神"的位置,也没有人的精神和心理的位置。近代自然科学范式及其所取得的巨大成就对心理学的影响十分深远,自然科学化一度成为心理学的根本追求。因此,早期科学心理学的先驱者普遍模仿当时最先进的自然科学——物理学,以物理学的规律描述人的心理活动规律,取得了一定成就。随着生物学的进一步发展,心理学转向生物学寻求实现心理学科学梦想的途径,作为自然科学的心理学在学科建制中产生了广泛而深远的影响。

受 18 世纪法国启蒙主义运动和德国理性主义运动的影响,关于科学观的认识和理解又有了一定的鲜明的调整和改变,即不再局限于单纯的自然科学研究活动,而将人文科学与社会科学纳入科学研究的范畴。19 世纪中后期,当心理学、社会学等人文社会科学纷纷效仿自然科学、走向实证化时,以狄尔泰为代表的一批学者提出了相反的意见。他们认为,精神人文科学与自然科学是两类在研究主题与研究方法上极不相同的科学。精神科学有优于自然认识的地方,它们的对象不是外部感觉给予的纯粹现象,而是一种生命科学。"精神科学首先和主要在这些方面帮助我们:我们得在世界上做什么——我们自己要使我们成为什么,以及决定我们能在世界上从事什么,也决定世界对我们有什么影响。"①

20 世纪以来,现代科学的观点不再局限于单纯的自然科学研究活动。例如,目前美国国家科学基金会把科学分为七大类:物理化学科学、数学科学、环境科学、技术科学、生命科学、社会经济学和心理学。英国和法国把科学分为自然科学、人文科学和社会科学三类。德国传统上把科学分为自然科学与精神科学。日

---

① 张汝伦.西方现代哲学十五讲.北京:北京大学出版社,2006:87.

本学者则把科学分为理论研究、实证研究、实验研究和历史研究这样四类。[①]

现代科学心理学的一大优势无疑是效仿自然科学的实证性研究。需要强调的是绝大多数的心理学工作者应该进行实证研究。实证性研究起源于近代自然科学的影响与经验主义和实证主义哲学传统的推动。其主要观点是经验是知识的唯一来源。实证研究的一切本质属性都概括在"实证"这个词中，"实证"是指"实在""有用""确定""精确"等意义。实证研究认为只有经典的自然科学的科学观和方法论才是正确的，除此之外的任何科学观和方法论都是非科学的。这一哲学观的思维逻辑在于：可证实的东西一定是相对于公众的，而不是个人的；是表现于外的，而不是表现于内的；是外部观察经验，而不是内省的。实证原则就是把知识局限在主观经验范围之内，一切科学知识必须建立在来自观察和实验的经验事实的基础上，不讨论经验之外是否有事物存在的原则。一句话，一切科学知识都必须建立在经验证实的基础上，即遵循"经验证实原则"。这个原则规定：科学知识必须依据经验。任何命题只有表述为经验并能够被证实或证伪才有意义，否则就没有意义。实证主义的结论意味着心理学必须走自然科学的道路，这对刚刚脱胎于传统哲学并急于成为自然科学大家庭一员的心理学来说，无疑是雪中送炭，似乎它就是实现心理学科学梦的"圆梦者"。在此后的100多年历史中，实证研究一直有力地推动着心理学的发展，也成为一种学术方向和评价标准体系，至今仍被认为是对现代西方心理学起主要指导作用的方法论之一。

实证主义的观点为科学心理学诞生提供了基本方法论，对心理学流派产生了深刻影响。受实证主义哲学的影响，冯特将心理学的研究对象限定为可内部观察的直接经验，主张运用实验内省法来研究心理现象，力图使心理学成为自然科学，并极力推崇和提倡还原论与元素主义。他认为，"既然一切科学始于分析，那么心理学家的首要任务是将复杂的过程简化为基本感觉要素"，但冯特并不崇拜实证主义，"更不把实证主义原则作为教条"。[②]他认为实证方法只能用于研究感觉、知觉等低级心理现象，而不能用于研究思维、想象等高级心理过程。铁钦纳继承了冯特心理学的实证研究传统，对实验内省法施以种种严格规定，并对被试提出了极为严格的要求，使得实验内省法脱离了心理生活的实际而更趋近自然科学。为了更准确地贯彻实证主义的主张，铁钦纳极力主张对意识进行更彻底的元素分析，这种元论的主张与马赫的要素论如出一辙。行为主义者华生接受了

---

① Lilienfeld S O. Public skepticism of psychology: Why many people perceive the study of human behavior as unscientific. American Psychologist，2012（2）.

② 转引自孙际铭，王晓茜. 浅谈实证主义对心理学的影响. 现代企业教育，2008（4）.

孔德的实证主义观点，明确主张心理学是纯粹自然科学的一个客观的实验分支，认为心理学的"理论目标就是对行为进行预测和控制"①。斯金纳接受了孔德和马赫的实证主义，并将其与物理学家布里奇曼的操作主义相结合，主张把所有的科学语言还原为通用的物理语言，心理学术语必须还原为行为术语，从而把行为主义推向极端。就取代行为主义而风风火火的现代认知心理学而言，实证主义仍然是其主要的哲学基础之一。当前心理学发展的主流领域认知心理学强调研究对象的可观察性，尽管它重视人的思维、语言等高级心理过程的研究，但直接的、主要的对象仍是行为，它将人脑与电脑相比拟，把人类认知过程当作计算机的操作过程。这样，人的心理就被客观化了，因而同时也就体现出明显的机械还原论倾向。

实证主义还推动了西方心理学的实证法研究，积累了大量的来自可观察事实的第一手有益数据和资料，丰富和充实了心理学知识体系。科学操作主义在心理学中占有一席之地应归功于实证主义。操作主义研究强调事先假设的重要性，提倡经验观察并强调对理论的验证性。理论的详细性、普适性以及简化性，是操作主义研究者的普遍追求。相对早期形而上学的纯粹的哲学思辨而言，实证主义科学观及其科学精神是一种时代的进步。单纯就实证主义追求科学的精神来说，它有力地推动着实验心理学工作者的艰难探索，并为今后心理学的进一步发展提供了有益的历史经验和教训。

同时，实证研究推动了心理学理论性研究的完善和发展。在实证法的完善、推广和运用过程中，实证主义作为一种"强大的思想力量"曾经起过巨大的作用。长期以来，非实证性的心理学研究存在着一些重大缺陷和问题，像思辨性研究、质性研究、心理分析等方法尚难以解决学科自身内部的许多问题。这些非实证性的研究往往存在概念的含糊性，理论综述的混乱性、空泛性、非实用性、非实践性，以及脱离客观内容的形式化、主观虚构等问题，这些问题都严重地影响了心理学理论性研究的学术含量和公认度。因此，将科学的理性创造思维带到心理学的非实证性问题研究之中，科学家以科学的态度和方法阻止了心理学理论学科的解体。基于心理学发展的这些基本事实，我们有理由相信，实证主义之于心理学有着深刻的合理性。与现象学、释义学（也作诠释学）等对西方心理学的发展起过指导作用的方法论相比，实证主义方法论为人们提供了最明晰的心理学概念和理论，开发了大量的技术操作方法，对心理学的科学化进程起到了巨大的推

---

① J B 华生. 在行为主义者看来的心理学. 臧玉铨，译. 北京：商务印书馆，1925.

动作用。实证主义所提供的心理学方法论的指导作用并没有过时，过去它对心理学起重要的作用，今天它仍是指导心理学研究的方法论基石。

虽然实证主义方法论对心理学的产生和发展所起的积极作用不可忽视，但同时它也不可避免地给心理学的发展带来一些偏差。这主要表现在受实证主义的观察证实和客观性原则影响：一些心理学家只重视对外部可观察的、客观的心理现象进行研究，而忽视了对人的内部心理生活和主观体验的探索，否定了人的心理主观性，将原本丰富多彩的人的心理世界人为地简单化，从而使心理学的研究脱离了人的实际需要，导致心理学研究的表面化、低级化现象；一些实证主义的科学观无视心理活动具有自然和社会的双重属性，无视心理科学具有自然科学与人文科学的跨界性质，过分强调心理活动的自然特征，一味追求心理活动的自然化倾向，企图把心理科学建设成为纯粹的实证科学。近期，有专家撰文指出，在物理学中，科学发展的标杆就是定律、规律的发现，比如牛顿三大定律等。[①]这些定律就是自然运作的模型本身，既是"是什么"，也是"为什么"。但心理学与物理学不同，心理学家的任务就是和人类的大脑"玩游戏"。在心理学中，研究者所发现的定律并不是"为什么"，它们不是解释、理论或模型本身，而是研究者需要解释的二级对象。心理学研究者需要解释的一级对象是人类的各种功能，如感知觉、情绪、记忆和决策等，但是"心理学研究不能只停留在对于现象、效应的发现，也不能把对规律的阐述当作一场胜利。心理学的目标不是发现或描述规律，而是解释规律反映的认知功能。这个解释规律的理论对于整个效应的发生必须有机制上的解释，而且最好是可以用数学体现的，能够数学化抽象的心理机制，量化模型表现"[②]。正因为如此，当前国际心理学的理论研究呈现自觉和复兴的发展趋势：强实证主义的研究有所衰落，后经验主义研究日益兴盛。我国的心理学仍在不断地强化实证研究，这无疑继续拉大我们与国际心理学研究水平的差距。

三、中国心理学自然科学定位的积极作用

中国传统文化虽然有着悠久的心理学思想积累，但是对人的心理的系统研究的开展却比较晚。现代中国心理学的发端得益于引进早期西方较为先进的心理学研究，表现出对自然科学地位的追求。老一辈学者陈桹在日本留学后编著了中国

---

① 陈妍秀.开放科学对心理学理论发展的意义.中国社会科学报，2021-06-03.
② 陈妍秀.开放科学对心理学理论发展的意义.中国社会科学报，2021-06-03.

第一本心理学著作《心理易解》，明确提出"近来心理学进步，学者以实验物理之法研究心理，而心理学与物理学几无所殊，如精神物理学也。至于脑髓之研究，本在生理学中，而处处与心理学相影响，故一切生理之实验实得，皆可引为心理之证据焉"[1]。1907 年，王国维从丹麦心理学家霍夫丁（Hoffding）的文本中翻译了《心理学概论》，该文明确强调心理学是一门强调实验方法和心理生理基础的科学。

1920 年，中国第一个心理学系在南京高等师范专科学校成立，当时心理学系在学科发展上有两组趋向——"一组重教育之学科；一组重理科之学科"[2]。次年 8 月，中华心理学会成立，后来由于战乱等原因，中华心理学会暂时停止了学术活动。作为新文化运动的领导者之一，蔡元培对中国理心学的发展功不可没，他认为从前心理学附入哲学，而现在用实验法，应列入理科[3]。在他的倡导下，陈大齐在北京大学哲学系创建了第一个心理学实验室。1926 年，心理学从北京大学哲学系中分离出来，心理学系由此成立。[4]作为中国科学院心理研究所前身的中央研究院心理研究所于 1929 年在蔡元培的倡导下成立，在成立初期就展开了关于动物学和神经解剖的研究。新中国成立后，中国科学院心理研究所归属为生物学部。中国心理学会在其章程中明确指出，"中国心理学会的办事机构受中国科协和挂靠单位领导"，其经费来源主要是中国科协拨款，报考心理学专业的考生必须是理科类考生，所获得的学位也必须是理学学位。[5]1977 年召开的全国心理学学科规划座谈会上制定了心理学学科发展的长远规划，促进了心理科学事业的恢复和发展。1980 年，陈立和荆其诚作为中国代表参加了第 22 届国际心理科学联合会，这代表着中国的心理学研究已经初步走向世界科学的舞台。20 世纪末，由国家自然科学基金委员会牵头实施的"国家基础研究'十五'计划和 2015 远景规划"将心理学确定为 18 个优先发展的基础学科之一。2000 年，心理学被国务院学位委员会确立为国家一级学科。心理学的自然科学地位逐渐提高，心理学发展也蒸蒸日上。

综观近代德国、苏联、中国、美国的心理学发展历程，作为自然科学的心理学对心理学学科的独立以及心理学研究的发展发挥着至关重要的作用。这种现象在西方心理学的发展中更为明显，由于以美国为代表的西方国家在 20 世纪初期

① 转引自高觉敷. 中国心理学史的对象和范畴. 南京师范大学报（社会科学版），1985（1）.
② 陈永明. 提高学术刊物的质量，促进心理科学的发展. 心理学探新，2001（2）.
③ 蔡元培. 蔡元培自述：1868—1940. 北京：人民日报出版社，2011.
④ 阎书昌. 中国近代心理学史：1872—1949. 上海：上海教育出版社，2015：7.
⑤ 陈永明，张侃，李扬，等. 二十世纪影响中国心理学发展的十件大事. 心理科学，2001（6）.

就将心理学作为一门自然科学进行大力发展，如今美国心理学的研究大幅领先其他在早期没有高度重视心理学自然科学地位的国家。美国国家科学基金会对心理学研究的资助以及重点实验室的建设等促使美国的心理学研究走在世界前列。自然科学的学科地位对心理学发展走向的影响、国家的政策扶持和经费资助决定着学科发展的命运，特别是在科研经费、实验室建设和政策支持的力度方面，这些都是哲学人文社会科学难以相比的。理科培养模式对心理学人力资源训练素质的提高发挥了突出的作用。正因为如此，中国学术界虽然承认心理学是综合科学，但在具体的研究发展策略上仍偏重自然科学。这样的看法和做法自然没错，但问题是国内心理学领域发展出排他的科学主义观念，导致非实验、非实证、非定量的研究在一定程度上被主流心理学拒斥。

第二节　心理学的哲学问题

哲学同心理学研究的问题有着传统而悠久的紧密联系。像"心理学"这一术语最早也是德国启蒙哲学家沃尔夫使用的。美国大学中的心理学课程一开始的名称为"智力哲学""精神哲学"之类。许多哲学思想家在阐发认识论问题的过程中对心理学的问题提出了许多有益的见解，他们的理论被称为"哲学心理学"，以便与科学的实验心理学相区别。但是许多人在使用"哲学心理学"这一话语时常常带有贬低的含义。实际上，心理学原本便是哲学的重要组成部分，而在心理学独立之后，心理学界一度以摆脱哲学母体为荣，西方现代哲学自胡塞尔伊始，出现过一段"反心理主义"的浪潮。随着当今认知科学的崛起及兴盛，哲学与心理学逐渐紧密结合起来，探讨与反思其中的联系、差异乃至冲突等重要问题具有突出的学术理论价值和时代意义。

一、哲学与心理学的传统联系

科学心理学研究虽然在一定程度上已经有了很多成果，但是其发展的过程并非一帆风顺，而是经历了很多曲折。从科学心理学的产生及发展过程来看，它实际上是逐步脱离了哲学性思辨的约束从而发展为具有一定实验性质的学科。之后，部分研究者指出，应当在心理学的奠基之上发展其他学科，即一种心理主义的观点。但这种观点受到胡塞尔等反心理主义哲学家的强烈反对,这就使得心理学丢失了其在哲学与逻辑学等相关学科当中应有的地位。不过,目前认知科学的发展繁荣又促进人们再次关注心理主义的重要价值及意义,并使其在哲学和逻辑学等范围内表现出回归的取向。

美国著名心理学家库克曾认为,在过去一个世纪的发展进程中,心理学这门学科在某些方面有所丢失,尤其是丢失了早期人们对该领域的期待,丢失了早期在该领域做出一定贡献的理论观点,甚至正在丢失一些很重要的研究主题。这些迹象都表明,心理学应当探索那些更具意义的人类主题。[①]因此,总结反心理主义思潮的经历,整理当前认知科学所引领的心理主义回归的新发展,可以帮助我们再次评价人类心理主题在不同领域里的重要性,也能够为认知科学同其他相关领域的相互促进提供理论支持,为心理学理论的探索提供新的机遇。

事实上,现代科学心理学也离不开哲学和理论的推测。哲学心理学尽管无法实际上去验证,但离不开经验的支持。何况人类的文明进步须臾离不开思想智慧的把握。在人类思想文明史上,人性的觉悟、启蒙和自我发现有三次大的转折:第一次人性的觉醒和觉悟发生在公元前 500 年左右,即我国的春秋战国时代和欧洲的古希腊罗马时代;第二次人性的觉醒和思想启蒙运动,发生在公元 1500 年的文艺复兴时期至 18 世纪;第三次人性的觉醒和自我发现爆发于 19 世纪,其中理性主义、现代主义和马克思主义,成为人类灿烂思想的杰出代表。[②]特别是在 17—18 世纪,西方哲学进入一个新的发展阶段和理论高度,涌现出像笛卡儿、康德、黑格尔等一批思想巨人。这一时期的哲学家不仅继承了文艺复兴运动中以人性反神性、以人权反神权,批判中世纪的宗教神学意识形态的精神,而且明确提出了自由、平等、博爱等天赋人权口号,其最为突出的特点是崇尚人的理性,用人的理性代替上帝的智慧,"我思故我在"。他们普遍以人的理性为本,以人的理性为标准,用人的感官观察事物,用人的头脑(理性)判断是非,用人的理性支配自己的行为,不盲目迷信传统和权威,从而为科学的发展开辟了道路。

在哲学上,这一时期近代西方哲学发展的一个重大转向就是,由古代哲学家重视"世界的本质和本源是什么"转移到"怎样更科学地认识世界",即由本体论的哲学问题转移到认识论的哲学问题。这种发展并不意味着新的科学可以忽视哲学,而意味着哲学的日益自然科学化。认识论的哲学问题同心理学的研究存在

① Koch S. Psychology and emerging conceptions of knowledge as unitary. In Wann T W (ed.). Behaviorism and Phenomenology. Chicago: The University of Chicago Press, 1964: 45.

② 武天林. 人学思想的历史演变及形态. 社会科学评论, 2007 (1).

着密切的关系。各门科学均是从哲学这个核心发展出来的，自然科学如此，行为科学和社会科学近一百年来的发展也是如此。科学发现是与哲学问题相互关联的，而且哲学有时的确有助于科学问题的解决。从西方哲学心理学的演变可以看出，其发展对科学心理学的创立是十分必要的。哲学心理学为实验心理学的建立提供了概念和理论，它所研究的问题也为实验心理学提供了研究对象，划定了研究领域，而且哲学心理学在许多问题上的观点一直影响着现代的西方心理学。

近代西方哲学中最为突出的心理学思想主要表现在以下四个方面。

（1）身心关系问题，即身体和心理之间怎样相互联系。虽然古代便有许多学者（如柏拉图和亚里士多德等）讨论过身心关系，但他们都是在抽象的意义上阐述这一问题。而在近代西方哲学中，有关身心关系问题的探讨更为具体，并开始与经验观察得到的资料相联系，出现了许多有影响的身心关系学说。

（2）经验论与理性论之争。洛克等经验论者认为，一切知识均来自感觉经验，凡存在于理性中的，无不先存在于感觉经验中。其强调感觉经验是认识的唯一源泉。与之对立的是理性主义观点。笛卡儿等否认感觉经验的作用，认为理性在知识获得中起决定作用，从经验感觉所获得的知识是零碎的，只有经过理性的选择、加工和整理，才能建立起可靠的知识和学问。

（3）天赋论及经验论。天赋论与经验论的观点是相对立的。经验论者强调一切知识来源于经验，天赋论者则认为某些知识不是来自经验的，如几何公理、思维范畴等，而具有先验性特点。天赋论的观点在现代西方心理学中仍然有所表现，如现代心理学中的模块论观点、乔姆斯基的语言转换生成学说等均有很大的市场。

（4）联想主义心理学与联结主义心理学。联想主义与联结主义心理学是心理学史上的两个重要流派。"联想作为一种心理活动形式，在很久以前学者就已经开始论及这一问题，像亚里士多德谈到了联想律的问题。在近代，联想主义的学说在经验主义的范畴里得到迅速的发展。他们认为，从经验得到的知识总是零碎的，因此必须借助联想才能解释心理的整体特性。联想主义以物理机械主义观点来解释一切心理现象，讨论联想的机制和规律。这一学说对科学心理学的建立具有极为重要的意义。"①联想主义心理学强调观念或心理要素之间的联想关系。联结主义心理学则注重情境（刺激）或心理状态与反应动作之间的联结关系。经验论者、理性论者、天赋论者的观点及其各种结合，一直都是现代心理学的一部

---

① 叶浩生.西方心理学理论与流派.广州：广东高等教育出版社，2005：9.

分，在今天它们仍然以一种形式或另一种形式与我们同在。

　　尽管在以实证主义方法论为中心的主流心理学研究范式中，心理学的哲学问题很长时间处于被忽视的角落，但是随着技术的进步和方法的完善，一些古老的心理学问题（如身心关系、意向性、语言与心理状态等问题）在当代新的科学技术背景下又得到重新讨论。正如美国学者赫根汉所指出的那样：心理学中永恒的问题基本上是哲学的问题，所以对这些问题的回答永远都是尝试性的和不确定的，但是"所有这些水平和探究类型对于心理学的发展似乎都是必要的，并且它们是相互支持的"①。心理学的传统重要理论问题研究包括心理与生理的关系问题、身心关系问题、意识问题，以及决定论与还原论等。在认识世界、改造世界的过程中，人类只有破解许多宇宙之谜，才能从必然王国走向自由王国。革命导师恩格斯曾将"宇宙的形成、生命的起源和大脑"视为人类需要破解的三大奥秘，其中"生命的起源和大脑"这两大奥秘的揭示无疑与心理学的研究有关。100多年前，德国学者雷蒙（Raymond）认为有"七个宇宙之谜"需要破解：物质和力的本质、运动的来源、生命的起源、自然界的合目的安排、感觉与意识的起源、理性与语言的起源、意志的自由问题，其中有四个宇宙之谜与理解人的心理现象的本质和起源有密切的关系。美国心理学史学家赫根汉认为，心理学理论有九大永恒问题：①人性的本质是什么？②心身关系如何？③先天遗传论与后天经验论；④机械论与生机论（有机论）；⑤意识理性论与无意识非理性论；⑥客观实在与主观实在；⑦人与动物的关系；⑧人类知识的起源；⑨关于自我的心理问题。②斯塔茨指出，不同的心理学家常常有着不同的认识观、不同的心理实质观以及对意识特性的各自理解，在心脑关系问题上存在着根本性分歧。这些分歧必然反映在对不同的研究对象、研究方法的选择上，"而对意识的探讨则有助于心理学确立整合的基础，并形成自己的范式"③。

二、哲学与心理学的分离及回归

　　美国物理哲学家赫奇斯曾指出，科学在哪里终止，哪里便出现哲学。④这种

　　① 赫根汉.心理学史导论.郭本禹，译.上海：华东师范大学出版社，2004：24.

　　② B. R. 赫根汉，T. 亨利. 心理学史导论. 郭本禹，等，译. 上海：华东师范大学出版社，2019.

　　③ Staats A W. Unified positivism and unification psychology：Fad or new field? American Psychologist，1991（9）.

　　④ Hedges L V. How hard is hard science，how soft is soft science? The empirical cumulativeness of research. American Psychologist，1987（5）.

观点实际上是对包括哲学在内的人文社会科学的另一种偏见。新世纪之交心理问题在西方的再度复兴，同时还得益于当代哲学人文社会科学（特别是哲学、语言学、文化人类学等学科）的启示与约束。以自然科学的方法研究心理问题而抛弃哲学的方法，是心理学诞生以来不懈追求的理想，也曾经是当代科学心理学研究主要的努力方向。哲学与心理学的分离长达半个世纪之久，主要受到了实证主义与反心理主义两大思潮的影响。

（一）实证主义对哲学的排斥

19世纪中后期，各门自然科学的讨论都交叉到心理学上，心理学成为实验科学的条件日益成熟。继物理学、化学和生物学等自然科学迅猛发展之后，随着工业技术革命的完成和社会发展日新月异的需要，西方又掀起了一场"新科学建设"运动，以生理学、社会学、教育学等为代表的一批新科学的诞生，为心理学的独立起到了极为巨大的推动作用。1879年，德国学者冯特——这位被誉为"19世纪的亚里士多德"式学者，在世界上建立了第一个心理实验室，标志着心理学这门实验性科学的正式创立。

在自然科学胜利旗帜的指引下，不仅心理学、社会学走向实证主义，而且西方哲学在黑格尔去世之后形而上学也受到根本性的瓦解，出现了实证主义的思潮。对此狄尔泰写道：哲学精神指导生活的功能从宏大的形而上学体系转移到实证研究的工作。19世纪中叶以来，各种因素导致体系哲学对科学、文学、宗教生活和政治的影响离奇下降。1848年以来为人民自由的斗争、德国和意大利民族国家的巩固、经济的快速发展和相应的阶级力量的转变，最后还有国际政治——所有这一切都引起抽象思辨兴趣的消退。①同时，19世纪物理学中电学、光学和声学的日新月异发展，进一步带动了对神经生理学和感官生理学的研究。这一时期，物理学对心理学的影响主要表现在这样两个方面：一是通过生理学中大量使用实验方法的中介研究，为实验心理学的诞生奠定了生理心理学研究基础；二是物理学与心理学的直接结合而形成心理物理学这样的新研究形态，对实验心理学的发展作出了重大贡献。

实证主义的科学观影响了早期的心理学家，促使心理学独立早期的心理学家力图以实证的自然科学为楷模，摆脱哲学的附庸地位，使心理学成为一门类似物理学那样的经验自然科学。可以说，实证主义的科学观在心理学独立的过程中起

---

① 转引自张汝伦.现代西方哲学十五讲.北京：北京大学出版社，2006：13-14.

到了重要作用。在心理学随后的发展中，实证科学观也产生了重要影响，进一步巩固了心理学的科学地位。

实证主义的科学观固然提升了心理学的科学地位，但由此带来的消极影响却是不容忽视的。为摆脱形而上学的束缚，心理学以严格的自然科学研究模式塑造自己，而不顾心理现象自身的特点。同时，实证主义的"经验实证"原则导致一种对客观性研究的崇拜，客观性研究成为一个独一无二的标准，成为一把"奥卡姆剃刀"，进而产生了一种客观主义。

这种客观主义主要从三个方面阻碍了心理学的健康发展。

（1）客观主义的前提预设导致其对确定性科学知识的寻求不可能成功。客观性预设了一个理论前提，即科学知识起源于感性观察，这对于简单对象和性质事物的认识理解固然有其正确的一面，但也存在着很多缺陷。库恩根据格式塔心理学的鸭兔图实验结果说明，对于同一刺激，不同的人可以有不同的感觉。有的人看到的是鸭，而有的人看到的是兔。实验研究通常设定了一个特定的观察框架，把可以观察的事物从不可观察的事物中区别出来，这就意味着观察要依赖某种前提和假设。如果把一个从未进过实验室的人领进实验室，直接对他说："你观察吧。"这个人就一定会问："观察什么？"这说明，所谓客观性的观察需要建立在假设性的知识之上。

（2）以客观性为借口排斥了社会文化因素的研究。其认为心理现象主要是一种自然现象，自然科学的客观实验法可以满足心理现象的研究，社会文化因素的分析易导致主观臆测，因此应被拒斥于心理学的研究范围之外，应把心理现象当成一种自然现象加以研究。换言之，不是把人当成人来研究，而是把人当成"物"来研究。这恰恰是以自然科学模式构建心理学的必然结果。

（3）客观主义引发心理学研究中的价值中立倾向。逻辑实证主义曾主张科学研究的价值超越性，认为科学研究与价值无关。"心理学家受此影响，认为心理学的研究无论在方法、程序，还是结论上都应是客观的，揭示的是心理的事实和规律，不掺杂任何个人的态度、信念、情感和爱好，不涉及任何主观倾向和价值观念。这些心理学家力图使心理学走一条不偏不倚的价值中立道路。"①

应该指出的是，心理学的研究必然牵涉自然科学、社会科学和人文科学的内容。单纯地将心理学定位为自然科学，或者将其划归为自然科学才能获得更多的研究经费，会影响学科的本体性精神。人类目前的先进科学技术是物理学、生物

---

① 叶浩生. 社会建构论视野中的心理科学. 华东师范大学学报（教育科学版），2007（1）.

学、计算科学等自然科学，但问题在于我们是否能够用目前最先进的实验测量操作工具搞清楚人的高级心理品质。研究者无法用实证研究的方法揭示人们的高级活动问题时，只能以人文关怀与多种研究方法的模式探讨并解释心理问题。

（二）反心理主义浪潮

在现代西方哲学与逻辑学的发展历程中出现了一个重要主题——反心理主义。心理主义倡导将心理学作为哲学与逻辑学的基础；与其相反，反心理主义则在这两个学科范围内否认心理因素。这样看来，两种观点争论的本质关乎科学观。随着反心理主义在一定时间内取得上风，心理主义慢慢从两门学科当中被排除。这一方面引起了科学认识论领域的断裂，另一方面也在相当程度上阻碍了心理学科的发展。由于现代哲学、逻辑学及心理学的不断发展，特别是认知科学浪潮的影响，心理主义的价值再次受到学者的关注，在哲学、逻辑学上又逐渐表现出心理主义回归的倾向。当今时代，尽管强心理主义可能褪去光鲜的色彩，与之相比更具科学约束力的弱心理主义的发展将为心理学和认知科学探寻人类认知奥秘给予理论和实践层面的引导，也给心理学理论的发展带来崭新的机遇。

心理主义与反心理主义的争论过去曾是哲学和逻辑学领域的热门主题，以至于一些研究者指出该争论是现代哲学历史中的分界点。[①]20 世纪末，心理学学科受到自然科学发展的影响后，高速发展成为一门独立的学科，同时取得了一些成果。在科学心理学逐步发展成长的过程中，其他相关学科也获得重要的启发。尤其是在哲学探索中，部分研究者提出应该把心理学当作真正意义上的科学的哲学起源点，心理学在全部理论学科体系中的地位最为重要。总体来看，在那个时期为大多数人所接受的"心理主义"思想，基本包括四个分支：第一个是穆勒（Müller）及赫姆霍兹的"生理的心理主义"；第二个是冯特、铁钦纳的"实验的心理主义"；第三个是尼采的"非理性的心理主义"；第四个是孔德、斯宾塞的"社会的心理主义"。整体来看，这些又可被划分为强心理主义和弱心理主义两大类。所谓"强心理主义"，是指心理学是其他所有科学的基础，任何科学探索都能被还原成有关心理学的探索。与之不同的是，弱心理主义的主要观点没有那么极端，其指出心理活动是逻辑规律的出发点，但与此同时又慢慢同这种心理活动剥离开，从而成为能够指导推理的原则。尽管学者的观点不完全一致，但是其看法又有类似的一些特点，即他们都尝试把哲学和逻辑学创建在心理学的基础之

---

① Jacquette D. Philosophy，Psychology，and Psychologism：Critical and Historical Readings on the Psychological Turn in Philosophy. Dordrecht：Springer Netherlands，2003：25.

上，将心理活动看成阐释人类精神文化的根本出发点。这有利于把心理学看成所有哲学领域中认识论的奠基，从而解决理解知识的有效性问题。本质上讲，心理主义是经验论的科学观和哲学观。可以这样说，心理主义是科学心理学的重要结果之一，也是实证主义的表现之一。

在心理学领域内，科学心理学开创人冯特的思想具有较多的心理主义倾向。他的重要专著《逻辑学》就明确表达了与数学这种自然科学类似，精神科学也需要建构在哲学的基础之上，因此可以说这些科学的真实基础都是心理学。冯特还把"逻辑"定义成认识的原理和科学的研究方法。在阐释心理学与哲学这两者的关系时，他提出前者是异于后者的独立学科，然而这两者间仍然具有十分紧密的关系。科学心理学诞生以前，哲学领域中已经存在着关于感觉、情感、思维和意志等诸多探索，由此可见两门学科之间无法切断所有关联，心理学应该学习哲学的有关成果，以发展自身相关领域的内容。

科学心理学的另外一位著名先驱者布伦塔诺提出一个重要观点——应当将心理现象当成心理学探究中的首要对象，不过其最突出和本质的特点就是它的内在的意向性。也就是说，心理现象总是内在地包含一个对象，心理现象总是需要指向一个对象，而不能够单独存在。所以说，心理现象同时包含意识的行为和意识的对象。这个观点主要表明，对心理现象本身的探索，必须把身体经验等因素包含进去，也就是要考虑心理现象指向的对象这个问题。这个观点和当下的具身认知的观点基本相同。在对心理学学科性质的有关探讨中，布伦塔诺还指出心理学是一门经验的科学，而且这种经验取向的心理学非常重要，因为它是全部的基础，也可以说，心理学是最基础、最根本的哲学，可以给予一种根本的普遍性。[1]布伦塔诺将心理学与哲学画等号，把心理学看作最根本的一门科学，而其他学科（如伦理、逻辑等）都可以被看成心理学的分支。同时期的狄尔泰、斯顿夫等心理学家大多数持有这种心理主义的看法。另外一位杰出的心理学家利普斯的观点则更为激进，他曾提出，心理学是一门哲学科学，反之亦然。有研究者评价道，利普斯让哲学心理主义观点达到了登峰造极的重要位置。[2]

回顾历史，哲学及逻辑学领域的心理主义都曾经得到很多学者的支持，然而因为本身具有的不足之处，所以初始阶段就受到多方面的排斥与否定，反心理主义思想则随之产生。反心理主义最开始是由康德提起的，后来通过新康德主义以

① Brentano F. Psychology from an Empirical Standpoint. London: Routledge, 2014: 74.
② 沈荣兴. 逻辑学中的心理主义和反心理主义述评. 苏州大学学报（哲学社会科学版），1988（1）.

及相关流派的持续探索，从而在一定程度上得到发展，其后的胡塞尔等把该思想推至了最高峰。[1]

从本质上来讲，上述反心理主义思想是哲学先验论的继承与延续，其主要观点是：知识应当是客观的，而逻辑是先验的。逻辑学与数学等学科具备先验形式，这些学科追求必然、客观的知识。但是，心理学是经验科学，具有不确定性，所以其无法成为逻辑学的可靠基础。康德在《道德形而上学的基本原理》中阐明，逻辑学不包含经验的内容。也就是说，逻辑学不能等同于心理学，前者的特征是规范性和先验性，且无法通过对主观经验的一般实证研究而得到。单纯的哲学研究必须具有客观且普遍的原则，同时要做到对经验元素的否认。康德认为，在逻辑学里，不需要关注偶然的规律，而要关注必然的规律；不在于人们如何进行思维，而在于人们应该如何去进行思维。所以说，逻辑规律必然无法从偶然的知性使用中得到，一定是从必然的知性使用中产生的，必然的知性使用不需要各种心理学，从它自己身上就可以发现。在康德之后，新康德主义传承了康德哲学中的反心理主义思想。以莱布尼茨的数理逻辑为例，其思想虽然也是反心理主义的，但他的思想却在当时没有对逻辑学产生干扰，由此可见，其还处在心理主义和反心理主义的争论以外。

20 世纪初，学术界开展的这一反心理主义的争论里，弗雷格和胡塞尔等著名学者陆续发表了重要看法，对心理主义展开了最强烈的反对和批判。弗雷格是现代逻辑学及分析哲学的开创者，他对心理主义持有明确的反对意见，他认为，逻辑学本身非常精准而且十分严谨，是进行数学推理的前提。然而，如果将心理学这种既模糊又不精确的学科当作逻辑学的前提，结果是不堪设想的。另外，弗雷格还在《思想》当中详细阐释了"外在事物""思想""心理表象"三个概念的不同之处，并梳理了三者之间的关系。弗雷格通过这种方式彻底澄清了心理学与数学和逻辑学的关系。[2]弗雷格坚决地反心理主义观点，一方面维护了逻辑学与哲学的学科完整性，另一方面也消除了逻辑学内部的心理主义观念。这些举措最终促进反心理主义思潮走入崭新的进程。

受到恩师布伦塔诺思想观点的启发，胡塞尔学术生涯的初期持有心理主义的思想看法，同时拒绝和否认弗雷格的反心理主义思想。但是，胡塞尔的一部分观点却被弗雷格严厉反对。后来，胡塞尔放弃了自己的看法，而后站到反心理主义

① Collins R. Psychologism: A case study in the sociology of philosophical knowledge. Journal of the History of the Behavioral Sciences, 1998 (1).

② Frege G. The thought: A logical inquiry. Mind, 1956 (1).

思想的行列。对比两人的思想观点，其在方法使用上存在差异，弗雷格主要通过纯数理逻辑的方式驳斥心理主义，胡塞尔更加偏向通过心理主义思想本身一些错误的结论对其进行驳斥。胡塞尔总结了三个值得质疑的问题：第一，在清晰性不明确的理论之上，只能产生同样模糊的规则。然而，逻辑规律本来应该具备绝对的精确性，而不像心理过程那么模糊。他还指出，如果将精确的逻辑规律与模糊的心理经验不加区分，那么实际上就是改变了逻辑规律的本质意义。①第二，如果有人试图否定心理现象的模糊性，然后在所谓的思维自然规律基础上建构心理学的规则，仍然无济于事。胡塞尔指出，心理学不能产生绝对精确的规律，但是逻辑学当中却包含这种类型的规律。第三，如果心理学是逻辑的基础，那么逻辑规律本身必定具有心理学的内涵，但是实际上，我们也没有适当的方法可以找到一个逻辑规律是心理活动的事实性规律。基于以上分析和论述，胡塞尔指出，心理主义最终一定会走向怀疑主义及相对主义。

上述两人都是在世纪转折阶段对心理主义思潮进行了严厉批判，这是 20 世纪哲学历史当中的重要学术事件。反心理主义者在特定时间段里获得了胜利，使得当时的许多研究者不敢轻易讨论有关心理主义的话题，因为这个话题仿佛魔鬼一般遭人鄙弃。②

在这里需要说明，所谓的"反心理主义"并非反对心理学这门学科，而是指反对建立在经验心理学之上的心理主义，也就是心理学形式的哲学，确切来讲，是经验心理学化的哲学。③然而，反心理主义思想对心理学学科本身的进步也产生了不良影响，使孕育之初的心理学遭受严重的冲击，从而导致西方现代哲学在一段时间内出现了不重视心理学研究及其成果的合法性问题。胡塞尔等学者还曾经向德国大学提请，要求把心理学专业赶出哲学系。为此，冯特专门撰写了《为生存而斗争的心理学》（*Psychology's Struggle for Existence*）一书，宣称心理学应当在哲学中享有一席之地。此外，在心理学领域内掀起了行为主义运动，越发使得心理学学科进程偏离了其探索的主体方向，转而关注人的外部行为表现。这也让心理学沦为没有心理的心理学。伴随实验心理学的飞速发展，一方面，哲学相关的主题受到心理学学科的排斥，心理学领域内逐渐不再使用哲学术语对心理过程进行阐释，从而预防"非科学"的哲学主义倾向；另一方面，哲学范畴内的心

---

① 转引自雷德鹏. 论胡塞尔对逻辑本质的现象学诠释. 学术论坛，2005（2）.

② Jacquette D. Psychologism the philosophical shibboleth. Philosophy & Rhetoric，1997（3）.

③ Jacquette D. Philosophy，Psychology，and Psychologism：Critical and Historical Readings on the Psychological Turn in Philosophy. Dordrecht：Springer Netherlands，2003：34.

理学探索也遭受批判。反心理主义思潮促进了哲学和心理学这两门学科的分离，哲学研究者排斥在哲学领域内讨论心理学议题防止坠入心理主义，这实际上使得科学认识论在某种程度上产生了断裂。从长远来看，反心理主义思潮无疑对心理学学科的建设造成了重大损害。

（三）当前心理主义对哲学的回归

在心理主义占据话语上风的时期，反心理主义思潮坚定地维护了哲学及逻辑学的学科地位，有力地保护了两门学科的合法性以及独立性。弗雷格为逻辑学进行了辩护，推动了现代逻辑的诞生，使该学科达到一个新的发展阶段。从这个意义上讲，反心理主义的出现符合学科的发展规律。不过，我们不能忽略反心理主义带来的不良后果。大多数学者在为反心理主义思想做辩护时，首先预设了逻辑的先验性，认为先验逻辑单独于主观经验和认知存在。然而，逻辑作为一种先验的规律，人类个体又是怎么获取的呢？这个问题是无法避开的。恩格尔等曾经指出，如果我们只是把逻辑看作具有规范性，这样是不充分的，还应该阐明逻辑为何具有这种规范性。[①]然而，反心理主义未能准确回答这个问题。另外，弗雷格及胡塞尔这两位反心理主义者的观点后来也遭到许多学者的批判。有学者指出，弗雷格的观点预设性很强，也没能给出详细的论证。[②]胡塞尔的观点也被批评为坠入"心理主义的巢穴"[③]。许多后来学者对反心理主义的这类极端观点也开展了严厉的批判。

反心理主义遭遇的各种问题，从另一方面说明，其对心理相关问题的彻底排除是不恰当的。同时，该思想关于逻辑与心理两者关系的看法也是不充分的，在一定条件下心理主义很可能得到再次发扬。瑞士著名心理学家皮亚杰在该问题上付出了很多努力。他的智慧在于把逻辑与心理有机地进行结合，从而建构出"心理逻辑"这个全新的探索空间。同时，现代认知科学的产生和发展促进了两者的结合。这里，我们必须强调的一点是，这种回归后的心理主义不等同于传统意义上的心理主义，也和强心理主义的观点截然不同，它必须具备更加严密而精确的形式而被复活。这种新型的心理主义，从认知科学的研究角度出发，再次密切关

---

① Engel P, Kochan M. The Norm of Truth: An Introduction to the Philosophy of Logic. University of Toronto Press, 1991: 58-59.

② 颜中军. 试论弗雷格的反心理主义逻辑观. 自然辩证法研究, 2008 (8).

③ 江怡. 胡塞尔是如何反对心理主义的？——对《逻辑研究》第一卷的一种解释. 现代德国哲学与欧洲大陆哲学学术研讨会论文汇编, 2007: 44-51.

注人的一般理性及认知能力。这就使其在一定程度上消除了原有较为极端的观点，接纳了部分反心理主义阵营的积极观点，从而推动了逻辑学、心理学等相关学科的不断进步。实际上，任何学科都无法完全独立地进步，当然也包括逻辑学。所以，逻辑学与心理学应当做到加强沟通、互相参考，从而达成协同进步。

心理主义再次登上历史舞台，存在一定历史性及现实性的必然。有研究者指出，心理主义实际上有好坏之分。其中好的元素具有合法性，坏的则无法被学术领域接纳。这里所说的坏的心理主义，指的是那些不被科学所制约的又违背客观性的心灵至上的观点，或是一些不够普适的常识性的主观心理过程。①英国剑桥大学哲学系教授克拉恩在其著作《心理主义面面观》里指出，"好"的心理主义不仅能够从经验主义及概念意义两个角度探讨思维问题，还能够从现象学角度开展考察。②心理主义的一个中心思想就是，所有心理过程都具有目的性和指向性。哲学研究者必须关注心理学和现象学等相关学科的成果。更重要的是，以跨学科的多元视角探索心理相关问题，能够促进哲学家更为科学有效地理解思维和认知的本质问题。因此，研究者应该区分不同的心理主义观点，把好的心理主义思想推广至科学探索中。逻辑学自身的发展也告诉我们，逻辑与心理两门学科的结合是可能的，也是必要的，皮亚杰及以后的科学家对此做了许多工作。同时，现代认知科学的飞速发展也为多学科的联合发展奠定了基础。

受到反心理主义思潮的冲击，大多数人认为逻辑学将依照弗雷格等学者所做的计划进一步向前发展，然而事实并不是这样。在经历现代形式逻辑后，逻辑学的发展出现了一些问题。例如，20世纪30年代之初提出的哥德尔定理，表明数理逻辑在数学系统使用中具有一定限制，这让很多人逐渐怀疑弗雷格提到的逻辑学的发展方向是否可行，并开始重新考量逻辑与心理两者的本质关系问题。有研究者指出，逻辑与心理这两者无法彻底区别，因为人类的思想及观点等都是思维及认知过程的结果。③皮亚杰也曾试图运用数理逻辑去探索幼儿的智能活动，考察了幼儿逻辑、物理以及数学等的概念的源头，并获得一系列成果。这些研究主题似乎都表明，逻辑与心理不能完全独立，两者存有结合的可能。著名心理学家皮亚杰在发生认识论上的卓越成就集中体现了心理主义在逻辑学中的回归，他开创性地把逻辑学与心理学相结合后创立了心理逻辑学，该学科具有逻辑学和心理学的双重色彩。在《逻辑学和心理学》一书中，皮亚杰指出，"心理逻辑学的任

---

① Jacquette D. Psychologism revisited in logic，metaphysics，and epistemology. Metaphilosophy，2011（3）.

② Crane T. Aspects of Psychologism. Cambridge：Harvard University Press，2014.

③ Notturno M A. Perspectives materials//Perspectives on Psychologism. Leiden：Brill，1999：i-vi..

务不是把逻辑建立在心理学上，而是运用逻辑代数构造一个演绎理论去解释某些心理学的实验发现"①。他还指出，通过逻辑学对心理结构进行描述与阐释，不仅十分必要，而且具有可行性。"逻辑代数可以帮助我们描述心理的结构，把那些实际处于思维过程的中心地位的运算和结构列为可计算的形式。"②与之相同，当考察逻辑的客观基础问题的时候，也必然需要借助心理学，这是因为这种客观基础只有在自然生活及精神生活的进程里才能找到。③皮亚杰的心理逻辑与现代的形式逻辑不一样，它是一种对思维过程的描述性逻辑，是对个体实际的认知及其他心理过程进行描绘的逻辑，是非公理化的。必须承认，心理逻辑学产生以后，遭受了来自心理和逻辑两门学科方面的怀疑。心理学研究者指摘皮亚杰运用思维逻辑学取代了思维心理学当中的代表性主题；逻辑学研究者则认为皮亚杰的探索根本不合逻辑，缺乏科学性。虽然有关心理逻辑学的批评之词不绝于耳，但这并不能掩盖其理论的光辉和预见性。皮亚杰的心理逻辑思想开创了逻辑领域的新方向，为解决逻辑认识论问题提供了支持，也为认知科学的跨学科多领域协作提供了示范，还给予"具身化"和"回归大脑"为特征的第二代认知科学重要的启示。④认知科学的飞速发展已经使心理学与逻辑学两门学科在多方面产生了交叉与融合。⑤恩格尔等也曾对其评价道，心理逻辑和传统的心理主义并不一样，前者似乎更为合理。⑥分析哲学家蒯因指出，认识论属于心理学分支领域，对于认识论的探索需要使用自然科学的研究范式和手段。⑦同时，他认为，逻辑原则应该从心理学当中汲取，然后采用这种逻辑去阐释心理学；逻辑与心理的融合十分必要。另外，他所提出的"自然化认识论"也在一定程度上肯定了心理主义在探索认识论问题当中的意义和作用。

当今时代，认知科学的热潮推动了心理主义在逻辑学当中的再次兴盛，在其影响之下，学者试图通过多样化方法去探索心理及认知活动，再次构想把身体和心智的关系相互融合，这也在一定程度上促进了逻辑与心理的相互融合。逻辑学

---

① 转引自李其维. 论皮亚杰心理逻辑学. 上海：华东师范大学出版社，1990：27.

② Margolis J. Late forms of psychologism and antipsychologism//Philosophy，Psychology and Psychologism. Dordrecht：Springer Netherlands，2003：195-214.

③ 蔡曙山. 认知科学框架下心理学、逻辑学的交叉融合与发展. 中国社会科学，2009（2）.

④ 李其维. 寂寞身后事，蓄势待来年——皮亚杰（J. Piaget）逝世 30 周年祭. 心理科学，2010（5）.

⑤ Pelletier F J，Elio R，Hanson P. Is logic all in our heads? From naturalism to psychologism. Studia Logica，2008（1）.

⑥ Engel P，Kochan M. The Norm of Truth：An Introduction to the Pphilosophy of Logic. University of Toronto Press，1991：43.

⑦ Quine W V. Ontological Relativity and Other Essays. New York：Columbia University Press，1969：55.

也因此发生了一种认知转向,进入全新的发展进程。这一转向所蕴含的目的建构起关于知识的汲取、展示以及扩展与完善的整体模型和具体范式。[①]由此可见,该目标的确立实际上表明,逻辑问题的探究需要依靠心理学领域的相关结果提供支持。在逻辑和心理两门学科不断发展的进程中,两个新的探索空间伴随出现,即逻辑心理学与心理逻辑学。前者将逻辑要素当成自变量、把心理元素当作因变量,从这个角度探寻逻辑元素对人的心理和行为的作用;后者则相反,把心理元素当成自变量、逻辑元素当作因变量,从而考察心理过程对逻辑推理的作用。研究者对该主题展开了许多有意义的探索,代表性实验有沃森(Wason)的选择任务和马卡斯(Marcus)等的条件句三段论研究,结果发现,逻辑推理受心理因素的影响,且两者有很强的相关性。[②]由于汲取了心理学学科的探索结果,现代逻辑学迈入成长兴盛的新阶段,与此同时,心理学也由于得到了逻辑学方面的支撑而慢慢开展对一些复杂认知活动的考察。两门学科的关系并未如弗雷格等人预期的那般矛盾重重,反而走向协调发展的新阶段。

过去,一些学者持有"哲学纯粹性"观点,他们在心理因素上的看法往往不够清晰。例如,在康德的观点中,哲学是以先验为基础的,否认经验的或心理的元素。但是,他并不否定某些心理概念在哲学中的价值,比如"意志"这个心理学构念就能够被纳入道德哲学当中。维特根斯坦(Wittgenstein)曾经被马斯洛称作坚决的反心理主义者,他也指出逻辑形式及数学实际上仅仅是描述事实的必要非充分条件,也就是说,他认为我们所能感知到的符号(如声音、字符等)能够在一定程度上预测事物状态。[③]这些学者对心理主义的模糊立场其实恰恰表明,心理主义思想包含能够被哲学容纳的内容,也就是含有某些"好的"心理主义元素,这正是心理主义能够重返哲学领域的重要条件。

随着计算机及神经成像技术的飞速发展,认知科学在技术方面取得了长足的进步,该领域研究者通过这些先进技术设备在探寻人类认知活动的内部机制问题上取得了丰硕成果。但是,在研究复杂多变的人类认知的过程中,单纯借助先进设备收集实证研究的资料显然是不充分的。对于一些深刻的哲学问题,如言语的获得、身心关系问题,实证主义的方法并不能提供较为理想的结果。但是,在心理主义回归后,哲学领域研究者便可以使用思辨思维与逻辑分析对上述问题展开

---

① 鞠实儿. 逻辑学的认知转向. 光明日报,2003-11-04.

② 张玲,蔡曙山,白晨,等. 假言命题与选言命题关系的实验研究——对逻辑学、心理学与认知科学的思考. 晋阳学刊,2012(3).

③ Weber A M. Embodied Cognition. London:Routledge,2011:101.

探究及理论构建，这种研究模式逐渐成为认知科学里不可或缺的主题。例如，著名语言哲学家乔姆斯基通过理性逻辑探讨儿童语言的获得，结果发现内部机制和基因的特性是儿童掌握言语的关键性要素，并进一步提出人类的语言或语法具有先天性的理论观点。①后来，他的观点逐渐被学术领域广泛接受，其生成语法理论也激励了众多学科领域，如认知心理学、语言心理学和神经生物学等都开始关注人类的语言问题，产出了大量相关的研究成果，对认知科学当中的言语主题的探索迅速增多。另外，20世纪90年代后期引发的具身认知理论，它的基础之一就是哲学的现象学派。哲学家梅洛-庞蒂认为，身体不是认识的对象，而是认识的主体。而在具身认知理论中，认知是具身的，心智和身体是一体化的。②这样的观点逐渐被越来越多的研究者接纳。由此可见，心理主义回归后的哲学对认知科学的发展具有积极的参考价值。认知科学领域内部对哲学的研究方法及其学科贡献认可度较高，哲学也在认知科学领域当中发挥着积极作用。③

具身认知是当前学科发展中潜力强劲的领域之一，其核心观点和心理主义观点高度一致，心理主义为具身认知的相关理论提供了积极参考。具身认知的理论观点具有深刻的思想来源，其是欧美哲学领域批判主客二元论的结果。杜威、海德格尔、梅洛-庞蒂、皮亚杰等学者都曾对此发表过自己的看法，他们都强调了经验对认知的重要性。具身认知论指出，有机体的身体及动作在认知过程中起着重要作用，认知通过身体的感受及其活动而形成。④心理主义的观点认为，经验是认识的源头，认知和知识的取得需要以经验为基础。由此可见，具身认知的观点与心理主义思想存在一致性，两者都承认经验与认知密不可分。随着认知科学及神经影像学的迅速发展，先进的实验理念与技术方法也逐步验证了反心理主义观点的真伪。根据反心理主义的观点，概念获得与心理经验之间毫无关联，概念必须通过理性的方式才能获得。然而，研究结果并非如此。例如，磁共振成像方面的证据表明，概念形成和身体运动经验之间存在密切联系。有研究发现，在阅读动作相关词语时，被试与身体动作相关的大脑皮层激活增强。⑤另一项研究也发现，对概念的表征与被试的身体运动之间存在相关关系。⑥此外，还有研究发

---

① Chomsky N. Poverty of Stimulus：Unfinished Business. Transcript of a Presentation Given at Johannes-Gutenberg University，2010：27.

② 叶浩生. 认知与身体：理论心理学的视角. 心理学报，2013（4）.

③ 转引自李其维. "认知革命"与"第二代认知科学"刍议. 心理学报，2008（12）.

④ 叶浩生. 具身认知：认知心理学的新取向. 心理科学进展，2010（5）.

⑤ Pulvermüller F. Brain mechanisms linking language and action. Nature Reviews Neuroscience，2005（7）.

⑥ Willems R M，Hagoort P，Casasanto D. Body-specific representations of action verbs：Neural evidence from right-and left-handers. Psychological Science，2010（1）.

现了身体的物理属性变化能够对概念加工产生影响①，抽象概念与身体知觉经验密切相关②；概念组合等复杂认知加工通过具身模拟机制实现③。以上结果表明，知觉经验与概念形成等高级认知过程之间存在紧密关联，身体经验在高级认知活动中起到重要作用。另外，"镜像神经元的发现也为认知的具身性提供了神经生物学证据"④。

总之，心灵哲学与具身认知两个研究领域都为心理主义的回归提供了资源，回归以后的心理主义也为两个领域的深入发展做出了贡献。目前，心理主义再次得到认可的现状，其本质是对人的一般理性或逻辑认知能力的侧重，还有对心理过程探索的关注。这和过去传统心理主义研究个人而主观的表象做法存在根本性差异。这种新形式的心理主义取向实际上符合目前认知研究的热点，遵循科学演进的基本规律。

实际上，科学心理学也离不开哲学和理论的推测，同时，哲学心理学尽管无法进行实验，但离不开经验的支持。目前，学术界一般把自然科学的心理学称为"正宗的心理学"或"科学心理学"，而将人文社会科学向度的心理学研究称为"类心理学"。不论是褒义还是贬义，目前非实证性研究已被视为"异类"。究竟什么是"异类"？如果从事实证研究的人多了，其他领域就成为"异类""另类"，那么正常的研究可能变得不正常。

根据上述讨论与分析我们发现，反思心理主义和反心理主义之争的历史进程，梳理现在认知科学影响下的心理主义回归这条崭新路径，不仅可以再次评价心理主义在不同领域内的重要价值，还能够为认知科学和其他学科的多元发展提供支持，也能够激发学术界保持对心理和认知问题的研究热情。

1）关于人类心理的研究一直以来都是科学探索中无法回避的主题。心理主义观点有其合理性，无法彻底否定。尽管试图把所有科学探索都加以"心理学化"的做法不尽合理，但也无法彻底否定心理主义的观点。心理现象具有客观实在性及普遍性，任何精神及心理状态都是通过脑中的物理生理过程实现的。心理主义作为一种哲学的意识形态，在一定程度上表达了科学探索的基本追求。在近

① Rueschemeyer S A，Pfeiffer C，Bekkering H. Body schematics：On the role of the body schema in embodied lexical-semantic representations. Neuropsychologia，2010（3）.

② Pecher D，Boot I，Van Dantzi S. Abstract concepts：Sensory-motor grounding，metaphors，and beyond// Psychology of Learning and Motivation. New York：Academic Press，2011：217.

③ Semin G，Smith E（eds）. Embodied Grounding：Social，Cognitive，Affective，and Neuroscientific Approaches. Cambridge：Cambridge University Press，2008：9.

④ 叶浩生. 镜像神经元：认知具身性的神经生物学证据. 心理学探新，2012（1）.

代历史中，自然科学在经典物理学的作用下，直接否认了人类心理、意识及精神等主题。哲学上一度出现的反心理主义思潮虽然在自身的科学性方面有一定价值，但本质上也不能绕过人的心理和意识问题。正如有研究者曾指出的，心理主义和反心理主义都不会在源头被削减，这是因为只要在认识上牵扯到意识问题，就需要承认其存在，若不如此，就不会产生分歧和争辩。[①]随着认知心理学及认知科学等学科的蓬勃发展，反心理主义思想逐渐退出历史舞台，新的心理主义再次被接纳。心理主义的回归实际上具有一定必然性。回归后的心理主义没有尝试把其他学科建构在心理探索的基础上，反而在心理学、哲学、逻辑学的研究中重点关注心理要素，可以说是与传统心理主义完全不同的"新"心理主义。[②]这种"新"心理主义的主要思想是：所有心理过程的目的性和指向性都含有丰富的价值。在当前跨学科探究人类心智奥秘的道路上，"心理主义应当以更具意义也更加严谨的方式被复活"[③]。综上，认知科学领域内讨论的心理主义是不同于传统的新心理主义，是经历过反心理主义改造的、改进了部分过去心理主义的极端观点、更加顺应当前的科学发展潮流，因而在总体上是积极的，是值得肯定的。

2）实际上反心理主义也在一定程度上促进了心理学的发展。曾经的反心理主义思潮从某个侧面促进了人们对心理主义与哲学、逻辑学以及心理学等学科关系的认知与反思，提升了人们对这些主题的理解水平。这对心理学，对哲学、逻辑学，甚至对整个科学的发展，都具有重要意义。反心理主义使得以现代实证主义为重要宗旨的主流心理学遭到猛烈撞击，从而引导人们从不同的出发点再度反思科学心理学的演进，这显然对心理学本身的学科发展具有重要价值。不仅如此，富有反心理主义倾向的现象学研究，还有效地启发了人文主义取向的心理学探索，并最终使现象学和实证范式变成现代心理学当中的两个重要的思想基础。绝大多数人文主义取向的心理学理论流派受到了现象学理论及范式的启迪。另外，当代认知心理学领域也出现了被称作"认知现象学"的分支领域。[④]反心理主义色彩浓厚的现象学方法对心理学的学科基础、观念变革、范式选择和视角转换等重要论域都作出了富有价值的学术贡献。心理学是一门研究心理现象的科学，其研究对象的复杂性使其不可能只用一种方法开展研究，而需要通过多元发

① 崔平. 对心理主义和反心理主义之争的超越性批判——为反心理主义制做"认识断裂"论证. 学术月刊，2009（9）.

② Mog S. Steps to a "Properly Embodied" cognitive science. Cognitive Systems Research，2013（22/23）.

③ Jacquette D. Boole's logic//Handbook of the History of Logic. Amsterdam：Elsevier，2008：331-379.

④ 李其维. "认知革命"与"第二代认知科学"刍议. 心理学报，2008（12）.

展的路径引领学科发展的方向。人类的认知活动总是呈螺旋式上升的过程，任何学科的发展都摆脱不了这一规律，心理学也不例外。

3）心理主义重返舞台使得心理学理论研究在一定程度上再次受到关注。现如今，虽然心理学已成为科学体系当中一门不可缺少的独立学科，但是其理论方面的基础相对薄弱，相关的探索还有待增强。如库什（Kusch）所言，心理学科本身目前还存在一些有待明确的问题，比如研究对象的界定问题，心理学研究者并未针对心理现象本身开展详尽的探索，要么关心那些经由心理过程影响个体的某些现象（比如生理学），要么就在关心那些受到心理过程影响的某些现象（比如人的外显行为）。然而，直接经验这类问题尚未得到主流心理学的关注，这种学科现状确实让人难以置信。[1]心理主义的反弹充分表明，心理学研究不能停留在通过单纯地用实证数据阐释全部的心理和经验过程，而需要聚焦明晰心理学的研究问题以及相关理论的建构，这必将给理论心理学领域的繁荣带来崭新的机遇。英国心理学家哈瑞（Harry）曾经指出，理论心理学领域的一个重大成果就是把心理研究归为两种本体论，即心理主义的本体论以及物质主义的本体论，并且不能从其中一个还原到另一个[2]。前者的内涵是心理学研究应当限制在思想、感觉以及有意义行为等主题；后者则意味着应当把心理学研究限制在身体的物质状态方面，尤其是脑和神经系统。对这两种本体论的探索将促进身心问题的解决。现代认知科学的飞速进步也让心理学研究者逐渐抛弃那些传统上把心理学排除在科学之外的问题和观点。

第三节　哲学与理论心理学之间的关系

一、哲学与理论心理学研究

理论心理学是 21 世纪涌现出的新学科，它是一门以理论思维方法对心理学的基本问题和规律进行探索的科学，已逐渐成为心理学各分支学科的理论基础。有学者指出，理论心理学在心理学中的地位，就应像理论物理学、理论化学在物

---

① Collins R. Psychologism: A case study in the sociology of philosophical knowledge. Journal of the History of the Behavioral Sciences，1998（1）.

② 哈瑞. 认知科学哲学导论. 魏屹东，译. 上海：上海科技教育出版社，2006.

理学和化学中的地位一样，是学科体系中一个极为重要和不可缺少的组成部分。其建设目标推进心理学向物理中的理论物理和经济学中的理论经济学那样的规范形态迈进①。哲学心理学也是提升人文社会科学向度的另一个重要领域。科学发现是与哲学问题相互关联的。哲学心理学为实验心理学的建立提供了概念和理论，它所研究的问题也为实验心理学提供了研究对象并划定了研究领域。而且哲学在许多问题上的观点一直影响到现代的西方心理学。当今，计算机科学、人工智能和认知科学等前沿技术科学普遍重视借鉴哲学的研究成果。

　　哲学研究受到许多重要学科的重视，与此不同的是，刻画心理问题的哲学心理学却遭遇了不同的命运：哲学的部分并没有引起心理学界的重视，因此对这部分的研究是零散的、不系统的；同时，零散的、不系统的研究还多是批评和指责。心理学家认为，对哲学的心理学研究是倒退到实验以前的时代；哲学家则认为，心理学的哲学研究是琐碎的、描述性的、抽象水平不够的。哲学心理学受到冷遇和批评，首先与哲学领域中的反心理主义与心理学领域中的反哲学主义有很大关系。由于胡塞尔等对哲学中的心理主义的批判，哲学与心理学脱离了内在关系，这使得哲学家避免在哲学中探讨心理学问题时陷入心理主义。与此同时，由于实验心理学的迅速发展，哲学问题不断地被排除，以致心理学研究者不再用哲学术语去解释心理现象，以防止"非科学"的哲学主义。哲学心理学一方面把研究建立心理学的研究事实之上，另一方面又用哲学去解释心理。这在研究对象和方法上似乎犯了学术研究的禁忌。

　　加强心理学理论问题的哲学探讨，不仅具有正本清源的学术价值，而且对改善学界长期以来形成的认识理解偏差具有积极的现实针对性价值。现代认识论的哲学问题同心理学的研究存在着密切的关系。哲学心理学在许多问题上的观点一直影响到现代的西方心理学。特别值得指出的是，在科学心理学独立之前，有关心理学问题的阐述主要是由哲学家来完成的。哲学心理学的最高阶段——联想主义心理学，更是为早期的实验心理学提供了研究的课题，因而对实验心理学的建立也产生了直接影响。

　　从学术史的角度而言，对哲学与心理学之间关系问题的认识理解经常出现"迭代认知"的时代性变化，心理学界对哲学问题的排斥也存在潮起潮落的调整改变。虽然心理学从哲学中分离出来成为一门独立科学，但并不意味着心理学与哲学的关系从此就是彼此对立、相互分离的。心理学史学家黎黑说过，"重要的

---

① Slife B D，Williams R N. Toward a theoretical psychology: Should a subdiscipline be formally recognized? American Psychologist，1997（2）.

心理问题原来就是哲学问题"①。心理学与哲学之间有着非常密切的联系：一方面，心理学在成为一门独立学科之前属于哲学范畴，心理学理论中的基本问题也是哲学研究的重要课题；另一方面，哲学心理学论域同样也是现代心理学理论中需要探讨的重要问题。因此，科学心理学的研究需要哲学，哲学的相关研究也十分需要心理学的实证探讨与具体论证支撑。

从心理学研究自身发展来看，当前心理学理论研究比较薄弱，"小散轻薄"问题日益严重，往往让人有"心目俱乱"之感。美国心理学会在成立 100 周年之际，在总结"心理学作为科学一个世纪：反思和评价"时指出，心理学在努力成就一个统一的理论作为基本理论范式方面并没有取得进展，"目前的心理学更像一个没有数字的、隐藏数字的谜或者是一个智力迷宫"②。近年来国内心理学界不少长期致力于实证研究的有影响的学者开始重视哲学心理问题的探讨。例如，我国著名心理学家张厚粲在《心理学哲学导论》一书译者序中写道："改革开放之后，中国的心理学再次转向西方。目前已经在西方兴起多年的认知心理学，不仅是心理学中一种新的研究实践活动，更是一种在本体论和认识论层面对人类心智本质认识的新哲学流派。几十年从事心理学研究和思考的经验告诉我，虽然心理学作为科学的分支已从哲学中独立出来 100 多年的时间，虽然心理学自身也已经拥有了众多学科分类，但在回答重大科学对象和科学方法等问题时，它仍然离不开哲学，特别是科学哲学思想的引导和启发。现在需要有心理学者开始想做和做些心理学哲学层面的工作了。"③中国科学院心理研究所的专家组织人力资源翻译出版了西方有重要影响现代哲学心理学方面的专著。

理性、科学、问题解决、人文、自然主义是现代人类社会文明进步的基石与不竭动力。哲学是一门高度重视理性思辨的科学。当今心理学蓬勃发展的一个显著特点是在坚守长期重视实证研究科学传统的同时，也加强了与哲学的积极融合。"心理学与哲学之间的互动会使两个学科都得到长足的进步，分别在两个不同的领域形成两个新的学科，一个是哲学心理学，另一个是心理学哲学。"④但是在过去的研究中，这两个学科既有密切联系又存在着巨大隔阂。心理学哲学，包

---

① 黎黑. 心理学史——心理学思想的主要趋势. 刘恩久，等，译. 上海：上海译文出版社，1990：36.

② Kukla A. Amplification and simplification as modes of theoretical analysis in psychology. New Ideas in Psychology，1995（3）.

③ 张厚粲. 序言//丹尼尔·韦斯科鲁夫，弗雷德·亚当斯. 心理学哲学导论. 张建新，译. 北京：北京师范大学出版社，2018：iii.

④ Oyserman D，Yan V X. Making meaning：A culture-as-situated-cognition approach to the consequences of cultural fluency and disfluency//Handbook of Cultural Psychology. New York：The Guilford Press，2017：536-565.

括心灵哲学、实验哲学在21世纪的崛起和迅速发展，表明哲学研究进入一个新时代，其中有两个标志性的特征——哲学的普遍性和具体性的双重要求。

首先，哲学类似于科学，以人类一般理性为根据，其研究对象亦具有一般的性质。因此，哲学是普遍的思想，并非特定语言的特权。心理学的理论探讨是哲学普遍性证明的不可缺少的重要一环。哲学思想的普遍性也始终需要得到心理学的验证及支持。

其次，当代哲学以反思的方式、专业的精神和兼容的态度进入科学和生活现场，因而哲学思维的具体性就成为其另一个重要特征。心理学的哲学研究既有其普遍性的使命，又有其独特的视域和问题。张立文提出：中国哲学逻辑结构中的概念、范畴需要有"具体、义理、真实"这样三个层次：第一层次的具体诠释是指一般具有固定面结构形式；第二层次的义理诠释是指一般具有横断面的结构形式，是指把哲学概念、范畴置于特定的历史环境中，从一定历史时代的整体思潮中深层地探讨哲学逻辑结构中的义理蕴含；第三层的真实诠释是指一般具有纵横断面相结合的逻辑结构形式。无疑哲学与心理学的理论建构探讨也十分需要参照这一研究路径。①

哲学视角的心理学是探讨人的心灵的重要方式之一，其存在于两个"空间"的夹缝间中：一个是主流心理学的正统理论概念话语系统；另一个是现象世界，即在心理现象世界中的思想系统。正如文化心理学家施韦德（Shweder）等所讲：这种"思考"有着双重内涵，一方面是从哲学视角去思考；另一方面是心理学式的思考。②促进学科对话无疑可以为实证研究这一实践层面提供许多资源、方法和思路。

心理学视角的理论研究也是很有必要的，其是科学心理学发展的前提和基础。长期以来，心理学是一门强调实证研究、轻视理论建构的学科，然而对某一问题研究的实证依据、事实和行为无不依托理论，无论研究背后的理论是显性还是隐性，思想都绝不可或缺。近20年来在国内外涌现出新学科——理论心理学，这标志着心理学从学科建设视域对理论建设的重视，同时也在一定程度上促进了心理学与哲学的积极融合。理论心理学是一门以理论思维方法对心理学的基本问题和规律进行探索的科学，已逐渐成为心理学各分支学科的理论基础。

---

① 张立文. 中国哲学方法论的新建构——关于中国哲学概念范畴的逻辑结构. 探索与争鸣，2017（8）.

② Shweder R A，Goodnow J J，Hatano G，et al. The Cultural psychology of development：One mind，many mentalities//Handbook of Child Psychology. Hoboken：Wiley，2006：19.

二、西方理论心理学的发展现状

关于理论心理学的发展演变，谢利夫（Slife）在主流杂志《美国心理学家》（*American Psychologist*）上撰文提出理论心理学可追溯到冯特、布伦塔诺等先驱者的研究中，在北美出现专门化理论心理学分支出现于 20 世纪 50 年代末期。[①]

第一个时期为理论心理学的开辟阶段（20 世纪 50 年代末期至 70 年代）。其主要标志是 1958 年，库克发表了系统清理和反思心理科学的著作《心理学作为一门科学：一个世纪的结论》（*A Century of Psychology as Science*）。随后他主持主编了六卷本的理论心理学巨著《心理学：一门科学的研究》（*Psychology*：*A Study of a Science*），被学术界视为整个心理学界最博大精深的理论著作。理论心理学科发展中的另一个重大事件是，罗伊斯（Royce）于 1967 年在加拿大阿尔伯特大学为专门进行心理学的基础理论研究而成立了一个理论心理学高级研究中心，该中心作为一门独立的分支学科开始恢复它在心理学中的合法地位。当时美国一些大学理论方向的博士学位也需要到这个中心去申请。此后，一批有影响的理论心理学专著相继问世，像马克斯（Max）的《理论心理学文选》（*Selected Papers on Theoretical Psychology*）（1975 年）、查普林（Chaplin）等的《心理学的体系和理论》（*Systems and Theories of Psychology*）（1970 年）、罗宾逊（Robinson）的《心理学的理论体系》（*Systems of Modern Psychology*）（1975年），受到各国心理学家的好评。

第二个时期为理论心理学的发展壮大阶段（20 世纪 80 年代至 90 年代中期）。20 世纪 80 年代中期以后，北美、欧洲等国的心理学界可以说才真正地进入"理论研究热潮"时期。其中主要的学术标志反映为：文化心理学研究的日益活跃；后现代心理学和社会建构论的异军突起；有关心理学分裂与整合问题的探讨异常热烈。同时也加强了与人文科学、自然科学的互动关系的研究，并对许多中介理论问题进行了广泛讨论。还有一个显著的特点是，在这一时期形成了比较统一的研究力量，建立了理论心理学的国际组织，出版了专门的学术刊物。1985年，国际理论心理协会（International Society for Theoretical Psychology，ISTP）在英国建立，并召开了第一届理论心理学的国际学术会议，此后又相继在美国、加拿大、澳大利亚、德国、法国和日本等国举办了多次国际学术会议。许多国际的心理学组织也相继成立了理论心理学分会，像英国的心理学会 1985 年设立了

---

① Slife B D，Williams R N. Toward a theoretical psychology：Should a subdiscipline be formally recognized? American Psychologist，1997（2）.

哲学与心理学分会、欧洲建立了理论心理学会，瑞典、挪威等国创立了理论心理学研究中心。美国这一时期也分别成立了理论心理学与哲学分会。在专业出版领域，除主流刊物登载理论心理学之外，专业性的理论心理学杂志在 80 年代中期也先后创刊，如《理论心理学与哲学杂志》（*Journal of Theoretical and Philosophical Psychology*）、《哲学心理学》（*Philosophical Psychology*）、《理论与心理学》（*Theory & Psychology*）、《国际心理学评论》（*International Review of Psychology*）、《范式心理学国际通信》（*Paradigm*：*International Journal of Psychology*）、《心理学的新思想》（*New Ideas in Psychology*）和《当代心理科学研究方向》（*Current Directions in Psychological Science*）等。这些专业学术期刊的问世，有力地推动了理论心理学研究良好氛围的形成，也显著地增强了理论心理学整体学术实力。进入 20 世纪 90 年代中期，伯明翰大学等十几所北美高校纷纷建立了理论与哲学领域的研究中心，以培养理论心理学方向的高级人才。

第三个时期为进入 21 世纪的理论心理学研究。进入 21 世纪，理论心理学出现了许多新的特点。其中对研究方法的批判和反思已成为理论心理学关注的核心话题。对理论心理学方法论问题的探讨，其根本宗旨是"重建科学方法论基础，以便为心理学研究提供新的途径和视角"[1]。寻找将主观性转变为客观性的途径是理论心理学的基本任务之一，即运用新的知识和技术方法阻止心理学的解体。

有关"心理学理论如何行动"是近年来国际理论心理学另一热点问题。例如，2006 年第 3 期的《理论与心理学》杂志专门发表了一组"理论在行动"的系列论文。格根（Gergen）的文章指出，在传统上关于理论与实践理解是有缺陷的，理论问题与实践问题之间长期存在着一种紧张关系。理论角色面临着无力的信心，理论的发展前景与实践问题也是不相关的。[2]他认为，心理学家应该在继承理性主义者的观点基础上加以具体的选择和转向。对有效的实践活动而言，理论是一种应对复杂的、不确定实践活动的有效形式，理论本身也具有实践的功能。理论话语具有不可或缺的价值组织和逻辑支持功能，并对现存的实践活动加以反省和清理。对于心理学理论的作用，尽管目前还不很清楚，但是它在这两种情境中却是最有意义的："一方面现存的问题会为未来的理论研究提供生长点，另一方面现存和潜在的社会事务需要对于理论提出了明确的要求。"[3]理论不仅反思生活，而且创造生活。心理学和社会学的进一步发展要求在学者与实践者、政

① Martin J. What can theoretical psychology do? Journal of Theoretical and Philosophical Psychology，2004（1）.

② Gergen K J，Zielke B. Theory in action. Theory & Psychology，2006（3）.

③ Teo T. Varieties of Theoretical Psychology. Concord：Captus University Publications，2019：17.

策制定者与政治活动者之间开展进一步的对话和交流，在社会实践中建构理论，在理论的导引下产生行动，并根据社会实践的需要构建理论，把心理学的理论研究与社会实践融合在一起，充分发挥理论的行动特征，从而促使理论心理学得以健康发展。

学术研究的开放性一直是理论心理学的显著特点。新千年的理论心理学的研究领域较之以前更为广泛。如 2009 年第十三届国际理论心理学大会讨论主题所涉及的主要内容便有活动理论、人类心理学、临床理论、认知科学、批判心理学、文化心理学、发展理论、认识论、道德、进化心理学、女性心理学、健康心理学、解释学、心理学史、本土心理学、方法论、现象学、哲学心理学、后殖民理论、后现代心理学、心理分析理论、社会建构论、系统理论、理论神经科学和心理学应用方面的理论。值得关注的是，关于心理学评论与马克思主义心理学的研究也有了一定程度的展开。①

补充材料之一：国际理论心理学协会

国际理论心理学协会（International Society for Theoretical Psychology，ISTP）是国际性的心理学组织，它关注心理学理论、元理论以及哲学方面的问题，聚焦于当代心理学专家所关注的时代性辩题。19 世纪 90 年代的早期，ISTP成立，其目的是推动理论论争的发展与改革，促使理论研究与传统研究的融合，促进学科间与跨学科方法在心理学中的应用，以解决心理学问题。ISTP 是一个具有服务性质的平台，通过这个平台，新的理论观点与抽象性的理论框架可以被广泛讨论，具有争议性的各种各样的理论方法可以在此约定俗成，从理论心理学的相关领域到其他原则、从心理学的历史到哲学知识都可以在这个平台上被激烈论争。国际理论心理学大会每两年举办一次，1985 年第一次大会在英国的普利茅斯举行，随后分别在其他国家举行。

2009 年第十三届国际理论心理学大会在中国南京举行，这是让中国心理学学者和专家引以自豪的。此次大会与以往大多数会议有些不同的是，这次会议在发展中国家举行，其主题定为"东、西、南、北——理论心理学的挑战与变革"，旨在寻求全球心理学思想智慧的汇聚，倾听来自不同国家、不同地域心理学家的声音，改变了传统西方中心的观念，因此受到国内外许多心理学家的关注。

ISTP 跨越了心理学的许多分支，涉及认知心理学、社会心理学、女性主义心

---

① Parker I. Critical psychology and revolutionary Marxism. Theory & Psychology，2009（1）.

理学、殖民地时期以后的心理学、发展心理学、临床心理学、知觉心理学、生物心理学以及进化心理学，且不断发展壮大。就 ISTP 会员这方面来讲，其分布在六大洲，约 200 个会员，大部分会员分布在欧洲和北美洲。ISTP 的社会期望就是扩大它在全球的知名度与成员种类和人数，使更多的亚洲和非洲等发展中国家的专家学者加入其中。2005 年南非开普敦国际理论心理学大会的举行以及 2009 年中国南京国际理论心理学大会的举行都说明了一点，不同领域的心理学专家、不同国籍的心理学学者共同讨论当前心理学理论与实践中出现的问题，昭示了一个强有力的隐喻以及一种新的可能，即发达国家与发展中国家的心理学专家会聚一堂，改变传统西方中心的观念，这给发展中国家心理学理论的发展带来了福音。目前 ISTP 的已出版的刊物有：*Diversity in Theoretical Psychology*：*Philosophical and Practical Anxieties Around the World*（《理论心理学中的多样性：世界各地关于哲学和实践的焦虑》）、*City for All*：*Between the Constructing Agent and the Constructed Agent*（《全民之城：在构建者与被构建者之间》）、*Contemporary Theorizing in Ppsychology*：*A Global Perspective*（《当代心理学的理论化：全球视角》）、*Theoretical Psychology*：*Crucial Contributions*（《理论心理学：重大贡献》）、*Challenges in Theoretical Psychology*（《理论心理学挑战》）、*Problems in Theoretical Psychology*（《理论心理学中的问题》）等。从 ISTP 所出版的刊物以及它的发展宗旨来看，它站在国际的大舞台上引领着心理学理论与理论心理学的发展与革新，从相关学科与领域吸取养料，本着讨论与论争的原则容纳多元化的信息，推动着心理学的发展。

补充材料之二：哲学与理论心理学分会

APA 是美国科学与专业的心理学组织，基地在华盛顿，是全球最大的心理学研究组织，它的宗旨是促进心理学知识的创新、沟通与运用，造福社会，提高人民生活质量。APA 有 54 个分会，会员可以根据自己的意愿和兴趣选择分会。一些分会代表着心理学的分支（如实验心理学、社会心理学或临床心理学），其他一些分会则关注时事性领域如老龄化、少数民族文化或精神创伤。APA 成员以及非 APA 成员都可以申请加入一个或多个分会，只要分会有适合他的标准以及预期就行。每个分会都有自己的办公室、网站、出版物以及会议。

哲学与理论心理学分会（Society for Theoretical and Philosophical Psychology，STPP）是 APA 第 24 分会，于 1963 年成立。在近年的发展中已经有

了比较完善的会议程序以及刊物。这个分会选举产生。成员大多是来自许多不同领域的专家，多样的专家群体有着对心理学哲学与社会科学研究的共同兴趣。哲学与理论心理学分会所研究的内容涉及科学与心理学哲学、认知神经科学与生物心理学对人类镜像的影响、心理学中道德的参与、心理学中灵性所在、心理健康护理的管理对心理治疗的实践影响、心理学质性方法（包括现象学、文化心理学、叙事性与讲述性分析）所扮演的角色、基于女性主义与后现代主义的心理学视角等。这个分会主要从事心理学理论问题的研究，该分会鼓励专家学者进行有根据的心理学理论的探索与讨论，当然讨论也需要有科学与哲学的研究维度。在美国，每种 APA 分会都有自己的刊物，而哲学与心理学理论分会在发展过程中也有了标志性杂志，即《理论与哲学心理学》（*Journal of Theoretical and Philosophical Psychology*）。该杂志每季度出版一期，包括理论与哲学心理学最新的研究成果，同时其站在哲学与元理论的研究维度多方面来研究心理学，进一步从本体论、认识论、道德以及批判的角度来审视心理学，还从概念性、推测性、理论性、观察的、临床的、历史的、文学的以及文化的研究角度广泛地讨论与论争。目前，《理论与哲学心理学》的内容包含自我与人格的本质、意识研究、道德心理学、心理科学哲学以及心理学的解释性实践内容（如现象学、解释学、文化心理学、女性理论、叙事心理学以及叙述分析学）。从刊物的内容上看，哲学与理论心理学分会研究的内容涉及面广、研究方法也具有多样性，是正在蓬勃发展的新兴协会，现代国际知名的理论心理学学家科克、罗宾逊、格根都曾是该协会的主席，因此，APA 哲学与心理学分会的发展将继续为心理学理论的研究与发展做出不可忽视的贡献。

三、日本理论心理学的近期动向

日本是当今世界心理学研究和发展的先进国家之一。在中国心理学引进与发展的早期，日本心理学对中国的影响极大，甚至超过了欧美。

"心理学"一词，在日本最早见于 1878 年西周的译作《心理学》（即海文《心灵哲学》）。日本的心理学是通过西方的输入产生的，主要是向德国和英国等国家学习。1888 年，元良勇次郎首先在东京帝国大学讲授心理学，之后从东京帝国大学发展到了东京高等师范大学，为日本培养了第一批心理学学者。松本在东京帝国大学成立了第一个心理学实验室，并于 1927 年成立了日本心理学会，并担任会长一职，创刊《心理学研究》。日本心理学会的专业分支主要有实验心理与生理心理学、发展与教育心理学、临床心理学、人格与犯罪心理学、社会心理学、文化与工业心理学和心理学理论和方法等分支。除了心理学会外，还有 10 多个专业心理学会组织，如日本心理学诸学会联盟、日本教育心理学会、日本应用教育心理学会、日本应用心理学会、日本学生对话学会、日本学校心理学会、日本基础心理学会、日本青年心理学会、日本社会心理学会、日本临床心理学会、国际意识科学会等，其中加入日本心理诸学会联盟的共 45 个专业心理学会组织，直接与教育心理学相关的就有 5 个之多。据日本心理学会统计，日本开设心理学专业以及相关学科的各类大专院校有东京大学、早稻田大学、京都大学等 209 所。①心理学教育是日本高等教育体系内容的重要组成部分，其既表现出很强的欧美倾向，也具有自身的特色内涵。日本各大学普遍注重专业特色，或以实验心理学为主，或以临床心理学为主，或以教育心理学为主等。在课程设置方面基础学科与应用学科发展较为均衡。随着心理学领域的发展，其相关知识不断更新，注重对课程设置进行修订，并注重兼顾课程的理论性和实践性。心理学人才的培养体系质量很高，学士、硕士及博士等培养要求严格。学校心理学在教育心理学领域中的迅速崛起是日本心理学发展的一大重要趋势及特点。

理论心理学研究在日本心理学界还不是很活跃。但在过去的 20 年里，日本学界还是对心理学理论问题进行了非常重要的研究，例如关于"心理学新形式"的理论辩论；关于定性方法、叙事心理学和临床心理学的方法论争论，以及创建新的跨学科研究领域。

（一）2017 年国际理论心理学会议与日本理论心理学的现状

第 17 届国际理论心理学会议于 2017 年 8 月在日本东京立教大学举行。约 300 人参加了会议，有 7 次主旨发言和 41 次专题讨论会。"理论化的精神风尚"为会议主题，该主题旨在促进对心理学作为一个主题和学科的伦理层面的思考。心理学的理论化包括我们熟悉的认识论和本体论等方面的论题，还涉及深深植根于对伦理和规范的考虑。心理学研究中使用的概念像"客观性"，不仅是一种科学规范，也是一种美德，因为真理和真实性显然是相互关联的。"发展性"的概念也充满了社会价值和伦理含义，远不是一个简单的价值中立的问题。心理学的理论化不仅仅是一种活动，更是一种深深吸引理论心理学家的实践，它要求研究者为做好理论承担起责任。

---

① 日本心理学学会. https://psych.or.jp. [2023-12-13].

　　日本的大多数心理学研究是在库恩界定的"规范科学"的公认框架内进行的，然而由于心理学中存在着太多不同的研究范式，因此某一种范式的研究者对其他范式的研究漠不关心。大多数日本心理学家也不关心对他们自己研究范式的理论和哲学基础的反思和总结。许多学者仍然持有实证性研究的信念，大多数人对理论心理学问题一无所知。日本心理学者大多没有关注关于心理学是什么以及应该是什么的哲学争论。在欧洲哲学史上，对包括心理学在内的人文科学的科学地位有过无数次争论。虽然狄尔泰、文德尔班、胡塞尔等西方哲学书籍大部分被翻译成日语，而多数心理学研究者并不重视这些涉及理论心理学的哲学争论。日本理论心理学会成立于 50 多年前，日本的科学哲学家并不参与这个学会，大多数日本心理学家对这么多年的努力并不太感兴趣。

　　但是在另一方面，也有一些日本学者比较重视心理学的理论问题。由渡边恒雄、村田纯一和高桥美代子编写的《心理学哲学》一书于 2002 年出版，该书共有 11 章内容，其中从元心理学的角度研究了特定心理学研究方法的哲学基础和前提，如行为主义、格式塔心理学、认知主义、临床心理学、发展心理学和社会心理学。另一本重要的书籍是石川三木和渡边恒雄的《心灵科学的思想：当代哲学对心灵科学的争议》，于 2004 年出版。这是一本入门书，使心理学家能够理解与心灵科学相关的当代哲学论点，包括对科学哲学的基本知识及其历史发展的解释。书中还介绍了心灵哲学的基本立场和概念，如反心理主义、意向性、功能主义、联结主义、自然主义、物理主义、反物理主义、民间心理学、外在主义、定性，以及与社会心理学和建构主义问题有关的哲学论点。

　　（二）日本心理学理论问题的最新动向：心理学的新形式

　　在过去的 20 年里，日本对心理学理论重要问题的研究已经开展，集中分为三类：一是对心理学基本概念和方法的反思；二是发展历史研究；三是尝试开辟新的方向或创造新的研究领域。渡边恒雄、佐藤龙也、渡边良之、高顺美纪等都是日本领先的理论心理学研究者。他们成立了一个小组来介绍和探索理论心理学和心理学史的问题，已经出版了许多关于这些主题的相关书籍。

　　关于基本心理学概念和心理学方法论的研究，值得注意的是，《心理学研究的新形式》丛书的 11 册书籍出版于 2004—2006 年，主题包括理论心理学、历史、方法论、实验、认知心理学、发展心理学、教育心理学、社会心理学、临床心理学、环境心理学和艺术心理学。在该系列的序言中，下山晴彦指出：日本心理学过去有一种强烈的倾向，追求关于有机体的行为和心理的普遍规律的识别，然而，有一个普遍的真理在这个时代被深深怀疑，即人文科学中的"真理"是语境化的，嵌入文化和社会环境之中。在这个后现代时代，必须设计和构建新的心理学形式。①

21世纪初期，佐藤琢磨和渡边良之开始通过心理学史研究，特别是"智力"和"人格"的历史，考察心理学中的基本概念问题。他们批判性地回顾了一个经典的假设，即人格是一个人不可改变和统一的本性。如质疑日本人普遍接受的关于人格和性格的伪科学知识，像关于血型和性格之间相关性的颅相学神话。佐藤批判性地审视了基于智商测试的智力概念，认为这可能导致儿童教育中的不良方向。

文化心理学是在西方影响下引入日本的一种新的心理学形式，也是一种涉及对经典心理学进行强烈批评的方法。文化心理学在日本还不是很普及，但近几十年来已经出版了几部重要著作。人类的心理深深地嵌入并融入文化和社会的实践中。随着文化心理学在日本的兴起，维果茨基的文化历史心理学也受到了重视。

质化心理学和叙事心理学在日本也有了积极的开展。首先是对社会心理学、临床心理学和护理心理学领域表现出浓厚兴趣。近年来日本的质化心理学迅速发展，在2002年首次出版学术期刊《质化心理学研究》，于2004年组建日本质化心理学协会。质化研究，也称定性研究，包括许多不同的方法，如叙事分析、参与者观察、话语分析、访谈、文本分析和行动研究方面的方法的指南已经出版。日本心理学的定性研究将心理学与社会学、文化人类学联系起来的跨学科研究也在增长。特别是叙事方法最初是在临床和治疗心理学领域发展起来的。叙事治疗被引入心理学和发展心理学领域，以及其他人文科学领域。这一领域具有跨学科的性质，包括临床心理学、发展心理学、人种学、护理、心理治疗、社会福利、法律和司法以及管理等。自2010年起，每年出版一期的叙事方法杂志《叙事与关怀》，其最新一卷（11）的标题为《思维科学与叙事实践》，旨在讨论过去十年中叙事方法在更广泛的人文科学背景下的地位。2021年，《日本心理学研究》杂志出版了一期特刊《心理学中的叙事研究与实践》，其中重新审视了叙事本位的研究的理论基础和方法论。

在过去的20年里，临床心理学和咨询心理学发挥了越来越重要的作用，尤其是在学校教育工作中，因为儿童的心理健康已经成为一个社会问题。有许多强

---

① 下山晴彦. 心理学论的新形式. 东京：诚信书房，2005.

烈的批评指责学校社会工作制度的引入是为了解决儿童犯罪、拒绝上学和欺凌等问题。他们认为，咨询系统倾向于将问题归咎于孩子的思想，这种方法忽视了儿童周围的社会和生态条件对他们以及对教育系统的影响。根据对残疾问题的研究，将影响残疾儿童的教育问题理解为医学和临床问题（由儿童残疾引起），是一种医学化或病理化，这只不过是一种社会控制形式，特别是在伊里奇所主张的心理技术方面[1]。这些批评来自心理学内部和外部，来自社会学、性别研究、残疾研究、教育学和哲学等传统领域。

理论心理学在日本的发展是对心理学史研究的贡献。[2]历史不是简单地记录过去。它需要审视过去的事实，以便批判性地思考现在的条件和目前的参照框架。历史将心理学的现状与过去进行比较，以便发明一种替代现有的行动、认知和思考方式的方法。和其他国家一样，心理学史通常是日本心理学系的必修课。在心理学史的课程中，从 1879 年冯特在莱比锡建立心理学实验室开始，日本学生学习西方（主要是美国）的心理学史，然后是艾宾浩斯、詹姆斯、巴甫洛夫等。2000 年前后，一些关于日本心理学史的综合研究发表。有学者提出，日本心理学史也需要一定的哲学观点来批判性地观察和审视日本心理学。

日本心理学家也试图开拓新的研究方向，并开始质疑自己的研究框架或范式，思考应该有一个能够使自己的研究相对长远的视域。质疑现有框架是开启新方向、开创新研究领域的必要的第一步，历史可以给我们这样一个相对论的观点。另一种可能性也许来自和不同领域或专业的研究人员的接触。受吉布森（Gilson）心理学影响，日本生态心理学家和哲学家在感知和行动理论、认知和心理学的一般基础方面进行了合作。他们试图将生态学方法扩展到人际关系、教育、体育、残疾研究等领域。生活与身体一直是当代哲学重要的话题，尽管其并不是日本心理学目前研究的焦点议题，可能因为心理学隐含地认同了身心二元论范式。研究面部和身体的心理学正在成为一门新的重要学科。还有一个新运动走向是精神病学、临床心理学和哲学的合作。研究小组推出了几种根植于当地社区的福利临床"康复"方法，并思考了这些方法如何有助于精神病学、临床心理学和福利的改革。这种跨学科的合作为心理学研究者提供一个重新审视心理学的现有框架的机会，并激发其发现新方向或创建新研究领域的愿望。

---

[1] Illich I. Deschooling Society. New York：Harrow Books，1971：154.

[2] Kono T. Recent movements in theoretical psychology in Japan. Theory & Psychology，2020（6）.

四、中国理论心理学的研究新进展与前景

科学心理学进入中国初期，便有重视理论心理学研究的优良传统。早在1922年中华心理学会的会刊《心理》杂志就提出中国心理学的三个方向：一是昌明国内旧有材料；二是考察国外新材料；三是根据这两种材料来发明自己的理论和实验，并要求内容尽量适合国情，形式尽量中国化。20世纪二三十年代，学者就开始关注理论心理学问题，如潘菽的《心理学的过去与将来》（1927年）、《意识的研究》（1931年）、《理论心理学》（1945年）等论著。中华人民共和国成立后，心理学在中国经历了一个不平凡的发展历程。以潘菽先生为杰出代表的中国老一辈心理学家一直特别重视心理学的理论建设工作，在20世纪50—60年代和80年代初期，理论性研究模式曾一度成为心理学发展的主流。尽管潘先生去世之后近20年实证性研究已占据心理学发展的主流地位，理论研究模式的昔日风光不再，但一批理论心理学工作者不断克服困难，努力进取，持续创新，初步形成了既体现心理学的科学原则和精神又具有时代特征及中国特色的理论心理学研究成果。

（一）当前中国心理学理论研究取得的主要进展

第一，中国心理学理论研究在国际化进程中迈出了积极的步伐。国际化是心理学科发展的重要标志之一，只有在国际交流对话的互动和锻淬之中，才能迈向新的发展台阶和研究层次。当代心理学的理论建设工作必须融入这一潮流，否则就会失去发展自身的机会。不过，我国的心理学理论研究要在国际舞台上发出自己的声音则面临着更为艰巨的深层次挑战。近年来，中国心理学理论研究工作者不畏艰难，在迈向国际化的进程中取得了明显的突破。2009年第十三届国际理论心理学大会在南京召开，叶浩生教授当选国际执委，这有助于提升我国心理学理论研究在国际上的地位和扩大话语权。北美著名理论心理学家格根、斯坦姆（Stam）等来国内多地讲学。不少学者在《心理科学》（*Psychological Science*）、《理论与心理学》、《心理学史》（*History of Psychology*）、《认知科学》（*Cognitive Science*）、《美国心理学家》等国际主流刊物上发表了学术论文。这表明国内心理学的理论研究在一定程度上获得了国际认可，实属不易。

第二，中国心理学理论研究成果获得了国家重要奖项和重大攻关项目资助。由我国著名心理学家车文博领衔主编的三卷本《中外心理学比较思想史》荣获第六届教育部高等学校科学研究优秀成果奖（人文社会科学）一等奖。一些心理学

理论与实践问题被列入国家社会科学基金重大项目和教育部重大攻关项目并获得资助,像乐国安教授主持的"基于大规模网络实际测量的个体与群体行为影响分析研究"(2012 年)、金盛华教授主持的"中国本土心理学核心理论的突破与建构研究"(2013 年)、李红教授主持的"百年中国心理学的回顾与创新"(2021 年)等。近年来,国家社会科学基金和教育部人文社会科学研究基金也资助了心理学理论及学科发展史研究的若干项目。这都有利于中国心理学理论研究迈向新境界和新高度。

第三,积极引进及评介西方心理学最新思潮和研究方法,在追踪国际前沿领域发挥了与时俱进的作用。国内心理学理论工作者长期在引进和评论国外心理学新思潮中取得了不菲的成绩。20 世纪七八十年代,在认知心理学方兴未艾的形势下,国内心理学理论研究者对认知心理学和认知科学进行了积极的学术评论,同时也对人本主义心理学、精神分析心理学、西方理论心理学、文化心理学、社会建构论、积极心理学和生态心理学等新的流派或分支取向进行了系列性的深层研究。特别是车文博主编的《20 世纪西方心理学大师述评》系列丛书,李其维等主编的《当代心理科学名著译丛》,叶浩生主编的《心理学新进展丛书》等,极大地丰富了国内心理学理论研究的内容并加深了研究深度,在引领社会思潮领域功不可没。

第四,中国心理学理论研究的本土化探索取得了令人瞩目的进展。随着我国国际地位的日益提高以及中国心理科学整体事业的快速发展,国际化与本土化的融合已成为中国心理学研究的必然趋势。在这方面,国内一些心理学理论研究者除了积极探寻根植于自身传统文化特异性上的创新性发展之外,还在新的时代形势下致力于建构具有中国本土特色的心理学理论中远程图景。葛鲁嘉推出的中国本土心理学研究系列专著是这一领域取得的代表性成果。

第五,在理论研究与实证研究相结合方面开展了积极探索。长期以来,理论研究与实证研究相脱节是制约国内心理学理论研究发展事业的重要因素。近年来,国内一些长期从事理论研究的学者把握学术前沿,审时度势,不再单纯地集中于理论研究,将理论探讨与实证研究结合起来。像叶浩生教授主持的国家社科基金项目"具身认知的心理机制及其在教育领域中的应用"(2011 年),积极将具身认知从理论思辨领域引领至实证研究。郭永玉教授承担了国家自然科学基金项目"不同社会阶层分配不公平感的归因模式及应对策略"(2011 年),把心理学理论有效运用于经济管理领域。国内理论心理学的著作出版也不少,如燕国材、葛鲁嘉、贾林祥、麻彦坤等学者推出了有先进水平的专著。特别值得一提的是,国内不少长期从事实证研究的学者也开始建构模型、创立学说方面的研究工作，像陈霖、杨治良、黄希庭、林崇德、沈模卫等学者通过自下而上的路径发展出的拓扑知觉理论、社会内隐记忆现象的"钢筋水泥模型"、"心理时间分阶段综合模型"、智力的多元结构理论等学说，标志着中国心理学研究转型发展时期的新成就。国内心理学向现代意义的模型、技术和微观理论发展的良好学术风尚，必将有力地推进中国心理学理论研究迈向更高的层次和水平。

（二）积极寻求心理学理论研究的新高度

变革与转型时期的中国心理学理论研究依然面临着攻坚克难的深层次发展问题：一方面，当前国际心理学的理论研究进入一个"后理论"的新时期，集中于中程理论和微观理论的研究，再回复到过去的宏大叙事性研究传统是不可能的，对此我国心理学理论研究者尚有许多不适应的地方；另一方面，目前我国心理学界的大环境仍然不利于理论研究事业的纵深向前发展，而且整体上中国心理学理论研究尚未走出低谷，仍处于艰难的爬坡阶段。对此，我们既要正视现实、直面问题，又要勇于进取，积极作为，并不宜过分渲染理论研究危机这一问题的严重性。国内心理学理论研究者需要善于反思和总结低潮时期自身研究的不足，发掘蛰伏于问题之下的潜在机遇，积极寻求中国心理学理论事业的新境界和新高度。

为此，一要继续解放思想，以关怀性、建设性的思维立场、方法和路径，积极推进理论建设事业的进一步深入发展。国内心理学理论建设事业面临的最大困难之一是如何从目前跟进式的实证研究的主流格局中解放出来，在科学标准的指引下，走一条综合创造的发展道路。我国的心理学研究需要在科学化、实证化的基础上，加强理论建设和教育工作，实现实证与理论、实践技术化三者的融合对接目标。改变单纯停留在浅层次实证研究的现状，实现心理学研究的整体化、一般科学化，以新科学理论再造心理学。只有这样不断尽力缩小与西方心理学之间的差距，才能使我国的心理学研究走向世界，跨入先进国家的行列。

二要进一步发挥心理学理论研究"守正创新，引领未来"的功能。进一步关注和回应社会经济文化建设发展的重大理论，提升实践问题的服务能力水平，是心理学理论建设事业走向兴旺发达的重要标志。尤其是在当今国人全力实现中国梦的伟大历程中，物质生活丰富而人心焦虑已成为一个突出的社会心理问题。心理学理论研究需要在服务国家社会发展中发挥自己不可替代的正能量功能。

三需要以解决问题为导向，开展"心理学理论在行动"的发展策略。当前我国心理学理论研究的特色创新除了要让传统文化心理走向世界，还需要积极实施中国的"心理学理论在行动"的方案，扩大心理学理论研究的影响力。只要我们中国心理学理论界一步一个脚印坚实地走下去，大力加强心理学理论建设和理论教育工作，就能培养新型理论心理学的人力资源。通过扎实推进理论心理学分支学科建设工作，努力促进心理学理论研究水平迈上一个新的发展台阶和层次，则不是不可能的。

四是需要加强心理学的政策研究服务水平。心理学理论性研究不仅要提高科学化程度，同时还要加强政策研究，提升为社会服务的总体水平。社会政策是解决社会问题、促进社会安全、改善社会环境、增进社会福利的一系列政策和行动原则的总称。随着社会政策重要性的日益凸显，西方心理学界有关政策的理论和实践研究受到各级政府部门、社会团体的广泛重视，社会政策的实施也受到公众的明显关注。相形之下，多年来我国心理学界缺乏面向社会现实、结合分支学科的重大理论和实践问题的研究，而且越是接近宏观的制度与社会文化层面的问题，相关的基础性研究就越少。目前我国心理学对国家社会政策的影响力，远远无法与经济学、法学等学科相比，与教育学、社会学也不能相比。这固然与政策支持度有一定的关系，但也与研究者自身的素质亟须提高有很大关系，因为这会限制心理学研究在国家社会发展中理应发挥的功能。当今，心理学必须为国民的生存、发展、安全、健康、幸福生活和可持续发展承担必要的社会责任。我国当前正处于社会转型时期，从制度重建到人心安顿，从生活温饱问题到公共治理问题，各种利益矛盾错综复杂，且在不断的变化之中。这就需要我国学术界不断加强心理学的政策研究，努力缩小与西方心理学先进水平的差距。

补充材料之三：中国心理学会理论心理学与心理学史专业委员会

中国心理学会理论心理学与心理学史专业委员会是最早成立的专业委员会之一，其前身是 1979 年 3 月在北京召开成立的心理学基本理论研究会。其于 1993 年更名为理论心理与心理学史专业委员会，于 2022 年更名为理论心理学与心理学史专业委员会。自成立起，该委员会便成为国内心理学界最重要的学术组织之一，至 1990 年前后，成为会员众多、影响巨大的专业委员会之一。

该委员会是我国理论心理学与心理学史领域工作者的重要学术团体，现有委员 50 人，由来自全国 22 个省、自治区、直辖市的 36 所高等院校和科研院所的资深专家及中青年学术骨干组成。

该委员会的宗旨是团结理论心理与心理学史工作者，充分发挥理论与历史的功能，深入探讨心理学理论与中、西方心理学史问题，致力于我国心理学的健康发展，以及理论心理与心理学史专业人才的培养工作。从心理学基本理论研究委员会到理论心理与心理学史专业委员会再到理论心理学与心理学史专业委员会，名称的改变使得两个心理学研究分支得到了同等的重视。

以《心理学简札》（潘菽，1984 年）的出版开启了中国理论心理学的学科建设。以《西方近代心理学史》（高觉敷，1982 年）的出版开启了西方心理学史的教材建设。1986 年，开创了《中国心理学史》这门学科，并开展了中国心理学史研究人才的培养工作。其中潘菽、高觉敷、车文博、王启康、燕国材、杨鑫辉、邹大炎、许其端等发挥了重要作用。以龚浩然、黄秀兰、王光荣为代表的学者开创了苏俄心理学史的研究。

中西方心理学史教材建设方面取得了重要的成就。西方心理学史教材方面，从高觉敷、车文博，到叶浩生、郭本禹等，已经形成了体系。中国心理学史教材方面，从高觉敷，到杨鑫辉、燕国材，再到汪凤炎、燕良轼、霍涌泉、阎书昌等，已经形成了立足世界、面向未来的具有中国特色的心理学史研究知识谱系。

走向国际心理学大舞台的理论心理与心理学史学者。叶浩生（2009 年—2013 年）任国际理论心理学协会中国执委。郭本禹（2012 年）参加编写《牛津心理学史手册》（*The Oxford Handbook of the History of Psychology*）。汪凤炎（2004 年）、阎书昌（2013 年）、霍涌泉（2020 年）等在海外理论与心理学史领域的权威期刊《德育教育杂志》（*Journal of Moral Education*）、《心理学史》、《理论与心理学》上发表文章，发出了中国本土学者的学术声音。以杨韶钢、郭本禹为代表的道德心理学研究成果多次参加国际道德教育心理学的研讨会。

组织开展了系列理论心理与心理学史著作的出版工作。如，叶浩生主编《心理学新进展丛书》《世界著名心理学家》；郭本禹主编《心理学新视野丛书》《西方心理学大师经典译丛》《心理学名著译丛》《外国心理学流派大系》《当代心理学经典教材译丛》；汪凤炎主编《中国文化心理学丛书》；郭永玉主编《人格心理研究丛书》；叶浩生、郭本禹、蒋柯等组织翻译的西方心理学史教材工作；车文博、郭本禹总主编的 270 万字三卷本《弗洛伊德主义新论》。另外，理论心理学与心理学史作为两个分支进入《中国大百科全书》（第三版）心理学卷，其中心理学史由郭本禹主编，汪凤炎、高申春副主编；理论心理学由彭运石主编，高峰强、霍涌泉副主编。

中国近现代心理学史领域取得了丰富的成就。如确立了"心理学"观念史的源头（执权居士创制"心理"学名词），考证了中华心理学会的诞生之日（1921年8月5日），挖掘到张耀翔收到的《心理》杂志创刊号，开展了周先庚、郭任远的系列研究。

理论心理学出现学科交叉，紧跟人工智能与认知神经科学的前沿。具身认知研究（叶浩生等）；中国文化的心理学研究（汪凤炎）；认知逻辑的功能主义转向（蒋柯）；心理学的循证实践研究（杨文登）；基于神经科学的理论心理学研究（陈巍）；心理学的本体论与方法论研究（舒跃育）；进化心理学（殷融）；基于心理辩证法的理论心理学（王波）。期待理论心理与心理学史专委会在全国心理学会的领导下获得更大、更好的发展。

资料来源：阎书昌.中国心理学会理论心理与心理学史专业年会报告.2021.

第 三 章

心理学的本体论问题

　　回归基础，反思本质，总结规律，是科学研究的一个基本路径。现代心理学长期以来面临着本体论的定位及选择难题。拒斥本体论而转向认识论、价值论研究曾经是近现代自然科学与哲学社会科学的一个历史性重大事件，科学认识方法论主导下的国际学术大背景遮蔽了本体论探讨的学术价值。从这个意义上讲，心理学界回避本体论问题也不失为一种合理的选择。然而，任何一门具有相对独立性的现代性学科都有其内部所独有的研究对象和研究方法范式，对这些对象与方法范式的深入了解往往需要涉及本体论问题。

第一节　心理学的本体论问题概述

本体论是指有关事物实质及本源的知识理论体系。在西方哲学领域，"本体"指人类经验事实中最直接、最本源的概念。那么，心理学学科中的元本体究竟是什么？是精神或是物质？这些问题都是当代心理学仍需深入探讨的基本性问题，其不仅关乎心理学研究对象的定论，还牵涉未来心理学学科进展的导向。当前的心理学研究正面临着"本体论失常"的问题，即缺乏坚强的第一性的本体论内涵。心理学的本体论要探讨的是人类心理存在的本质与规律。作为研究第二属性对象（即"精神"）的心理学，正需要为自己的本体论观点找到坚实合理的理论基点。

现代心理学学科正面对本体论的选择定位这一难题。在研究对象缺乏坚实的第一性基础的情况之下，关系着心理学研究根基的本体论问题纵然十分困难，我们仍然需要得出阶段性的答案。出现这些问题的原因根本上有两个：一是对心理现象的实质缺乏充分的、科学的认识，也就难以对心理现象进行科学地区分；二是对心理现象的区分缺乏科学的依据，这或许是一个更重要的问题。然而，从本体论的角度看，心理现象的实质是什么？如何科学地区分各种心理现象？对心理现象开展研究的学科各自分工如何？分工的依据是什么？构成心理学学科本体的内在逻辑是什么？根据这一逻辑，哪些心理学科分支是构成心理学科所必不可少的？这些"构成心理学科所必不可少的分支"应该如何发生相互作用才能形成一个内部结构完整、外在功能完善的学科体系？这些问题直接关系到"心理学是什么？心理学从哪里来？心理学到哪里去？"的心理学本体论问题，而这一问题不仅中国心理学没有解决，全世界的心理学也没有解决。心理学作为历经了百余年发展的学科，已经不算真正意义上的"新兴学科"，更应该且必须回答这一严肃的"心理学本体论"问题。

在坚持物质第一性、意识第二性的大原则条件下，心理学作为一个科学研究领域，其研究对象的选择应该是根据第一性还是第二性？若选择第一性的物质本体，将生理性的脑神经机制作为研究对象，那与脑科学、神经生物科学又有何根本性的不同之处呢？要是选择第二性的精神本体，却又可能迈向唯心主义的陷阱，违背科学研究的根本要求。事实上，人的心理属于第二性（即精神的领域），我们无法强硬地将其称为一种物质本体，因此心理学自诞生之日起就与科学研究的本质要求存在一些冲突之处。此外，在物质技术相当发达的今天，对心理的直接研究似乎显得苍白无力。也是因此，"本体论失常"的问题出现在今天的心理学研究之中。为解决这个问题，心理学界产生了物质本体论、方法本体论、行为本体论、信息本体论、意义本体论、多元本体论、心理活动过程和机制本体论等取向。

一、物质本体论取向

在心理学研究问题中，最基本的就是对"心"这一概念的理解。当前，物质本体论已然是现代心理科学研究的必然选择，精神本体论则在自然科学的研究中早已失去地位。从哲学角度来看，物质本体论就是将物质看作世界存在的本源，抑或用物质存在来解释世界的理论观点。

认知科学家哈瑞认为，心理学在其发展过程中受到了物理学两种唯物主义本体论的深刻影响。物理学"关注的物理现象是更为狭窄的、可操作的一类，指的是人们在物理观察与实验中捕捉到的某些具有共有性、规则性和类定律性的东西"[1]。物理学中主要有两种理论说明形式：其一为关联性说明，即将某一现象归属到一个庞大的框架结构之中，通过算法或者方程来将其与其他的现象关联起来进行解释说明；其二为因果性说明，即对于现象产生的原因进行描述性的论述。

在心理学研究范畴内部，物质本体论主张人的心理活动是以身体为基础而产生的。人的身体作为一种物质存在形式，其中的脑的机能与神经生理机制在一定条件下的运作中产生了心理活动，这种心理活动也是一种对于物质存在的反映。因此，任何心理活动都有与之相对应的生理学机制。这种以物质本体的观点来解释人心理活动、意识活动的观点正是现代心理学研究的立足点。列宁曾经说过："科学的心理学家，摒弃了关于灵魂的哲学理论，径直研究心理现象的特质本体

---

[1]　洪定国.物理实在论.北京：商务印书馆，2001：13.

（神经过程），因而，譬如说，分析了并说明了某种或某些心理过程。"①当代，唯物主义形式的科学研究都把"将意识、精神性的各种形式用物质或物理的实体加以解释"作为其共同的目标。

　　然而，仅仅将大脑神经活动作为解释心理活动的物质范畴就想解释人全部的意识精神活动是远远不够的。若仅仅将脑机能、神经机制作为研究对象，很容易将人的精神心理排除在研究之外。但是若想将人的心理或行为还原成物理学意义上的某种粒子（如原子、基因等），再根据对其进行元素构成的分析来试图了解心理活动的本质，心理学就会走上以脑理学、神经生物学或认知神经科学为本的发展道路，如此一来，心理学的研究对象就会狭隘化，走上取消主义的错误道路。正如美国学者罗蒂所言："如果生理学比其实际情况更简单、更显明，就没有人觉得还需要心理学了。"②

二、方法本体论取向

　　为使心理学保住其研究的科学性，许多学者采取了方法本体论的取向，将研究的手段方法视为心理学学科发展的核心，认为科学的发展就是方法的发展，甚至将方法范式视作一门学科的一切。的确，通过实证的方法可以为心理学这项对第二性的研究注入第一性的一些内容，并能用更符合现代科学的形式总结出人心理活动的一些规律。可以说方法本体论的观点不仅对心理学的自然学科化具有重要意义，而且在各种理论的建立提出过程中也起到了奠基石的作用。

　　根据方法本体论的立场，科学性的概念必须可以进行实际的观察或测量，否则就属于形而上学的概念。由此，可以将心理现象划分为三种：第一种是可以进行直接观察记录的心理现象，即行为；第二种是能够利用观测工具间接观察或测量出的心理现象，例如态度、智力、心理疾病等，虽然不能直接观察到，但通过一些手段就能转化为外显的表现，例如将焦虑操作化为失眠的次数、心率、头痛发生的次数等；第三种则是心灵、自我、价值等无法观察到的心理现象。由于能够使用现代科学方法技术进行直接或间接的研究，前两种心理现象毫无疑问应该作为心理学的合法研究领域，但最后一个心理现象能否被纳入心理学的研究对象则尚无定论。为保证心理学研究的可靠性、精确性，似乎应把最后一种心理现象排除在外。因此，在进行实际研究的过程中，心理学家自觉不自觉地把方法放在

---

① 列宁.列宁全集.中共中央马克思恩格斯列宁斯大林著作编译局，编译.北京：人民出版社，1984：124.

② 理查德·罗蒂.哲学和自然之镜.李幼蒸，译.北京：商务印书馆，2003：221.

首位，就形成了心理学中的方法本体论取向。于是，研究者对具体事实的研究越来越多，对事物本质的探索则显得没有必要了。

在行为主义与认知心理学之中，方法本体论取向表现得尤为明显。行为主义的创始人华生之所以要研究外显的可观察的行为，就是因为对心理过程和意识的研究缺乏可靠的方法手段。认知心理学的各项研究在实验中总会带有一些方法中心的倾向。在计算机算法突飞猛进的今天，关于认知的研究成果层出不穷；由于客观方法的缺乏，情绪与意志的研究成果则明显较少。这足以证明了在当前认知心理学发展过程中，方法本体论取向占据了主要地位。

但方法本体论取向终究有其弊端，其对研究客观性的过分要求致使心理学研究逐渐远离了人们的日常实际生活，限制了研究的范围。仅仅依靠方法本体论的心理学将被制约在一定方法技术许可的狭隘范围内，走向维护方法权威而忽视问题本身的误区。

三、行为本体论取向

正所谓"心动不如行动"，要适应现实社会的需要，满足人们的日常需求，心理学对人类行为及其规律的研究就显得十分必要。由此便有学者提出了行为本体论的主张。行为本体论充分适应了心理学在当代发展的客观化趋势，认为心理学不应该仅仅作为研究意识的科学，必须将行为纳入研究对象中，成为一门真正的实证科学。美国心理学家皮尔斯伯里（Pillsbury）说过："心理学可以最恰当地定义为人类行为的科学。人与任何物质现象一样，是可以客观地予以研究的。"[①]

行为主义者认为心理学是一门只研究行为以及行为相关内容的科学。而人类是否存在思想这个问题是没有答案的，毕竟仅通过对行为的观察无法发现任何人类思想存在的直接证据。人类能够通过其行动达到想要的目的，能动性使人类拥有生物限制内的却不同于其他动物的潜能。人类是能动的行动者，对其行为进行的研究具有与动物研究根本不同的探索价值。

行为主义心理学特别强调了学科内的自然科学性质与实际应用价值，将心理学与物理学、化学这样的学科做比较，希望心理学也能成为一门自然科学。因此，其摒弃了主观心理的研究，转而将能动性作用下的行为表现作为心理学的唯一对象。其研究方法也通过对观察与实验的强调，摆脱了唯心主义的怀疑，加快了心理学走上科学化道路的进程。

---

① 转引自张厚粲. 行为主义心理学. 杭州：浙江教育出版社，2003：20.

四、信息本体论取向

信息本体论认为，人的心理的本质就是信息，心理活动的机制就是信息的传递。根据心理学研究中的信息本体论的取向观点，信息作为物质的本质属性，能够进行符号化操作，从而转化为知识、文化、心理等，可以说，任何事物都可以归结为信息。这种观点认知从计算模拟的角度上为心理学研究提供了一些物质性的基础。然而这种观点也是一种对人心理本质的错误简化，使得对一些更加复杂的心理现象研究更加难以开展。

根据信息本体论观点，信息是从作为符号的集合的信息源中产生的，被发送器由静息符号转变为动态信号形式，在同样的形式状态下被感受器所接收。信息虽然是通过物质的能量活动产生、加工和传递的，却又并非物质或能量。

传统意义上的物质概念可以分为"质料"与"能量"两个范畴，而现代通信技术的发展使物质出现了第三个范畴——信息。信息的传递过程以质料为载体，以能量为动力，其无法与质料或能量分开，却又不同于质料或能量。对于信息的存在属性，目前有几种解释：一是将信息理解为精神实体的一种特性；二是认为信息是物质实体的一项普遍属性；三是将信息看作并列于物质和精神的一种存在；四是认为信息是物质与精神的某种特殊的结合形式。

就目前而言，信息的形式具有相当多的种类，物理信息、化学信息、生物信息、心理信息、社会文化信息等。其中，心理学的研究对象——心理活动信息是一种相对高级的信息形式。从认知加工的角度来说，人的心理活动离不开信息的运作，认知是对信息的一种接收；情绪是对各种信息进行评价的结果；意志是对各种信息的利用。人脑是处理各项认知信息的结构，其神经活动就是一种信息活动，从感官对外界刺激的辨识到神经电信号的转换传输，这些能力的本质都是信息的某种运作程式。

不过有些研究者提出，人的心理活动不能仅概括为高级信息形式。心理不仅仅是信息，其生命意义远超于"信息"这一概念的范畴，这两者是绝不能画上等号的。

五、意义本体论取向

意义本体论的支持者将行为与事物的意义作为心理学的研究对象，人的心理或行为是由客观事物对人的意义来决定的。意义规定了人们理解万事万物的方式，在研究人心理的过程中，对意义的研究占据中心地位。意义又是以人为中心的，客观的事物事件本身是不具有任何意义性的，只有当人与其交互发生作用时，意义才得以生成。此外，意义的产生还必然需要主体的经验，只有当主体经历着某种事物或事件时，意义才会被携带。意义本体论的支持者强调人的活动作为将身与心、物质与精神、主观与客观相连接的重要作用。意义的产生需要人的活动作为统一主客观二元的工具。此外，活动的建构对于我们正确理解人类心理本质的过程也具有关键性的作用。要想真正理解并合理解释人类的心理与行为，必须重视"信仰""愿望"等的意义的存在形式。计算机专家德雷福斯也说过："对于意义的感知，好像就是第一性，其他所有的东西，都是对意义的理解的结果。"①对于意义的探究，重点不在事实性问题，而在价值性问题上，因此相比于生物意义，对社会意义的研究就显得格外重要。要想理解人的意义问题，就必须从生命意向活动的研究做起，对生活的目的与价值进行深刻挖掘。

意义本体论的支持者强调意义性阐释方法的核心地位，其认为心理学的真正研究对象应该是人对意义的理解及其方法规律，即人们对意义重新建构的过程。心理学研究需要对多重意义结构进行分析，从明显的表层意义揭示内在的隐蔽意义。意义是多样的、不确定的，但也是有着相当真实性与合理性的。对意义问题的重视将使客观必然性和逻辑的一元性，不再作为现代科学研究的唯一条例。科学研究的本体性规定只能存在于解释的方法论中，且只有通过各种解释之间的"冲突"才可获悉被解释的存在。②

但也有反对者提出，意义分析作为一种研究方法对学科的发展并没有益处。每个人都确确实实清楚地理解每个人的意义，但问题在于，一方认为有过多的意义，而另一方则认为有过少的意义。③意义的主观性使意义本体论很难成为一种可靠的科学理论。

六、多元本体论取向

多元本体论的支持者认为人的心理是多样且动态的。心理学的本体论既要满足其作为一门现代科学的基本性质，又不能忽视人类精神价值的种种问题。因此

---

① 休伯特·德雷福斯. 计算机不能做什么——人工智能的极限. 宁春岩，译. 北京：生活·读书·新知三联书店，1986：279.

② 李炳全，叶浩生. 意义心理学：僭越二元论的新的积极探索. 社会科学，2005（7）.

③ 理查德·罗蒂. 哲学和自然之镜. 李幼蒸，译. 北京：商务印书馆，2003：82.

心理学研究就应该在坚持物质的本原性、身体的基础意义的同时，强调精神与心理的中心地位，并承认心理现象的不可还原性。赫尔施根据心理治疗的本体存在论观点，提出了心理学研究对象的四个层级。

（1）心理学问题：人们是如何进行感觉、思维、行为和其他活动的？采取什么心理治疗的方式能够达到助人的目的？

（2）特定领域的知识论问题：人们如何在所给定的领域适当地取得有效的知识？哪一种方法论的取向对获得知识最为适当？人们能够在所给定的领域或学科内知道或希望学到什么？什么是知识的限度和边界？

（3）一般知识论问题：人们如何取得有效的知识？人们如何知道它是真实的？使用什么标准去评价真理值？什么是人们对一般真理或知识的入口？真理在何处能够找到？这种知识是如何构成的？

（4）本体论问题：什么是人们对于某一实在的立场或关系？存在着任何一种全部或部分独立于人的实在吗？存在着一种绝对的真理吗？①

心理学研究对象的多样性，是学科脱离了实证方法中心性所带来的狭隘性后的必然结果。但仅仅是对多样性的阐述与强调在心理学的发展过程中并没有实际价值。对多元性的倡导实际上是对旧有的狭隘的对象结构的解体，而在解体后能否出现新的、有意义的、能满足人们需求的研究对象，这才是心理学研究者真正面临的问题。因此，学者对今天国际心理学发展的各种趋势进行分析预测，从中试图探索出一些崭新的有价值对象。

然而时至今日，多元本体论的支持者对心理学研究的中心对象仍无定论。面对如此困境，社会建构论者选择了反本质主义的思路，企图通过回避矛盾来消解心理学的立足问题，并使用语言实在论作为自身元理论的出发点。这种观点无法实际解决心理学研究的本体论反常问题，反而加重了本体论的脆弱性。

七、心理活动过程和机制本体论

国内著名学者李其维撰文指出，"'心理本体'与'心理学本体'有何异同。今天我想再次明确我所指的'心理本体'的内涵：所谓'心理本体'就是'心理活动的过程和机制'！它既不是生理机制，也不是心理内容，更不是提供、制约心理内容的其他什么外部的因素。当下，心理学需要一场清理门户、廓清战场的

---

① Hersch E L. From Philosophy to Psychotherapy. Toronto：University of Toronto Press，2003：18-19.

'正名'之举！只有如此，在面对前述神经科学、人文社会科学、人工智能等多面挤压时，才能胸有底气，心中不慌！"①

李其维针对目前心理学界正面临着被神经科学、认知科学、人工智能和人文社会科学"多面挤压""学科被吞蚀解体"的严峻形势问题，呼吁心理学研究应该重回自己的本体、捍卫学科尊严与声誉，确实令人深省，也引人深思。不过，他所竭力倡导的"心理本体就是心理活动的过程与机制"，在我们看来也并不能从根本上解决"心理学的本体反常问题"。因为仅侧重于"心理活动的过程与机制"仍然属于窄化学科自身的单向度路径。正如认知心理学家布鲁纳所说的那样，当代心理学需要借助"生物-心理-文化-实践生成"这样的知识谱系维度，促进与其他自然科学与人文社会等姊妹科学的共同联盟。如果仅仅停留在"心理活动过程与机制"上，也容易出现离开人的实践过程来提升心理品质的虚体主义旧路。

第二节　研究心理活动规律的原则问题

一、坚持"存在决定心理"的唯物主义原则

物质存在决定着意识，也决定着人的心理活动，这是对人心理本质问题探讨过程中所必须坚持的唯物主义基本原则。即使心理现象无比复杂且充满动态特征，也可以在物质世界中找到对应的某种存在形态。人类的生命性活动与社会环境中的各种生活实践始终是其心理活动的第一来源。心理是物质的产生物在从物质存在中生成出来时便带有精神现象的特征。辩证唯物主义克服了唯心主义和机械唯物主义的片面性，既坚持贯彻物质决定论，又强调心理意识对物质存在的能动作用。要想从根本上把握人类心理的实质，就必须将物质的决定性与心理的能动性相统一，用科学的方法去探明其两者的具体相互关系。

从辩证唯物主义的反映论来看，对心理现象的研究必须首先搞清楚三项关系：一是反映和被反映物的关系；二是反映和反映者，即人脑的关系，抑或心理过程和神经机制的关系；三是反映和行为的关系。然而仅仅对人心理反应功能的

---

① 李其维. 心理学的立身之本——"心理本体"及心理学元问题的几点思考. 苏州大学学报（教育科学版），2019（3）.

揭示并不能让我们完全了解人类心理现象的全部性质，还需要把马克思主义的原理引入心理学研究的顶层设计中，重视起人的心理在反映客观实在时的社会中介作用。所以，在对心理活动的研究过程中不能通过纯自然主义的眼光只看到身对心的决定性作用，还要承认心理与人脑的根本不同，即从物质中产生出的意识的一些独立性质，并对其进行分析。

心理的本质是人脑的机能和属性，是一种拥有复杂组织结构的存在形式，是社会环境下一种对物质高级的反映形式。人的心理事件是依靠生物因素而产生的，其中一部分具有独特性，另一部分则具有普遍性，其中普遍的成分受到生物规律的制约。因此人类的意识其实是受心理机制和生理机制共同交互活动所影响的。

二、坚持以人的活动—实践为中介的能动反映论原则

辩证唯物主义者提出，外部刺激并不能直接对人的心理与意识产生必然性的影响。离开了主体的社会实践活动，心理意识将无从谈起。在刺激-反映这一模式下，意识的主体具有充分灵活的能动性，能够作为外部刺激与心理现象之间的中介机制发挥作用。所谓的 S-R 模型其实并非二项图式，而是一种三项图式。

我们生活的物质世界中的客观现实是由各种物理、化学、生物学现象所构成的，但其中存在着许多具有意义的社会、文化、生活事件，可见在物理性之外，世界还有其本身所不能独立产生的意义性。意义是心理学研究过程所不能绕开的问题，但其难以用物理学或生物学的语言术语进行客观的描述。心理意义作为一种主体人在行动中感受到的东西，具有一定程度的主观性，需要通过实践性的非理论性语言来解释。事实上，人的认识、思维、感受和情绪，和语言一样，都具有一些行动事件的属性。而关于理论的意义，"首先，理论是处理世界的一般性问题的，它是通过研究领域的简化、专业化来实现其作用的。理论研究往往是在人为控制条件下进行的，而这些条件与日常实际联系却是脆弱的。其次，理论只在具体学科里运用，而实际问题却是跨学科的。因而，理论往往远离专业实际的特定条件而使得人们很少注意到理论的重大作用……根植于理论、经验或规范的基础知识，是所有专业的中心"[①]。很明显，理论和行动具有同等重要的意义，但学科本身并不能直接将理论注入现实实践中，因此在知识与应用之间还存在着

---

① 舒尔曼.理论、实践与教育的专业化.王幼真，刘捷，译.比较教育研究，1999（3）.

一种选择，即人类的选择判断是连接静态的理论知识与动态的现实实践的桥梁。

人类在生活实践中往往使用更加典型与系统的简单话语来解释复杂动态的生活情境。对于我们这样一个无法详细描述每一件事物的世界，化繁为简未尝不是一个良好的方法。然而，不同于传统心理学中将语言看作对客观现实反映的观点，社会建构论者认为我们生活的社会和世界都是由语言建构而成的，语言是一种积极的建构媒介。社会建构论者认为语言同行为是相似的，能够通过其功能实现主体不同的期望。建构的过程同语言是不可分的，因而在其中语言就能够实现部分行为的功能。在目前的认知心理学中，活动与行为都被认为是次要的，因为它们只属于人类个体系统中的一种输出环节。在语言心理学中则恰好相反：活动的重要性位列现实与认知之前，即心理学的关注点应该在于人们做了什么，又是在其中如何产生对现实的作用，以及对其做何认知。人们通过语言对世界进行描述，并在此过程中建构出各种各样的细节，赋予其主观的道德意义以及突出了其间的因果关系。人们能动地建构着自己的认知，描述着自己的动机与情感生活，通过这些对内心的描述，人们的行动得到了合理解释。

苏联心理学研究者鲁宾斯坦曾以"意识与活动相统一原则"尝试建构一套苏联心理学的体系。他主张，意识和行为并非两种孤立的存在，而是从内部相互联系且彼此制约的。意识是在活动中形成并反作用于活动的，而活动又是检验意识正确性的客观准则。因此，人类的活动制约着他的意识与心理的存在与属性；同时意识又能通过其特性实现其对活动的调节作用，使之与活动相符合。"所谓'反映'指的是主体对客体的反映，在这种反应下客体的影响通过主体被折射出来的，是以主体的活动为中介的。"[1]鲁宾斯坦提出，动物的心理是由其所处的自然生态环境以及世代相传的物种生活习性所决定的，人类的心理意识则是由其所处的社会环境以及个体自主选择的生活方式决定的。与动物不同，这种决定作用是能动的，而非机械性的。鲁宾斯坦还强调，"肯定意识和活动的统一就意味着，不应当把意识、心理理解为某种仅仅是消极的、直观的、感受的东西，而应理解为主体的活动、实在的个体的活动，以及在人的活动本身中、在人的行为中揭示出意识的心理成分，并从而使人的活动本身成为心理学研究的对象"[2]。正是在人类的能动性活动中，对客观现实的主观心理反应不断生成，被反映的客观实在能够转化为个体观念性的东西，成为人脑中的表象而存在，而这些存在日后又会通过活动转化为新的、客观的、物质性的东西。因此，活动在人脑对客观现

① 谢·列·鲁宾斯坦. 心理学的原则和发展道路. 赵璧如，译. 北京：生活·读书·新知三联书店，1965：11.
② 谢·列·鲁宾斯坦. 心理学的原则和发展道路. 赵璧如，译. 北京：生活·读书·新知三联书店，1965：261.

实的能动性反映、主体与客体的关联互动以及相互转化过程中都有着关键性的联结意义。

三、定量研究与定性研究原则

在心理学研究的方法论层面，学者往往一方面为了满足现代科学的要求而对定量式手段十分重视，即以观察、实验、测量等方法对人类的心理行为规律进行分析、概括并控制；另一方面，又有些执拗地为了保证心理学与其他自然科学的区别性，总是试图发展出新的定性式研究范式去揭示人类心理与社会文化的存在本质。一代代心理学家对这两种看似截然相反的研究方法趋向进行综合性利用，使其发挥相互补充的作用，最终有效地推进了社会心理学、人格心理学、文化心理学等人文性质心理学学科的发展。在他们的不断努力下，人文性质的心理学学科在全球心理学的地位得到了提高。尤其是人本主义心理学以及其中整体性的定性研究方法的问世，使得与现代科学原则似乎有一些冲突的人文心理学进入一个全新的发展阶段。

在这个时代，定性研究方法的心理学意义愈发明显，这是由于它能够脱离传统自然科学的一些先定假设，而以更宽广的视角对人类内在的心理现象进行分析与解释。在定性研究模型被广泛接受的今天，研究人员已经能够利用它获取有关人类经验的非常详尽的信息，其能为研究者与参与者提供一种共同的易于理解的语言，加深对于生活经验的了解，而非仅仅使用刻板的刚性范式。1983年，美国理论心理学家斯塔茨（Staats）提出了"整合的实证主义"思想。其支持者认为科学工作者不应该将一切精力都投入到纯粹的创新性研究中，还需要重视对已有成果的组织、整合、条理化任务，方法论或现象问题上的差异不应该是各领域相互诋毁与对立的原因，而应该作为一种可供参考的解决难题的手段选择。然而斯塔茨等其实还是秉持着物理学的视角去看待心理学，没有脱离自然主义的观点局限性。事实上，实证主义的方法并不是其支持者所想象的那样科学可靠，甚至完美无缺。定性研究的取向纵然与当代心理学中所倡导的自然科学中心主义有一定的矛盾，但仍然在探索使用各种新的研究范式，以保证研究的科学性。临床观察、案例研究、访谈编码等方法的利用，已经使学者能够对人类个体的内部心理世界以及主观经验进行整体性的、详尽的分析，人文性质的心理学观点与研究也因此获得了一些科学规范上的进展。

四、心理学研究的复杂性与逻辑简单性原则

相比简单性，复杂性始终是科学家更加关注的内容方面。想要了解心理学研究对象中的复杂性，学者普遍采取还原论的观点角度。然而解构与剖析并非科学家需要做的全部，对理论与成果的相融与整合也很重要。在历史上，哲学家对该问题的调和做过相当多的努力。

谈及当前心理学研究中的分裂问题，有学者做出了预言性的结论，认为心理学要成为一门成熟的规范性科学，至少还需要一百年的时间。因此，在处于准科学时代的心理学科中，是否应该暂停理论性的批判工作，通过潜心推进实验与应用性的研究来谋求心理定律自然地产生这一质的变化呢？恩格斯说过：如果要等待材料纯化到足以形成定律为止，那就等于要在此以前中止运用思维的研究，而那样一来，就永远都不会形成什么定律了。[1]爱因斯坦也提出，通过实践对科学研究成果的检验是一个复杂的漫长的过程，需要严苛的控制条件，而当时间在目前的时代条件下无法实现时，人们对各学科内部的理论建构与批判工作也不能因此停滞不前，而应该使用逻辑简单性原则作为工具去进一步地探求真理。[2]对此，我们认为逻辑简单性原则在心理学的基础理论研究及其规范化的推进中也能起到相当积极的意义。

现代科学研究过程中的简单性原则思想是从包括近代数学、物理、化学等的近代自然学科共同体中逐渐发展出来的一个，被研究者广泛接受的方法论原则之一，其对许多实验的研究和理论的构建发挥过显著的积极影响。所谓的逻辑简单性原则，根据爱因斯坦的观点，其实就是科学理论基础结构的简单性，即科学研究中的理论建构应该以条件允许下最少的概念为主导，据此建立简洁明了的思想系统，并通过这些系统对复杂动态的客观对象进行有效阐述，而不应该使用繁复晦涩且包容大量概念原理的文字作为标准规范的学科语言。这就对研究者提出了这样的要求，即"对各种现象加以整理，把它们化成简单的形式，达到我们能借助用少数简单的概念来描述很大量的现象"[3]。爱因斯坦还指出，科学既要对人类感觉经验做尽可能翔实的揭示，又应该通过尽可能少的原始概念及其相互的原始相关来对我们所生活的客观世界做出真实的描述。"科学是这样一种企图，它

---

① 恩格斯. 马克思恩格斯选集（第 4 卷）. 中共中央马克思恩格斯列宁斯大林著作编译局，编译. 北京：人民出版社，1995：336-337.

② 爱因斯坦. 爱因斯坦文集（第 1 卷）. 许良英，范岱年，编译. 北京：商务印书馆，1976：384.

③ 爱因斯坦. 爱因斯坦文集（第 1 卷）. 许良英，范岱年，编译. 北京：商务印书馆，1976：213.

要把我们杂乱无章的感觉经验同一种逻辑上贯穿一致的思想体系对立起来","逻辑简单的东西当然不一定就是物理真实的东西。但是物理上真实的东西一定是逻辑上简单的东西，也就是说，它在基础上具有统一性"。①所以，学者在阐述科学研究的结果时必须从复杂的现实经验中把握最关键的内容，并对其进行精密的公式化，最后以最简洁的理论语言来揭示自然界的普遍原理。

第三节　心理活动的实质与规律问题

人类心理活动的本质及其规律是现代心理学研究的根本性课题。理论探索的目的其实就是要将人类在生活与发展的过程中主导或参与的各种有意无意的活动进行概括化，揭示其本质规律的存在形式，并通过对从规律中得出的原则进行倡导，以引导人们更健康幸福地进行社会生活。

在当前阶段，虽然心理学已经成功对所研究对象的属性有了一定的认识，但是对人类心理实质的解释以及其活动规律的探索，还欠缺阶段性的进展，相关的深入研究仍然很少。这一方面是因为目前的研究有待进一步深入，另一方面在表述上其实也存在一定的问题。要解决这个问题，我们需要从更深层次的本体论层面进行探讨。我们认为，现在的心理学之所以对心理本质与规律问题的研究还很滞后，主要有如下几方面的原因。

首先，与人的心理具有高度的动态性与复杂性有关。心理学是一门研究人的学科，而人是"宇宙世界演变至今所形成的最为高级最为复杂的生灵，是宇宙的精华、万物的灵长、造物主的杰作"②。就如同雨果的名言：世界上最宽阔的是海洋，比海洋宽阔的是天空，比天空更宽阔的是人的心灵。心理学面对着"人心"这一多变的内部宇宙存在，其复杂性、意义性都远远超出自然界中的物理化学现象，甚至超出社会生活中的经济现象或是历史现象。心理活动的动态性与复杂性使人们在对其中隐含的规律法则进行彻底理解的过程中遭遇了莫大的困难。

其次，心理学的历史不够久远。一个独立的学科若不具有足够长的研究历史，其学术成果的积累就必然是有限的。在心理学这门"拥有漫长过去，却只有短暂历史"的学科中，人们对心理活动本质规律的认识存在有限性。相比于其他

① 爱因斯坦. 爱因斯坦文集（第1卷）. 许良英，范岱年，编译. 北京：商务印书馆，1976：380.

② 司晓宏. 教育管理学论纲. 北京：高等教育出版社，2009：68.

学科，尤其是数学、物理学、化学、文学、历史、艺术等在人类历史中发展了数百数千年的学科，心理学的成果积累显得较少。

再次，人们对心理活动的认识存在一定的误区。长久以来，人类心理本质与规律问题的变化性与复杂性一直影响着这一领域内的各种研究，使得研究者在研究中的动机与意识也受到了各种各样的影响。许多研究者潜在地回避这一问题，认为在现阶段对这项问题的研究其实是白费力气。这种负面的心态使得心理活动本质规律问题显得愈发模糊而神秘，愿意对其做深入研究的学者也越来越少。

最后，与心理学者在这方面的主观努力不够有所关联。根据辩证唯物主义的观点，世界上的任何事物都可以被人们认识，只要通过学者的主观努力，结合现代的科学技术手段，心理活动的本质规律是可以被彻底探明的。我们认为，目前的学术界应该对学者探索这一问题多加鼓励与支持，增进其信心与勇气，培养心理学理论工作者的使命感、责任感、荣誉感，而不是一味地抱怨理论研究进展的迟滞；同时还要明确地意识到并坦率地承认，目前的科学研究方法水平仍然达不到将心理活动的本质规律彻底搞清楚的程度，因此，也不能对这方面的研究过于倡导，使研究者背离应用性的、大众的心理学研究。

一、心理的本质问题

心理科学的研究必须首先重视心理的本质这一根本性话题。"本质"即事物的根本性质，是其内部构成元素间相对较为稳定的、对外在形式与功能起决定性作用的内部联系，也就是一个事物所独有的特殊矛盾。辩证唯物主义认为，心理本质与心理现象之间存在着必然的、普遍的、内在的和稳定的联系。而我们进行心理学研究的任务就是看到两者的统一性，通过心理现象把握心理本质。

在哲学领域，古希腊时期的柏拉图和亚里士多德将"理性"视作心理的本质；中世纪的阿奎那将"智慧和意志"作为心理的本质；近代的笛卡儿认为"思想"是心理的本质，黑格尔则认为"自由"应该是心理的本质；现代西方哲学家中的许多人提出，"意向性"才是人心理的规定性本质。

当前，我国的心理学界普遍将心理的本质理解为"人脑对客观现实的反映"。然而除此之外，也存在一些不同的声音。一种观点认为，"把心理归结为反映，忽视了心理的能动作用，主张把控制这一新的概念引入心理的实质规定之中"[①]。另

---

① 车文博. 中国理论心理学. 北京：首都师范大学出版社，2010：349.

一种观点则指出，其反映的外延较窄，因而无法涵盖人心理的所有内容，因此需要在被反映的概念外部加一些限定，以防对反映的过度解释与过度使用。例如我们可以将认识作为一种反映，但情感和意志很难被称为反映。此外，还有一种观点认为"反映"是一个早已过时的概念，当前需要找到一个新的概念来替代，以概括人的心理，其中有学者根据皮亚杰的主体认知结构理论提出了用"建构"一词替代"反映"的观点。

中国社会科学院研究员维之认为，人类心理的本质不在于"反映"，而在于"知"。"知"是从感觉到思维等一切心理现象所共有的心性，因为精神心理现象的突出特征就是"它存在的同时知道自己的存在"，"知"乃心理现象或精神意识的存在方式。凡是有"知"的东西，必定是有心理的东西；凡没有觉知、不知道自身之在的东西，必定不是心理或精神的东西。①然而这也只是一种观点，我国学术界对心理的本质问题，至今还没有争论出一个能得到普遍认同的全新结论，因此仍处于无定论的状态中。毕竟心理现象是具有高度动态变化性与复杂性的抽象存在，人类对其本质的揭示与理解过程也必然伴随着各种差异与分歧，要想达成约定俗成的共识，必然需要持续的探索。自然科学与社会科学的研究范式截然不同，心理学作为一门中间学科的优势之处就在此体现出来。我们对心理本质的揭示不能拘泥于某一方面的研究方法，要将定性研究与定量研究相结合，总有一天能够彻底解决心理学的对象性难题。

二、心理的本质与功能问题

对人类心理的功能问题的探讨实际上就是对心理活动的外向作用和内向意义的探讨。针对该问题的深入认识在学科的理论进展中具有举足轻重的意义和价值。

"功能"（function）与我们平时生活中所说的"作用"意义是一致的。对事物功能的研究在现代科学的研究中十分普遍且占重要地位，正是通过对功能的探究，我们才得以了解万事万物的本质。功能研究可以对事物运动的规律机制做出预测，并为找到解决问题的方法提供基础。

根据现代信息论、控制论和系统论的观点，我们无法在今天对很多不具有实体的自然或社会现象进行彻底的分析解读，也许可以暂时放下对其深入挖掘，而

---

① 维之.论心理的本质.青岛大学师范学院学报，2009（2）.

对事物的功能现象进行概括式分析，对其共性加以研究、模拟并操作化，而不需要对每一个事物的本质、结构、规律进行分别讨论。例如，我们学习开车时，只需要学习如何操纵车辆（即对功能的了解），而没有必要彻底理解汽车的机械构造、动力系统等。复杂事物的本质往往就在其功能形式上体现出来，因此，对人的心理，我们也可以尝试通过功能性研究来探索其本质规律。

然而，"功能"也是一个具有一定复杂性的概念，其定义基本上可以概括为三个方面：第一，功能是一个事物对其他事物所发挥的作用；第二，事物的功能是其内部结构所包含的，是由主体的结构决定的，功能是结构的体现；第三，功能的实现需要一定的情境条件，功能具有潜在性。

布洛克认为，"功能性特征的技术术语正是认知理论家们苦心经营的领域"[①]。认知心理学家认为，要对认知思维进行探究，我们没有必要将其刻板地与某一个物理理论体系对应起来，而只需要得到一些物理系统层面上的支持。因此，我们可以利用计算机模拟的方式，通过对大脑机能状态的模型构建，来达到对特殊心理过程的理解。这种观点将意识活动与认知加工的过程，与计算机的运作是相似的。

此外，也有学者提出"纯粹功能"的概念，这种观点认为人类心理的功能能够脱离开生物基础而存在，是一种纯粹的功能特性，可以类比人们身上穿的衣服。控制论的创始人维纳甚至提出，人类只是一种结构模式，模式就是可传递、可符号化的一种信息形式。

三、心理的实质与机制问题

要想理解心理活动的机制，我们必须首先探明人脑的运作机制，这是心理学当前研究的一大热门问题。目前，我们认为心理机能是在一些生理机能的作用下发展出的一种高级机能。人脑的机能分生理机能与心理机能两种，因此人脑具有生理器官与心理器官双重地位，再进一步可推之，神经活动既是生理现象又是心理现象。

当前国内外心理学界对心理活动机制的具体探索可归为两种思路：一是主张从针对生理机制的探索着手来阐释心理机制的作用过程；二是直接对人的心理机制的表现形式进行分析，试图揭示心理机制的作用条件。由人脑的结构功能所规

---

① 转引自霍涌泉. 意识心理世界的科学重建与发展前景：当代意识心理学新进展研究. 南京师范大学，2005.

定的生理机制是心理机制的物质基础。在现代认知神经科学的发展水平条件下，对脑微观机制的研究仍然伴随着许多难以解决的问题。对心理机制的直接探索则是通过功能模拟的方式，对人类认知加工方式的共性加以总结。今天的认知心理学主张，人类动态复杂的心理活动是功能性而非实体性的一种存在，不需要急于彻底弄清神经生理反应的微观机制，更应该从功能性机制方面解释心理活动的规律。只要清楚了人类对信息和经验的组织加工形式，就等同于把握了人的心理机制运转规律。

四、心理的实质与可感受性问题

心理是一种具有一定主观性（subjectivity）的存在。因此，在研究过程中必须高度重视主观经验的精神价值，同时坚决否定仅仅强调意识主观性或不可研究性的观点，应搞清楚主观性与可感受性的关系。

根据斯佩里（Sperry）的观点，精神是大脑活动的产物，是人类意识主观性的一种体现，对于人类及人类社会的变化有着动机或原因层面上的意义。当前，我们认为道德和价值可以像意识一样作为解释人类行为的因果性来源。因此，科学最终要对道德价值的脑神经机制做出解释。

关于科学家关心的"可感特性"问题，不少学者认为"可感特性"属于意识的一种特性，例如功能性疼痛症状往往与主观感受有着密切的关系，医生对疼痛感的解释并不能纯粹地根据医学仪器，还要结合患者的口头报告进行分析。这也就是认知心理学所关注的意识的"觉察"问题。虽然哲学家认为觉察的本质在于意义的解释，但我们的知觉经验有没有可能以一种潜在的、自动的方式在言语活动之外进行着？当前的认知神经科学还并不能很好地解答这一问题，也就是说，目前的客观方法还无法充分地揭示这种主观事实。即使是最一般的感觉现象，也终究属于人复杂心理的一部分，是具有"主观性"的存在，否则人类和自然动植物在精神层面上的差别就显得微乎其微。目前，我们将人的主观感受性理解为大脑向原始的感觉信息数据所添加的"附加值"，它远远超越了简单的"感觉"概念，还包含记忆、思维等的高级认知加工活动。"要联合或统一所有这些特殊的方面和看法乃是不可能的。而且甚至在某些特殊领域的范围之内，也都根本不存在普遍承认的科学原则。"[1]

---

[1]　托马斯·内格尔. 人的问题. 万以, 译. 上海: 上海译文出版社, 2000: 177.

五、心理实质与主体能动性问题

对主体能动性的探讨，首先面临如何理解人的心理实质问题。现代西方哲学曾经非常重视对人的主观心理"感受性"问题的分析论证，认为感受性是主观意识的实质，研究主观心理现象最核心的问题是寻找"客观感觉如何转化为主观知觉、意识问题"，但对如何客观地研究主观现象却存在着严重的"解释的隔阂"难题。美国哲学家内格尔（Nagel）曾提出客观的科学理论必然要求放弃主观特征的观点。客观科学越完美，离主观性便越远。因此，客观与主观两种类型概念之间的鸿沟便难以消解，而这正是坚持唯物主义研究原则的一大基本难题。在内格尔看来，主观性或"可感受特性"是人的心理意识的必要属性，无主观性，即无心理活动可言。即便是人类最简单的感觉现象，也属于一种"主观感受"，否则人的感觉层次比一条昆虫或一株植物高明不了多少。主观感受性是人的大脑向原始的感觉信息数据所添加的"附加值"，根本不存在普遍承认的科学客观性原则。而强调客观性必然遗漏主观性，现代自然科学无法解释主观心理问题，认知功能主义也是如此。研究心理活动必须在本体论、认识论和方法论领域考虑建立起包含一些非生物的主观感受的内容。只有将客观的真与主观的真协调统一起来，才能揭示人的主观心理的关键性特征。

近年来，认知心理学家韦格纳总结认为，人类心灵的本质集中体现在两个方面：一是感受性，二是能动性。他强调，"事实证明，心智能力并不都聚集在一起。相反，人们是以两种根本不同的因素为依据来查看心智的，我们将这两种心智能力称为感受性和能动性"。与哲学家的主张不同的是，当代心理学将能动性纳入主观心理活动的本质属性范畴，认为"能动性的主题不是感觉和情感，而是思考和行动。构成能动性因素的心智能力是我们的能力、智力和行动的基础。在行动和实现目标的过程中，正是心智活动才展现了人的能动性"。①这一心理学能动性理论比较有力地推动了主体性、主观能动性的哲学争论向科学化论证方向发展，并通过开展具体实验研究进一步揭示了能动性机制与众多心理活动要素之间的关系。

---

① 丹尼尔·韦格纳，库尔特·格雷.人心的本质.黄珏萍，译.杭州：浙江教育出版社，2020：11，24.

第四节　心理学本体论的反常问题及改善路径

一、心理学本体论的反常问题

全球心理学研究都面临着长期且普遍的本体论的反常问题。在对人类心理活动特殊本质的研究中，当前心理学往往选择"物质主义"与"实证主义"的立场来确保自身的科学性。物质主义的研究坚持将人的心理看作大脑机能属性的产物的本体论，认为任何心理活动都有其相对应的神经生理机制，并可以归纳于某种物质活动规律。这种观点将心理学的研究与脑科学、神经生物学、认知神经科学的研究混淆，本质上犯了取消主义的错误。实证主义则在研究方法上采取了客观性较强的本体论，试图通过量化的方法为第二性的研究对象中注入第一性的内容，却导致方法手段与问题对象之间关系的失衡。在这种困境之下，社会建构论者提出了一种反本质主义的思路，但仅仅对外显活动的研究并不能消解心理学的本体论难题，而是一种对矛盾的逃避。社会建构论者的确也对心理学研究的客观科学性有所强调，并给予人类心理的社会性与交往互动性适当的地位，但过于信赖维特根斯坦的语言实在论使得这种观点落入了形而上学的沼泽，将心理现象等同于语言现象，将科学研究变成了一种叙述性的工作。这种混淆了主客观二元论、心物内外源论的理论是难以立足的。霍金说过："哲学家如此地缩小他们的质疑范围，以至连维特根斯坦——这位 20 世纪最著名的哲学家都说道：'哲学余下的任务仅是语言分析'，这是从亚里士多德到康德以来哲学的伟大传统的何等堕落！"[1]同样，社会建构论所倡导的这种视角，其实是将心理本质的探索变成了"言语心理"的分析，心理学者应该对此有所警惕。

二、心理学本体论解决的出路："一体多元""多元同构"的追求

在心物关系的问题上，唯物主义坚持一元本体论既反对精神论，又反对二元论。因此，即使现代认知神经科学发展得如何迅速，我们也无法想象人类的精神

---

① 斯蒂芬·霍金. 时间简史. 徐贤明，吴忠超，译. 长沙：湖南科学技术出版社，2002：171.

意识是脱离了身体的独立存在。即便是现象学，其本质上也并非唯心主义，而是在唯物主义与唯意志论之间寻找一条第三道路的自然主义意识哲学。

要加大心理学本体论问题研究的持续创新力度，需要在借鉴当代国内外心理学研究先进成果的基础上，坚持辩证唯物主义的科学观，通过"一体多元"范式的基础科学论证探讨，积极寻求创建适应时代需要的"多元同构"心理学本体理论的新思路。

第一，需要积极加强包括心理本体论在内的重要理论问题的深层研究，澄清有关心理学理论研究并不重要的认识盲区。现代心理学虽然取得了很大成就，但是在其发展历程中也有许多曲折与缺憾。科学心理学的诞生和发展逐渐使心理学摆脱了哲学思辨的束缚，成为一门具有实证性质的独立科学。有些学者随之提出了以心理学为基础建立其他学科的思想，导致其一度在现代哲学和社会科学研究中失去了应有的重要位置。正如美国学者库克所讲："在过去一个世纪的过程中，心理学在某种意义上失去了一些。特别是失去了早期在这一领域人们对有关心理学问题的期待；失去了一些在这一领域具有最初贡献的一些广泛的观点；或正在失去令人尊敬的领域，这表明心理学需要研究更有意义的人类问题以证明其能力"[1]。譬如，心理学的研究对象还没有得到清晰的界定，心理学教材没有对心理现象本身进行认真研究，"他们至今仍关注的是那些通过心理对人产生影响的现象（如生理学以及行为的社会规则），或者是那些受到心理影响的现象（像外显的行为），直接经验还没有进入主流心理学的研究视野，这个事实的确令人觉得不可思议"[2]。近 20 年西方心理学中新崛起的社会建构主义则干脆选择了反本质主义的思路，企图通过回避矛盾来消解心理学的立足问题，进而将语言实在论作为自身元理论的出发点，这对解决心理学的本体论反常问题不仅没有实质性的作用，还需要更重视聚焦于所研究的问题以及相关理论的构建。当前在我国心理学界已出现了"实证研究主导一切"的发展大背景，许多研究者提出没有必要强调心理学理论研究的重要性。只要突出心理学"以小博大"的研究价值，便能发挥自身的独特优势。面对心理学实证研究发展中的"小散轻薄"问题，加强心理学本体论研究、回到实质关键性问题的探讨特别具有学术意义和现实针对性。包括本体论在内的心理学理论研究需要提倡"虚实并举"的方法路径，既要反对空虚的宏大叙事，也要克服烦琐微观模式。心理学的发展不能停留在仅用简单的

---

[1] Koch S. Psychology and Emerging Conceptions of Knowledge as Unitary：From Behaviorism and Phenomenology. Chicago：University of Chicago Press，1964.

[2] Hersch E L. From Philosophy to Psychotherapy. Toronto：University of Toronto Press，2003：18-19.

实证数据来说明一切心理问题的阶段，而需要更重视聚焦于明确所研究的问题和相关理论的构建。这无疑给当前心理学基本理论问题研究（特别是理论心理学的学科建设发展）带来了新的时代性复兴机遇。

第二，需要在本体论上坚持辩证唯物主义的一元论，确立心理唯物主义决定论的新科学观。坚持唯物主义的一元论、反对精神论和二元论是当前世界各门学科研究发展的共同趋势。即使是西方盛行的现象学心理学，在本质上既不是唯物主义，也不是唯心主义，而是企图寻找第三条道路的自然主义的心理哲学。当前心理学界出现了一个可喜的变化是对"新的唯物主义的形态"（即自然主义一元论）的追求，具体表现在对心物关系、身心、心理与精神关系问题的理解上。不论是心智哲学还是认知科学，以及现代神经生物学的飞速发展成就，使得人们进一步深入认识到"在人身体的机制中并不能设想有一个独立于身体之外而存在的意识、心理实在"。诚如美国学者塞尔（Searle）所讲：所有当代的唯物主义形式都具有共同的目标，就是力图把一般的精神现象，特别是通常所理解的意识，归结为某种形式的物理的或物质的东西。①目前，西方心理学本体论研究仍然没有摆脱一元论或二元论的窠臼。我国心理学本体论研究的思想大前提，无疑需要继续捍卫马克思主义的物质与心理意识相互作用原理，确立符合人的心理实际的"新唯物主义科学观"。也就是说，对心理本体的实质和规律性问题的探讨必须"坚持存在决定意识，也决定人的一切心理活动"这一唯物主义的基本原则，这是心理学研究人的心理活动规律遵循的第一原则。无论多么复杂、不可思议的心理活动，最终都会在物质世界中找到原初形态。心理是物质的产物，但又不是物质本身；心理离不开物质，但又不同于物理和生理的物质形态而具有能动性精神现象的特征。辩证唯物主义理论克服了唯心主义与庸俗唯物主义这两种片面性，即首先在肯定物质决定心理意识的前提下，重视心理意识对物质的能动性作用功能。只有把物质的决定性和心理的能动性统一起来，才能科学地解决物质和心理的相互关系，真正理解人的心理的能动作用及其实现的途径。因此，必须克服传统科学观中关于物质范畴理解的局限性，建立新的物质科学观，即既与科学的基本成就相一致，又能证明人类精神及其价值的实在性的物质科学观。人的心理活动现象以生物因素为基础，心理学依赖生物学。生物因素包括生理机能和心理机能的双重角色。生物因素是脆弱的，人的心理活动潜能因素则是异常强大的。辩证唯物主义的能动性科学观也特别重视人类实践活动的积极作用。外界的物理刺

---

① Searle J. Minds，Brain and Science. Cambridge：Harvard University Press，1984：43-44.

激并不能直接产生人的心理和意识，人的心理和意识必须通过主体的活动及实践才有可能产生。在刺激-反应的过程中，必然存在着一个自主的、操作性的、活生生的人。人不是机器，甚至动物也不是机器。人的心理活动、人的实践行动活动，是产生和提升一切意识和心理的不可缺少的中介环节。许多心理问题需要通过实践来解决。这就要求我们必须在继续坚持以物质为本原、以身体为基本的前提下，给予精神、心理以应有的地位，同时承认精神心理现象的不可还原性。以人的活动-实践为中介的能动反映论原则对心理学的本体论反常问题的解决具有深刻的认识论和方法论意义。这正如苏联著名心理学家鲁宾斯坦所倡导的需要通过"意识与活动相统一原则"建构心理学的理论体系那样，必须突出人的心理、意识是在实践活动中形成起来的观点。实践活动是检验心理、意识正确与否的客观标准，心理与意识反过来又调节、制约实践活动的进行。实践活动在主客体相互转化过程中起着极其重要的中介桥梁作用。实践活动对心理本体的科学研究和理论分析可能引发科学方法的扩展与创新。当前认知心理学新出现的认知生成理论学说，将认知与行动生成智慧统一起来的思想，有力地佐证了辩证唯物主义的物质科学观与实践能动论的科学合理性。

第三，需要运用多元论武器探索心理本体论的新模式。"缺少多元化的研究途径，研究路子很窄，没有宽广的视野"是我们国家心理学研究长期存在的一大问题。[①]我们需要克服非此即彼的简单化思维模式，实现从对"一"的认识进入到对"多"的认识。有关心理本体问题的研究，既需要神经科学的探微实证，也需要求得学科交叉之下的立体视域、多元方法和全新阐释。"行为和心理是许多实现的层次，从物理层次到社会层次交叉的系统的活动。因此，它们不能由任何'一个层次'的科学来处理。无论什么时候，研究的对象都是一个多层次系统，只有包括一切中间层次的多学科来探讨，才是有前途的。"[②]应该说，对心理学的多样性和多元化本体主张，是心理学从实证中心和狭义的科学大厦中解放出来之后的必然结果。同时，多样性与多元论并不是人们期待的最终目的。倡导多样性、多元性只是对旧有中心的解构，在解构旧有中心之后，是否会出现新的中心，这才是人们最感兴趣的问题。需要紧密结合当前国际心理学发展的新趋势，并从中展望有可能出现的新的中心。

值得关注的是，近年来有关心理学本体论研究取得了不少新进展。国际上理论心理学的最重大成就之一就是提出如何取得统一的规划和评价标准，即将心理

---

① 刘晓力. 认知科学对当代哲学的挑战. 北京：科学出版社，2020：128.

② 丹尼什. 精神心理学. 2版. 陈一筠，译. 北京：社会科学文献出版社，1998：187.

学规划为两种相互联系的本体观：物质主义的本体论和心理主义的本体论，且不可从一个还原到另一个。物质主义应该将心理学限制到身体的物质状态，特别是脑和神经系统上；心理主义的本体论则强调心理学领域应该被限制到思想、感觉和有意义行为上。这两种本体论会进一步推动心理学的繁荣和进步。

在这方面，我国传统语境下的"心"概念可以为建立现代心理学的本体论提供不少有意义的内在思想资源。从中国传统的"心为本"的文化思想范畴来看，"心"这一概念具有生理、心理和精神等方面的多重含义：一是指"生理意义"（心之官则思）。二是指"心理意义"（"人心"乃人们本身所具有的"心"，包括人的情感、认识、思虑等的"心"理活动，心是一个整体的观念，是知、情、意的集合体。心者，神之主也。志意、喜欲、思虑、智谋，此皆由门户出入）。三是指"伦理意义"（如良心、责任心、"恻隐之心"、"羞恶之心"、"辞让之心"、"是非之心"）。四是指"精神社会意义"（"人心惟危，道心惟微"。古人将"心"分为"道心"和"人心"）。由此可见，我国古代先贤们所讲的"心"除了指心体器官外，更重要的是包含身体及其内部的认知、意识、道德、情志、精神等活动，并被视作灵魂性的生命主体。以往有人将心理学定位为"脑理学"的主张，并不符合人类传统文化成就的积累资源。根据当代认知心理学的先进范式之一"具身认知论"的理论来看，虽然人的心理活动的主导器官是大脑，但人的身体、心脏包括周围环境也参与涉及着心理活动。按照近年来心智主义的代表人物莱可夫（Lakoff）等提出的"具身论"学说，人的心理是"身体-脑-环境"的耦合反应。人类认知活动均是以身体为基础、以脑神经活动为主导在环境中解决问题的系列性反应。[①]这为进一步研究人的知觉、思维和情感活动，以及这些心理过程是如何基于并体现于、实现于人的身体的，从而制造出具有自主性的灵活机器，提供了有力的新思想理论基础和方法技术路线。

有关"多重一体"或"多元同构"的心理本体论强调，人的心理的实质是知，但不能没有情，没有意志和行动。心理学需要确立由认知主导的、知情意行合一的心理本体观。当然，目前心理学"多元一体"学说还存在着不少需要解决的问题，"不同的心理学流派就像是打着不同旗号的探险队，他们各自从不同的地点登上心理这块未知的大陆，看到的景象各不相同，虽对于我们了解心理这块大陆的全貌是有益的，但却不会从根本上给心理学研究带来光明的发展前

---

① Arnett J J. The neglected 95%, a challenge to psychology's philosophy of science. American Psychologist, 2009（6）.

途"①。在我们看来，多元本体论固然不完全令人满意，却更符合人的心理实际，不失为一种实事求是的选择。该问题的探明不仅需要充分利用认知神经科学技术成果，还要看到交叉学科带来的立体视域、多元方法与全新观点，开阔心理学研究的眼界。无疑，对本体论研究认识盲区的澄清必将有助于催生并提升心理学理论的深度解释力，推动心理学理论和实践的进一步发展。

---

① Allwood C M. Future prospects for indigenous psychologies. Journal of Theoretical and Philosophical Psychology，2019（2）.

第 四 章

心理学的认识反映论问题

　　认识反映论问题与心理学的研究有着密切的关系，其是建立科学心理学的理论基础。20 世纪 80 年代中期，我国学术界就辩证唯物主义反映论的问题展开了热烈讨论。有学者对反映论持否定的态度，认为"反映概念不能揭示人的认识的真实情况"[①]。有人对反映论持肯定态度，但认为以往人们对反映论的看法多是误解，这些误解不仅存在于批判者中，而且存在于反映论的许多信仰者中。因而对反映论的许多基本概念需要进行新的阐释，把辩证唯物主义的反映论与心理活动的要素、基础和动力问题结合起来，有助于获得对两者更准确的认识。

---

① 王振武. 认识定义新探. 哲学研究，1986（4）.

第一节　认识反映活动的基本要素

反映论就是唯物主义的认识论。它的基本观点倡导"人类的感觉、概念和全部科学认识都是客观存在着的现实的反映"①。正因为坚持了这样的观点，人们才称之为反映论。反映活动无疑是指人们的认识活动，它是一个由反映对象、反映主体和反映结果三个基本要素组成的不断发展变化的过程。马克思曾经说过："在黑格尔看来，思维过程，即甚至被他在观念这一名称下转化为独立主体的思维过程，是现实事物的创造主，而现实事物只是思维过程的外部表现。我的看法则相反，观念的东西不外是移入人的头脑并在人的头脑中改造过的物质的东西而已。"②这是对反映活动过程的最彻底的唯物主义的阐释和表述。列宁也说过："自然界在人的思想中的反映，要理解为不是'僵死的'，不是'抽象的'，不是没有运动，不是没有矛盾的，而是在运动的永恒过程中，在矛盾的产生和解决的永恒过程中。"③这两段话为我们分析反映活动的基本要素和把反映活动作为一种永恒过程去把握，指明了正确的方向。在马克思上述论断中明确地包含反映过程的三个要素：一是现实世界，二是人类的头脑，三是观念的东西。其实这就是我们常说的反映的对象、反映的主体和反映的结果，其正是我们要讨论的三个基本要素。

一、反映的对象的概念内涵

反映的对象是指被人们的头脑反映的东西。人们一般将它看作"主体之外的

---

① 罗森塔尔，尤金.简明哲学辞典.中共中央马克思恩格斯列宁斯大林著作编译局，译.北京：人民出版社，1955：40.

② 马克思.资本论（节选本）.中共中央马克思恩格斯列宁斯大林著作编译局，译.北京：人民出版社，2018：22.

③ 列宁.哲学笔记.2版.中共中央马克思恩格斯列宁斯大林著作编译局，译.北京：人民出版社，1993：165.

客体，或主观之外的客观"；但有人认为"这是不对的。当然，对于旧唯物主义反映论（摹仿论、再现论、复写论）来讲，这种理解大体上是符合实际的；可是，对于马克思主义反映论来说，这就是严重的误解"。[①]仔细回味起来，这样的呼唤中确实包含着真理的成分，但也有不尽妥当之处。

如果把反映的对象解说为主体之外的客体，那么人们就会立即提出：主体能不能作为反映的对象？事实上，人类的反映活动不仅反映着主体之外的客体，而且反映着主体自身。从这个意义上讲，把反映的对象解释为主体之外的客体显然是不对的。

但是，当人们把反映的对象解说为主观之外的客观，这在原则上没有什么错误。这里所说的客观是指存在于人类头脑之外的客观现实，是指与人类头脑中的观念形态的存在相区别的自然界的各种各样的事物。难道这些东西不正是被人类的头脑所反映的对象吗？反对这种提法的人认为这是对马克思主义反映论的误解，而主张要如实地把反映的对象理解为"人们的社会存在"、"人们的社会生活"、"人们的社会实践"或"人们的社会关系"。这种新观点最明显的错误是严重地缩小了反映对象的范围。众所周知，"客观现实"或"自然界"是很宽泛的概念，它们可以包括世界上的一切事物（客观现实是与主观意识相对置的，它不包括主观意识）。广义的自然界甚至也可以把人类的精神现象包括在内。相反，社会存在、社会生活、社会实践、社会关系等社会性的事物只能是客观现实和自然界的一部分存在，用一部分存在是无法概括反映对象的全体的。

二、关于反映主体的问题

反映的主体是和反映对象相对置的概念。在反映论中，它是反映活动的承担者。对于这种承担者可以有两种理解：一种是把反映的主体看成是活生生的独立存在的个体——人；另一种是把主体看成是人类进行反映活动的主要器官，即视为人脑这种物质。这两种理解在马克思主义经典作家的论著中都可以找到。我们认为把反映的主体理解为现实生活中的人更为恰当一些。尽管在这种理解中反映的主体和反映的对象之间会出现某种程度上的交叉，但它更符合于马克思主义学说的基本精神。因为马克思不止一次地重申，他的思想理论探索基本出发点一直都是"从事实际活动的人"。

---

① 朱智贤. 反映论与心理学. 北京师范大学学报（社会科学版），1989（1）.

在谈到这样的反映主体的问题时，我们必须对主体的特性有一个全面的认识。人作为反映活动的主体和承担者，是具有许多特性的，这些特性大体上可分为两类，即自然属性和社会属性。仅以自然属性而言，人就有许多生物性的需要和能力，例如有与外界进行物质和能量交换的需要，即需要食物、水、空气、温度，有生育繁衍的需要，还有认识定向的需要。同时，人也具有消化能力、呼吸能力、运动能力、生育能力和认识能力。在社会生活中，人的生物需要和能力得到进一步的丰富和发展，并获得了新的规定性，例如在社会生活中产生了社会交往的需要、生产劳动的需要、表现的需要和创造的需要等；同时也发展了满足这些需要的能力，如语言表达能力、劳动能力、思维想象能力、创造能力等。所有这些需要和能力都与人的反映特性有着密切的联系，但绝对不能把这些非反映特性和反映特性混为一谈，也不能用其中的某一特性去代替其他特性。

辩证唯物主义的反映论在论述反映过程的基本要素及其相互关系的过程中，对主体的其他特性对反映活动的影响及其与反映活动的关系，也要做出科学正确的说明。在谈到反映活动的问题时，有人企图以主体论来否定反映论或代替反映论。这种偏颇的观点势必使人们忘记或忽视反映对象的客观现实性，从而陷入无对象论的空谈之中。另外，也有人提出了包容论或溶解论的观点，从而抹杀或忽视了主体的非反映特性对其反映活动的影响和制约作用。执后一种观点者认为，在历史唯物主义者看来反映论与主体论绝不是对立的，而是相互交叉、相互渗透、互相包容的。从反映论的角度讲，其中已经内在地溶解了主体性的内容。这种观点是值得进一步商酌的。

这是一种折中调和的观点，因为主体论本来是一种旨在否认反映论的理论，反映论是旨在阐述反映活动的理论，要使这两种对立的理论相互包容，就必须建立一种新的理论。正确的说法只能说是反映论中已经潜在地包含的主体因素，而不是把这种因素强调到不适当的程度，更不能用主体论代替反映论。另外，上述论断最主要的错误在于它所提出的"溶解论"的观点。"主体性"是一个很宽泛的概念，泛指作为个体的人的所有特性。这些特性是无论如何也不会溶解在反映论的概念之中的。这是因为：第一，主体性中有些是先于反映活动而存在的。如主体的机体生命的存在；第二，主体的有些特性是与其反映的特性并存的，如主体的新陈代谢，吐故纳新和生育本能，这些都是反映活动所无法溶解的；第三，主体有专门进行反映活动的器官和功能，这种器官可以反映客观事物，也可以反映主体自身的许多特性，同时又受自身其他特性的影响和制约。在所有这三种关系中，没有一种可称得上是被溶解的。因此，为了科学地研究反映活动的问题，对反映的主体因素必须进行全面研究和论述，既要看到主体的反映特性和其他特性的区别，又要看到它们之间的关系，否则我们就不可能对其进行全方位把握。

三、反映活动的结果

反映活动的结果是构成反映过程的另一个重要因素。如果反映对象和反映主体的相互作用中根本不产生任何结果的话，反映过程就失去了所有意义，反映活动也就无法被研究。反映的结果只能被如实地看作"移入人的头脑并在人的头脑中改造过的物质的东西而已"[①]，即人们的"观念"。这种观念有许多不同层次的存在形式，既可以是感觉和知觉的映象，又可以是各种不同形式的记忆表象，也可以是概念、判断、推理等思维活动的形式，还可以是想象活动的产物。这些不同层次观念形态的存在，就其本质而言，都是客观事物在人们头脑中反映的结果。从产生这些结果的活动方式而言，其可以是摄像、复写、模仿、再现和分析、综合、抽象、概括以及其他更复杂的加工方式。但无论依靠什么样的反映方式，最终的产物都是以主体观念的形态存在于人们的头脑之中，并由此构成人的复杂的内心世界。我们通常称之为主观的东西就是这种反映的结果。这种观念形态的存在是在人们头脑之中的，是别人看不见的、摸不着的东西，至少在现在的科学技术水平上我们是很难从外部去把握的。因此，人们说它有内隐性的特点。

随着信息论和人工智能的发展，一种深入研究反映活动的本质的新途径已被找到，使我们对反映活动的过程可以进行更为精确的阐释。这正像恩格斯所说："随着自然科学领域中每一个划时代的发现，唯物主义也必然要改变自己的形式。"[②]如果用信息变换、输入、加工、储存和提取与重组的观点去研究反映活动的过程，就需要对马克思所提出的"移置"和"改造"过程做进一步说明。但是，这并不是对反映概念的彻底否定，而是对它的进一步发展和完善。

有的学者在谈到反映活动的结果时强调了反映的结果——"不是认识，而是意识"，并认为意识所涵盖的范围要比认识宽广得多，它既包括认识，又包括情感和意志。[③]我们认为，把反映的结果说成意识或认识，本来就没有什么区别的。因为，广义的意识是和心理、精神一样，被看作客观存在在人们头脑中的反

---

① 马克思，恩格斯. 马克思恩格斯选集 2. 中共中央马克思恩格斯列宁斯大林著作编译局，编译. 北京：人民出版社，2012：93.

② 马克思，恩格斯. 马克思恩格斯选集 4. 中共中央马克思恩格斯列宁斯大林著作编译局，编译. 北京：人民出版社，2012：234.

③ 周长鼎. 论反映. 陕西师大学报（哲学社会科学版），1988（1）.

映的结果，也就是认识的结果。这样的意识自然包含不同层次的认识所产生的结果。相反，有时候人们又把意识看作一种高级的心理活动，主要突出了它的自觉性和社会性。这样的意识显然不能涵盖反映活动的全部结果。令人不解的是，人们把反映的结果刚刚确定为意识之后，突然又引进了"潜意识"和"无意识"的概念，并认为"历史唯物主义不仅把显意识看作人们社会存在的反映，也把潜意识或无意识看作人们社会存在的反映，看作这种反映的一种结果"①。

　　这样的论断显然是自相矛盾的，既然科学反映论对反映结果所做的总体概括是意识，那么说它包含潜意识还有情可说，说它还包含无意识就明显扩大了意识的范围。这种逻辑上的混乱主要来源于对弗洛伊德学说不加批判和分析的套用。弗洛伊德根本上就不是反映论者，而是本能论者。他所说的无意识就是指无意识的本能活动，即生物的本能需要。甚至潜意识也是指未被意识到的本能和以往意识的混合物。显意识则是人不得不接受的一种现实存在，即人们明显的意识活动。而且在他看来，无意识的本能是很难上升到显意识的层次之上的，即很难被人们意识到，也就是说很难反映到主体的头脑中。把这种根本无法反映到主体头脑中的本能需要或本能活动也称为反映的结果，这是很难被人们接受的。无意识的活动和无意识的现象确实是一种社会的存在，也是一种自然的存在，例如人们的消化、血液循环等吐故纳新的活动都是无意识进行的。如果把这些活动统统说成是反映活动或反映的结果，无疑会引起人们的困惑。这些活动不能溶解到反映论的概念中，这些无意识活动的现象也不能说成是反映的结果。

第二节　认识反映活动的基础问题

　　前文分析了反映活动过程的三个基本要素，但是这些要素不是孤立地、静止地相互对峙着，而是在生活实践的基础上统一在反映活动的过程之中的。它们之间的统一就是我们常说的对立面的统一或辩证统一。生活与实践就是这些因素相互对立、相互作用、相互渗透和相互转化的基础，即它们赖以存在的最基本的条件。因此，马克思主义才把生活实践的观点看作自己的认识论的第一的和基本的观点。这也是我们研究反映活动过程的第一的和基本的观点。

　　如果离开生活实践的观点去思考反映活动的诸因素及其相互关系，就必然陷

① 周长鼎. 论反映. 陕西师大学报（哲学社会科学版），1988（1）.

入形而上学的抽象空谈之中。只有自始至终地从生活实践的基础出发，去分析和研究反映过程的诸要素及其相互关系，我们才能对反映活动的实质有具体而深刻的了解。所以说，有些学者把马克思主义的反映论称为辩证唯物主义反映论，有的称为实践唯物主义反映论，都是有一定道理的。前者突出了反映过程的辩证唯物主义的特征；后者突出了生活实践的观点，即突出了反映活动发生和发展的基础。两者都是正确的。相反，有些学者提出"历史唯物主义反映论"的概念，似乎想要突出反映论的社会历史特性，从而把反映的对象规定为几个"社会的××"，这不仅严重地缩小了反映对象的范围，而且把作为反映活动基础的"社会实践"也简单地当成了反映的对象。

在谈到反映活动基础的问题时，我们没有简单地只提到实践，而是首先提到生活，这是因为两者共同构成了反映论的基础。生活泛指人们生命活动的各个方面，人们的感性认识和感性活动都可以包含在"生活"的概念之中。实践是生活中的重要内容，它特指人们变革现实的各种活动。两者共同构成了反映活动发生和发展的基础，即反映活动中的三个要素得以相互联系、相互作用和相互转化的基础。

第一，在生活实践的基础上，反映活动的对象才能成为反映主体的实际的对象，反映的主体才能成为进行反映活动的主体。离开了这个基础，反映的对象和主体都会变成僵化的、抽象的存在，反映的过程就无从发生。因此，可以毫不夸张地说，人类的生活实践是人类的反映活动得以发生的最基本的前提条件。

第二，反映的结果是在主体生活实践的基础上通过对对象的反映过程而产生的。在生活中，主体可以通过自己的感觉器官接受反映对象所提供的各种信息，并形成主体的丰富的感知映像和记忆表象。这是人们的感性认识阶段。在实践活动中，人们可以更深入地感知事物的特性，反映事物之间的关系，这就推进了认识的发展。恩格斯说："而发展着自己的物质生产和物质交往的人们，在改变自己这个现实的同时也改变着自己的思维和思维的产物。"[1]这就突出了实践活动在反映活动深入发展中的地位和作用。

第三，实践活动创造着新的反映对象、新的反映能力和新的反映结果。人们的实践活动并不是停留在一个固定的水平之上的，而是不断向前发展的。在实践活动中，例如在社会交往实践中，人们创造了语言。这种新的反映对象的产生也促进了反映能力的发展，并为反映的结果提供了一种外在的物质的存在形式。所

---

① 马克思，恩格斯. 马克思恩格斯选集 1. 中共中央马克思恩格斯列宁斯大林著作编译局，编译. 北京：人民出版社，2012：152.

有这一切都是在实践的基础上发生的。恩格斯还说过，自然科学和哲学一样，直到今天还完全忽视了人的活动对他的思维的影响；它们一个只知道自然界，另一个又只知道思维。但是，人的思维的最本质和最切近的基础，正是人所引起的自然界的变化而不单独是自然界本身；人的智力是按照人如何学会改变自然界而发展。①人类的一切发明创造都可以看成是人所引起的自然界的变化的产物。这种人造自然的出现在人类的反映活动中的意义必须给予足够的重视。

第四，反映活动的诸要素是在生活实践的基础上相互转化的。我们经常谈到认识过程的几种飞跃，实际上就是对立面的相互转化。从物质到精神、从存在到意识、从感性到理性的转化，或者相反的转化过程，都是以人们的实践活动为中介的。因此，我们可以说实践是活动诸因素相互转化的桥梁。

第五，实践是检验反映结果最有效的手段。人们的观念是否正确地反映了客观事物的本质。是否为真理，最有效的检验手段就是实践。通过实践的检验，人们可以进一步修正或完善自己的反映结果，从而推动认识的发展。

第六，实践是使人类的反映活动超出其他生物的反映活动的重要条件之一。我们常说人类的认识不同于其他动物的认识，除了生理条件和社会条件与动物有重大区别之外，实践活动的方式在范围和性质上也与动物有着本质区别。因此，实践就成了将人类的反映活动从其他动物的反映活动中区分出来的重要条件。

总之，在研究人类的反映活动时，把生活实践的观点放在突出的位置，就会使这种反映活动真正被放在它的现实的基础之上，否则我们就无法科学地说明反映过程的实质。有些学者把社会实践仅仅看作反映的对象，这就大大地降低了实践在人类的反映活动中的地位和作用，同时也混淆了反映活动诸要素之间的界限和关系。

在谈到反映活动的基础问题时，我们还应当考察一下在这种基础上进行反映活动的具体形式问题。反映活动的形式是指反映活动诸要素相互联系、相互转化的方式，即各要素之间的关系，因此我们不能把它作为一种单独的要素来考虑。

反映活动既然是一种发展变化的永恒过程，那么组成这个过程的诸要素的联系方式也是多种多样的，即既有低级的反映形式，也有高级的反映形式。无论从生物演化的过程来看或是从人类反映活动的发展来看，它都经历了从低级到高级、从简单到复杂、从感性到理性、从个别到一般、从具体到抽象这样的发展序列。同时，每一种反映过程的结果又可以成为新的反映活动的起点，反映活动的

---

① 马克思，恩格斯. 马克思恩格斯选集 3. 中共中央马克思恩格斯列宁斯大林著作编译局，编译. 北京：人民出版社，2012：573-574.

结果保存在个体的头脑里并构成其内心世界。反映的结果还可以以物化的形式保存下来并转变成新的反映对象。

在人类发展的历史中，在现实的生活实践的基础上，人类终于为自己的反映结果创造了一种最适当的物化形式——语言。语言的产生在人类的反映方式的发展中有着极为重要的地位和作用。尽管在人们复杂的内心世界中有一些东西是语言无法表达的，但绝不能因此而轻视语言的作用。此外，人们还可以凭借情境、表情或其他方式来传达某些只可意会不可言传的思想和感情。语言的产生不仅使思想的交流有了一种为一定群体所共有的符号系统，也为长久地保存人们的反映结果提供了可能。人类精神文化基本上是依靠语言和文字的方式积淀下来的。当然，文字的创造是继语言产生以后在人类发展史上的又一件大事，但就其性质而言，它把语言的声音符号变成了图形符号。人类社会的文明史大体上是与文字的发明和创造相联系的。同时，人类精神的发展也可以以语言的发展作为客观依据来进行研究，这就像以人类的劳动工具作为依据去研究生产力的发展一样，它是一种科学的依据。

语言的产生不但为反映的结果创造了一种物化的形态，同时也为反映的结果转化为反映的对象提供了可能。人类在实践中所引起的自然界的变化和所创造的物质产品丰富了反映的对象，而人类的语言和文字使自己获得的精神产品（即主体的观念）也可以变成反映的对象。这种对象化了的存在超越了时间和空间的限制，极大地简化和缩短了反映活动的进程，为人们深入地反映世界、反映世界上各种事物的关系提供了新的手段和不断发展的可能性。人类的一切科学的知识，无一例外地以各种不同的语言符号的形式存在和记录下来。这就为每一个新生儿的认识发展提供了一种新的任务，即学习语言的任务。但是，获得语言的这种高级的反映形式并不能离开其他各种比较低级的反映形式而独立存在，它是在其他反映形式的基础上形成和发展起来的。事实表明，无论是哪种反映的形式或无论对哪种反映对象的反映，构成反映过程的三个基本因素都是必不可少的，即都有反映的对象、反映的主体和反映的结果。反映过程就是这三种基本因素不断发展变化、相互作用、相互转化的过程。

但是，有的学者在谈到反映过程的问题时，极力排斥和否定反映活动的感性形式和感性阶段，而突出地强调在反映之前，接受生活刺激的主体已经是一些现实的活生生的有着各种复杂观念和情感意志的人，用现代语言来表述就是已经有一个由一定的社会历史积淀所形成的文化心理结构或反映格局。这种对反映过程的论述也是值得商榷的。

首先，人们会问：在反映之前，主体的复杂的观念是由何而来的？其次，主体的文化心理结构是不是反映的结果？如果是反映的结果，那么产生这种结果的过程算不算反映过程？问题很清楚，上述错误论断主要源于割断了反映活动的发生发展的过程。任何人的复杂的观念都不是天生就有的，而是在生活实践的基础上在反映活动的过程中逐步形成的。我国心理学家刘泽如早在20世纪30年代末就提出了"主客观矛盾"的法则，试图以此来揭示人类心理活动的实质。他反复强调了主观的东西只能是客观事物反映到人脑的结果，它反过来又会作用并影响新的反映活动。著名心理学家皮亚杰仔细地研究了儿童的认识发展过程，即反映发展的过程，认为儿童认知结构的形成过程是主体与客体相互作用的过程，并且还详细地划分了这种相互作用过程的不同发展阶段：感觉运动阶段、前运算阶段、具体运算阶段和形式运算阶段。在皮亚杰看来，认知结构的形成和发展过程是一个经过顺应和同化活动的不断建构过程，也是一个由低级活动形式向高级活动形式的过渡过程。我们认为这些关于认识发展的理论都牢牢地把握了反映活动的诸要素及其相互之间的关系，为我们认识反映过程的本质提供了很好的理论模式。皮亚杰理论的缺点就在于其对生活实践的观点没有给予足够的重视，但是，其理论上的贡献是不容忽视的。我们在这里提到刘泽如和皮亚杰的理论，意在说明主体的"文化心理结构"是反映过程的产物而不是在反映之前就有的东西。

第三节　主观能动性研究的新进展

能动性作为一种与人类生活息息相关的重要现象，长期以来在哲学等领域受到广泛重视。随着当前认知心理学、积极心理学、文化心理学日新月异的发展，有关能动性研究在心理学领域也形成了研究热潮，取得了一系列丰富的理论和实证性学术成果，主要表现在认知心理学、积极心理学与文化心理学等研究领域。当前，心理学为了更好地解释人类行为，逐渐放弃了线性因果的计算机隐喻和对人的机械化理解，积极寻找内部的决定因素及其相应的主观心理作用实现机制。这有助于推进哲学范畴能动性研究的进一步拓展与具体深化。

人是具有极强能动性的动物。有关能动性的研究历来是哲学等学科探讨的重大根本性问题之一，多年来心理学界鲜有研究。作为与人类生活密不可分的重要现象，能动性在哲学、社会学和人类学等领域受到了广泛关注，有研究者认为，自康德对人的能动性活动做出开创性的解释后，有关人类的"主体性"旗帜便在哲学理论中得到了高扬。[①]进入 20 世纪末期，人类能动性研究逐渐进入心理学的探讨视野。哲学论域具有宏大理论叙事的优势，然而也需要有中观和微观研究的探讨支撑。当前心理学领域的能动性研究在吸取传统哲学对能动性本体论与认识论以及纵向时间意义的关注等成果基础上，以自身所具有的理论范式与方法策略，对人类能动性的内生性实质问题和外延性应用问题进行了比较深入的探讨，逐渐放弃了对人的机械化理解和主张线性因果的计算机隐喻，不再单纯依赖环境的改变来观察研究被试的行为反应，转向将人视作自主能动的个体，积极寻找影响内部的决定性因素及相应的作用机制。

一、认知心理学：主客体交互作用的能动性理论

认知心理学是现代心理学发展的主流思潮，在认知心理学的重要代表皮亚杰的发生认识论学说中便蕴含着丰富的能动性思想。受康德思想的影响，皮亚杰的个体发生认识论研究进一步将主体能动性视作认识建构发展的过程与属性。皮亚杰认为，认识起因于主客体之间的相互作用，这种作用发生在主体和客体之间的活动过程，因而既包含主体性又包含客体性。[②]皮亚杰的主体能动性思想以适应活动概念为基础，强调了两个核心观点：一是将人作为认识的主体，而非一种机械的接受系统，人从出生起就处于积极能动的活动当中，其本能的图式在不断同化与顺应的过程中得到更新发展，由此才能实现个体认识的活动过程；二是承认客体是认识的终点极限，质疑了康德"认识既是客观的，又不是客观的"的观点，有力地支持了人类认识的可知论思想。这些主张超越了传统经验论与唯理论的片面认识，否定了机械反映论，突出了主体活动的内外化双重建构和对客体信息的双向处理过程，论证了人在认识过程中的积极主动性问题，同时从认知的生成角度说明了认识的客观性获得的观点，即认识客观性的获得是主体在与客体相互作用过程中不断能动性发展的结果，是认识主体能动性不断发展提升的产物。他的这一"主体不断发挥能动性是获得认识客观性的必要条件"的主张，与辩证唯物主义的认识论观点具有融通之处。皮亚杰的发生认识论思想在哲学和心理学史上具有重要的开创性，也洋溢着辩证法的光芒。同时，皮亚杰创造性地从发展心理学的角度研究认为，个体的认知能动性智慧的发展需要以其思维方式的发展

---

① 雷永生，王至元，杜丽燕，等.皮亚杰发生认识论述评.北京：人民出版社，1987：347.

② 皮亚杰.发生认识论原理.王宪钿，等，译.北京：商务印书馆，1981：21.

为前提和基础，着重从个体认知发展尤其是个体思维发展的角度总结出了认知发生发展的四个阶段及运行机制，将形式运算这种抽象逻辑思维视为人类认知发展的最高水平。[1]实证研究结果表明，儿童青少年在 11 岁左右时运演逐渐具有了超时间性，开始出现形式运算的认知思维水平，并在几年后发展至完全，实现了主客体的分化。[2]后来的研究者发现，皮亚杰低估了婴儿、学龄前儿童和小学生的认知能力，高估了青少年甚至是成人的能力，调查发现美国在校大学生仅有 22% 达到形式运算思维水平。[3]当然，皮亚杰对唯物主义反映论持反对态度，也忽视集体能动性的重要作用，这无疑使发生认识论的科学性与实践性蒙尘。

新皮亚杰主义者延续了发生认识论的研究传统，同时对皮亚杰的儿童发展理论也进行了许多补充和调整。凯斯等通过一系列实证研究，试图从信息加工的方法进一步发展皮亚杰的观点，提出青少年在掌握形式运算后，认知发展并没有完成，因为这一认知水平尚不足以处理人们经历的各种复杂问题。他们通过研究发现，个体还有一种超越了皮亚杰认知发展阶段中第四个阶段的"后形式运算阶段"（post-formal operation），也就是以辩证思维的出现为特征的辩证运算阶段。[4]同时，在儿童认知发展的各个阶段还存在"从单焦点关注、双焦点关注到矢量复合关注亚阶段"的心理活动特点。新皮亚杰主义者在肯定人类基因要素对儿童发育连续性影响的基础上，强调儿童技能与能力发展变化的作用，分析了个人技能在教育环境中的发展动态水平，将能力与技能建构过程的研究范围拓展到了人的一生[5]，弥补了皮亚杰观点的不足。可以看出，新皮亚杰主义者对心理学能动性的探讨已出现从主体认知心理领域转向行为技能活动领域的趋势，即从"以知促行"转向"以行带知"的新阶段。

受当代认知心理学思潮的影响，新行为主义者班杜拉建立的社会认知理论中也蕴含着丰富的关于人类能动性的思想。班杜拉认为，能动性能使人有意识地对自身功能及其所处的环境发挥作用，人类是自我组织的，积极主动的，能够自我调节并且自我反思的，人们不仅仅是自己行为的"旁观者"，更是对自身生活环

① Newman B M，Newman P R. Theories of Adolescent Development. London：Academic Press，2020：188.

② 皮连生. 学与教的心理学. 2 版. 上海：华东师范大学出版社，1997：51-56.

③ Houdé O，Borst G. Measuring inhibitory control in children and adults：Brain imaging and mental chronometry. Frontiers in Psychology，2014（5）.

④ Case R. Neo-piagetian theories of intellectual development//In Piaget's Theory：Prospects and Possibilities. Lawrence Erlbaum，1992：47.

⑤ Mascolo M F，Fischer K W. Dynamic development of thinking，feeling，and acting//Handbook of Child Psychology and Developmental Science，Theory and Mothod. Hoboken：Wiley，2015：3.

境的作用者，而不仅仅是环境决定的产物。班杜拉提出，能动性能使人有意识地对自身功能及其所处的环境发挥作用。按照他的总结，学术界对能动性探讨存在着"自主的能动性、机械的能动性与涌现的交互能动性"这三种运作主张①，实际上其中"完全自主的能动性"并不存在；而机械能动性观点的人将人类看作一种神经生理计算机，否定了人类影响自身动机与行为的能力。在他看来，社会认知理论则主张一种主客体互动的能动性理论模型，即环境（E）、人（P）和行为（B）三者的交互决定论。人的动机、情感、行为等个体因素与环境因素能够相互影响和作用。人类就是在这样一种三元交互作用系统中对自身的行为与外部环境发挥作用的。班杜拉还分析了能动性的意向性、预见性、自我反应性和反思性这四个结构特征，提出对个人自身以及行动与思想的充分性进行反思的元认知能力是能动性最为核心的属性。通过能动性的作用，人们对自己的效能感、思想和行动的正确性及其意义进行相应的反思，并据此在必要时进行纠正性调整。班杜拉对自我效能感等能动性关键变量的讨论具有普遍意义。根据班杜拉的观点，能动性能使人有意识地对自身功能及其所处的环境发挥作用，其中"自我效能感"这种元认知能力起着核心关键作用。这是一种"相信自己具有组织和执行行动以达到特定成就的能力的信念"②，认为所有的心理和行为变化过程通过改变个体的自我效能感起作用。自我效能感通常是个人主观精神状态支配的结果，意味着人能否确信自己成功地进行带来某一结果的行为。在这一学说中，"自我效能感"这一概念与当前兴盛的积极心理学内核有着相似性，成为当前研究的支柱性概念之一。

二、建构主义心理学的能动性研究

建构主义是继西方行为主义与认知心理学之后进一步发展起来的新流派，自20世纪90年代起形成了一种影响广泛的社会思潮。"建构"这一术语本身就是主体能动性的体现，指主体从主观出发，利用自身的认识能力积极主动地将客观事物的感觉经验转化为系统知识的过程。虽然目前建构主义心理学内容庞杂且没有形成统一的学派，但影响最大的是认知建构主义和社会建构论这两大分支流派。

---

① 班杜拉. 思想和行动的社会基础：社会认知论. 林颖, 王小明, 胡谊, 等, 译. 上海：华东师范大学出版社, 2018：23-24.

② 班杜拉. 自我效能：控制的实施（上）. 缪小春, 李凌, 井世洁, 等, 译. 上海：华东师范大学出版社, 2003：3.

认知建构主义者重视从个体的角度阐述人类认识的本质与活动机制。强调人是基于原有的知识经验与认识能力生成意义、建构理解的过程，而这一过程常常是在社会文化互动中完成的。认知心智研究的重要代表人物韦格纳认为能动性的主题不是感觉和情感，而是思考和行动。构成能动性因素的心智能力是我们认知和行动的基础。另一位认知建构主义的领军人物斯皮罗也倡导知识学习的主动性，认为学习者要将学校教授的内容充分利用到新的现实情境中去，必然离不开一个主动的双向建构过程。一方面，主体利用自身经验建构当前事物的意义并超越原有的情境信息；另一方面，被提取的知识经验也在对情境的应对中得到了重新的建构。①凯莉等学者通过一系列实验得出结论，提出能动性作为儿童"核心能力系统"中的一项，进一步强调了认知能动性在知识的主动建构过程的中心作用。②基于这种观点的认识论研究被认为更加符合当代认知科学的发展趋势。

建构主义运动中的另一个重要分支是社会建构论。社会建构论的产生源于对西方现代科学知识发展问题的反思和总结。行为主义和认知心理学以客观主义的传统知识论为基础，而社会建构论心理学则试图超越客观主义知识观和主观主义知识观的二元对立，强调知识的内在生成及主动建构活动，并以此寻求知识学习的新路径。社会建构论研究者将抽象的理论还原为现实的"社会建构"或"话语建构"，主张将人的心理置于社会文化环境之中，认为人是"关系"的构成物，人格或自我是"关系"的反映。在这个意义上，社会建构论研究者特别强调个体需要从消极被动中解放出来，改变并调整消极、悲观的被动心态，在积极行动中建构人与世界、人与自然、人与人之间的内在相互依赖关系。这与当今积极心理学思潮的兴盛具有一致性和相似性，社会建构论无疑为研究人类的高级精神生活领域，提出了一种积极的新理解模式。

三、积极心理学：积极情绪拓展-建构学说

积极心理学是近年来在全球范围内兴盛的新运动。积极心理学的创建人塞利格曼认为，科学心理学虽然帮助了人们理解与治疗精神疾病，但也使得人的能动特性被极大地忽视。心理学不应忽视人的积极力量，也不应局限于人的忍耐与生

---

① 刘儒德. 一种新建构主义——认知灵活性理论. 心理科学，1999（4）.

② Fedyk M，Xu F. The epistemology of rational constructivism. Review of Philosophy and Psychology，2018（2）.

存活动。塞利格曼近年来十分重视关于能动性与人类进步之间关系的讨论，提出能动性作为一种心理状态能够直接或间接地导致人类历史的进步；当能动性缺失时，人类历史发展就会出现停滞。他将能动性定义为"个体认为自身能够影响世界的信念"，共由"效能、乐观主义和想象力"三部分组成。①塞利格曼提出积极心理学主要从三方面展开研究，其中积极的认知和积极的情绪体验是核心问题。积极情绪拓展-建构学说的创立者弗雷德里克森被塞利格曼誉为"积极心理学领域的天才"。这一学说突破和发展了传统的一般性情绪理论，为情绪研究注入了崭新的活力。在弗雷德里克森看来，以往情绪学家主要关注于解释一般情绪和建构通用模型，而她提出的积极情绪拓展-建构学说则突破了这一传统视角。②弗雷德里克森开展了一系列研究，特别是以特定行为倾向所伴随的心血管活动为指标，发现积极情绪能够"撤销"消极情绪所引发的生理变化，证实了积极情绪与消极情绪有着不同的作用机制。积极情绪拓展-建构学说主要包括两个部分：拓展假说和建构假说。前者指出，相对于消极和中性状态，积极情绪拓宽了自发出现在脑海中的感知、想法和行为冲动的范围；后者则表明，在积极情绪的影响下，人们能够更好地完成任务、提升自我，刺激智力、社会及个人资源的开发，进而将自身置于积极的增长轨道。弗雷德里克森认为，这些积极情绪的认知和行为效应源自更基本的认识转变。在体验到积极情绪时，意识的边界会进一步扩大，人们能够在完全不同的想法间建立联系，从而在增强思维前瞻性的同时，以更加灵活且富有创造性的方式采取行动。在这个新的解释框架中，通过拓宽行为和思想的广度，积极情绪能够帮助个体建立更多的个人资源，而经由健康水平与满足感的提升，蓄积的资源又可以引发更多的积极情绪体验。如图 4-1 所示，这是一个不间断的螺旋式上升过程，个体每一次的积极情绪体验都会扩大心理应对资源，使个体原来的思想或行为模式上升到一个新的高度，积极情绪对于调动人类能动性的重要价值由此得到凸显。

弗雷德里克森指出，"也许拓宽和构建视角为该领域提供的核心推动力，就是充分激发了科学共同体对积极情绪价值的畅想"③。研究发现，当人们体验积极情绪时，很多有利于人类这个物种延续下去的事情会发生，这扩展了人们对自身环境的认知，对别人更感到好奇，这反过来有助于构建人际关系，把"幸福的

---

① Seligman M. Agency in Greco-Roman philosophy. The Journal of Positive Psychology，2021（1）.

② Fredrickson B L，Levenson R W. Positive emotions speed recovery from the cardiovascular sequelae of negative emotions. Cognition & Emotion，1998（2）.

③ 转引自 Case R. The Mind's Staircase：Exploring the Conceptual Underpinnings of Children's Thought and Knowledge. Hove：Psychology Press，2013：44.

微小时刻"累加在一起，可能创造一系列的积极效应。如果人们能体验到的积极
情绪是消极情绪的 5 倍之多，就可以创造丰富的精彩人生。拓展-建构学说打破
了传统的情绪研究视角，重视开发人的内部力量，认为积极情绪不仅是健康和幸
福的标志，而且是影响个体的有效因素，人类繁荣也会由此得到促进。

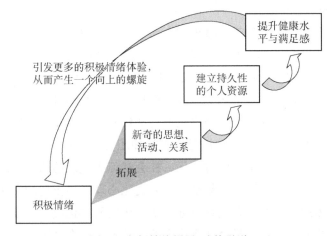

图 4-1 积极情绪拓展-建构学说

资料来源：Fredrickson B L. Positive emotions broaden and build. Advances in Experimental Social Psychology,
2013（47）.

四、文化心理学：以文化动因为中介的能动性理论

对文化的关注是当前心理学研究的一个重要趋势。文化心理学主要研究心理
与文化之间相互影响的关系问题。21 世纪以来，国际心理学界不仅爆发了两次
"认知革命"，同时也出现了一场"文化革命"。文化问题已不仅是心理学研究的
一个外在的自变量，还是内在地融入人与环境的相互作用之中的重要元素。同
时，"文化"也是一个重要但却充满歧义的概念。文化是一种动态的开放系统，
且处在不断地创新、发展和变化之中。在现代心理学科体系中，文化心理学为认
识及解决人类和社会问题贡献了许多智慧。相关研究有三个层面：一是生物个体
的；二是个体心理；三是社会群体行为。当前西方文化心理学的知识框架建立在
"生物-心理-文化-实践"这四个维度上。随着国际文化心理学的新理论、新视
域、新方法持续创新，对文化问题的集中反映为心理学开辟了新的契机和空间。

当前文化心理学为了更科学地理解文化的本质，寻找文化建设的心理机制、
社会机制和实践行动策略途径，主要涌现出文化主客观论、文化基因论与文化动

因论这三种解释性理论。齐美尔在《论个性与社会形态》一书中提出，文化的形成是人类对有目的地建构的客体使用的结果，需要主体与客体有目标导向和有意象地交织在一起。个体是在主观文化和客观文化的永恒对立和统一中发展起来的。个体在与社会他人保持着一般性的心理距离的同时，一直在不断努力消除这种距离。其中涉及主观文化和客观文化的区分。"客观文化"指的是处于精细化、发展和完善状态中的事物，这种状态使个体心灵得以自我实现，或是指个体或集体在加强自身存在的过程中需要越过的路径；"主观文化"则是对得到的经验发展的度量。①文化基因论也称为文化基因共同进化论，认为文化类似于一种生物现象，文化是人类大脑进化的适应性产物，大脑是通过学习和处理文化的自然选择而逐步形成的。其强调人类进化推动文化发展，文化的发展也在促进人类的进化。文化环境向人们的大脑神经机制施加压力，促使其发展和进化。②文化基因论在一定程度上深化了人们对文化、社会学习等概念的认识，同时也为心理学研究提供了新的思维方法。近年来，西方文化心理学界出现的文化动因论则提出，文化与个体的欲望及需要关系十分密切。传统的文化决定论观点主张，人是文化的产物，社会规范行为是由文化决定的，基本上与个体无关。美国认知人类学家斯皮罗研究指出，文化的能动性除了涉及社会文化历史传统的影响之外，还受个体需要、人格的中介影响。个人受到社会文化的制约，而文化也受到个人的影响。文化一方面对人们的规范性行为有着重要作用，发挥着满足个体需要的功能；另一方面，人们在服从社会文化规范的过程中能够起到积极的适应效用。斯皮罗曾提出，文化社会规范只有转化为个人需要，才能实现有效的社会管理作用。③文化动因论的这一核心思想是强调社会文化要求只有在成为个体的需要与动机时，才能达到社会管理的目的。一种有效的社会不能不考虑文化规范能否与人的需要保持一致。文化动因论强调个体能动性与群体能动性问题需要从"心理-文化-传统-历史"这一研究维度，探究人能动性与受动性力量相互作用的变化过程，认为人类的社会性也使得文化的需求可以成为个人心理要求。

从当前文化动态学的历时性视角来看有研究者认为，可以把文化动态发展的内容分为三个部分：一是侧重微观文化动态，即有助于传播和保留文化信息的社会行动与心理过程；二是侧重微观-宏观文化动态要素，指研究微观层面的过程

---

① Levine D N, Simmel G. Georg Simmel on Individuality and Social Forms. Chicago: University of Chicago Press, 1971: 223.

② Han S H, Northoff G. Culture-sensitive neural substrates of human cognition: A transcultural neuroimaging approach. Nature Reviews Neuroscience, 2008 (8).

③ M. E. 斯皮罗. 文化与人性. 徐俊, 等, 译. 北京: 社会科学文献出版社, 2003.

如何产生宏观文化发展；三是侧重宏观文化动态内容，特别是人群中涉及心理文化信息因素的分布和长期，其中文化动态变化的核心是"信息输入和创新"，因为文化可以理解为人类个体或群体间社会传递信息的集合，这些信息能够影响人的认知、情感和行为的动态变化。当前，文化动态心理学将创新纳入文化研究的焦点主题，很值得我们加以总结和探讨。

五、心理学视域下能动性研究趋势及其理论价值

在现代社会日新月异变革的时代形势下，个体的主动性难以得到应有的发挥是普遍的客观事实。如何从消极被动中解放出来是现代社会所面临的一个重大生存和发展问题。有学者曾把主动性作为当代心理学需要加强研究重点主题之一，并将能动性解释为"追求人类意义的工具"[①]。当前认知心理学、积极心理学、文化心理学等热点论域的日新月异发展，集中反映了这样几个重要趋势及其理论与实践价值。

第一，在主客体相互作用的框架下，心理学范畴的能动性研究更侧重主体的作用功能探讨，为进一步重新深入理解主观心理活动的实质问题提供了不少具体化的线索。这在一定程度上推进了主体性、主观能动性的哲学争论向科学化研究发展进程。长期以来，能动性问题是哲学界关注的重大问题之一，心理学的能动性研究时间虽然较短，但也引发了许多基础性理论问题和研究方法上的重要进展，逐渐改变了传统哲学能动性研究的"虚无化、含糊化"状态，给我们带来了许多新信息事实与具体化的思想启迪。哲学论域具有宏大理论叙事的优势，然而也需要有中观和微观研究的支撑论证。进入 21 世纪，心理学的理论范式急剧变革、不断重组，这可能为能动性心理学的理论创新问题提供不少内生性增长点，同时也使其面临新的发展难题。在哲学领域，有关能动性的争论很多，并经常与主体性、主观能动性、自由意志、社会选择等概念联系在一起，已被视为与人类各种活动相联系的一种本质性活动。当前心理学的研究突出了能动性问题在确定人心理的指称对象的过程中起着关键的作用。[②]内格尔曾提出，客观的科学理论必然要求放弃主观特征的观点，客观科学越完美，离主观性就越远。在主观和客

① Brockmeier J. Reaching for meaning: Human agency and the narrative imagination. Theory & Psychology, 2009（2）.

② Caruso G D. Free will eliminativism: Reference, error, and phenomenology. Philosophical Studies, 2015（10）.

观两种类型概念之间的鸿沟永远难以消解，这是唯物主义研究的一大基本困难。[①]在内格尔看来，主观性或"可感受特性"是人心理意识的必要属性，根本不存在普遍承认的科学客观性原则。客观主义必然遗漏了主观性，现代自然科学无法解释心理，认知功能主义的观点也如此。研究心理活动必须在本体论上考虑建立起包括一些非生物的内容。与哲学家的主张所不同的是，当代心理学将能动性纳入主观心理活动的本质属性，认为"能动性的主题不仅是感觉和情感，而是思考和行动。构成能动性因素的心智能力是我们的能力、智力和行动的基础。在行动和实现目标的过程中，正是心智活动才展现了人的能动性"[②]。这一心理学能动性理论比较有力地推进了主体性、主观能动性的哲学争论向科学化论证方向发展的新趋势，并开展了许多具体实验研究，以进一步揭示能动性机制与众多心理活动要素之间的关系问题。可以明显地看出，西方心理学关于能动性的研究已不再停留于哲学层面上的理论思辨探讨，而转向更好地服务心理学科研究与当代人类的日常生活。随着能动性理论的发展与实验技术成果的不断积累，能动性的本质问题及其心理过程的机制等问题将在新的时代得到更加明确和完善的解答。

第二，心理学范畴的能动性研究可以为解决客观决定论与主观决定论的矛盾冲突问题提供一些新的认识生长点。如何正确认识和对待心理的主观性与客观性之间的矛盾关系问题是开展心理活动规律研究的根本性问题之一，而如何以客观的科学方法研究主观心理现象乃长期以来困扰许多学者的一大难题。在怎样消解客观决定性与和主体主观能动性之间的统一与矛盾冲突问题上，国内有学者曾提出通过客观性与主观性的统一与矛盾的解放方案，认为人的心理的本质就在于它所具有的根本性质，即它的主观性与客观性。[③]在现行的哲学和心理学界，普遍强调"人的心理是客观世界的主观反映"。在这一基本命题中可以发现，客观性与主观性是人心理活动的两大基本性质。根据辩证唯物主义的观点，尊重客观规律是充分有效地发挥主观能动性的前提。事实和规律是客观的，是不以人的意志为转移的。规律的客观性是第一性的，人类的主观能动性是第二性的。世界的客观性制约着人的主观能动性。在客观条件具备的条件下，人的主观因素则是决定性的。在心理的主观性和客观性之间，存在着既相互对立矛盾又同一和转化的辩证活动关系，从而构成了心理活动的主观性与客观性相互作用的规律。当前心理

---

① 托马斯·内格尔. 心灵和宇宙：对唯物论的新达尔文主义自然观的诘问. 张卜天，译. 北京：商务印书馆，2019.

② 丹尼尔·韦格纳，库尔特·格雷. 人心的本质. 黄珏苹，译. 杭州：浙江教育出版社，2020：24.

③ 王启康. 关于意识的两个基本理论问题. 华中师范大学学报（人文社会科学版），2014（6）.

学视域下的能动论在哲学主题研究这一背景下的探讨，具有一定的研究优势与价值意义。为消除客观决定性与主观能动性之间的理论盲区，有学者提出借用美国心理学家詹姆斯提出的"硬决定论""软决定论"这两个概念加以深入理解。①心理学意义的能动性研究具有软决定论的特点，而哲学范畴的主观能动性研究具有硬决定论性质。硬决定论具有"窄的属性"，软决定论具有"宽的特性"。客观现实是确定性的，主观能动性是不确定性的。人们的实践努力、行动效果是确定性与不确定性、硬决定论与软决定论的弥聚合的产物。从有限的客观现实性可以产生许多主观价值可能性，加强对主观能动性问题的心理学研究可以更好地坚持辩证唯物主义原理。正如老一辈心理学家潘菽先生所讲：心理学要坚持客观性原则，但还要"力求避免客观主义。客观主义就是忘了自己，忘了学习的目的"。把"心理"和"唯心论"无条件地直接联系起来，是一种没有好好"通过头脑"而只从字面去联想的结果。一个人首先要有思想等心理活动，才能成为一个唯物论者。唯物论其实比唯心论更严正地看待人们的心理活动。人如果没有思想等，也就不会有任何科学。②只有坚持辩证唯物主义的实事求是原则，将硬决定论与软决定论紧密相结合起来，才能深入揭示主观能动性的积极作用和活动机制。辩证唯物主义的客观决定论是一种心理唯物主义的本体论和认识论思想，强调客观现实的第一性问题并非庸俗唯物主义的定命论主张。正像社会认知理论的重要代表人物班杜拉的三元交互决定论思想，虽然十分强调人的行为是处于认知、思维等思想过程调节之下的，但与此同时，班杜拉又着重指出，人的行为并不是机械地决定于环境，思想意识是调节行为的重要因素。这一理论观点可以为我们进一步认识理解"客观大环境决定论"提供具体的理论依据。客观大环境决定论在目前社会上很流行，然而从实质上看，这种观点是站不住脚的。因为其实际上是外因决定论的产物，陷入了环境决定论的不负责任态度。许多国内外研究者通过实证调查表明，大多数儿童青少年愿意向好的榜样学习。当代认知心理学的这一能动性思想在当前教育上也具有十分重要的意义和实践针对性。这与当前心理学的能动性研究具有殊途同归的发展路径，共同为宏观的能动性研究提供了许多有意义的内在生长点。

第三，当前心理学对主观性的研究要素呈现出从偏重理性认知转向知、情、意、行合一的方向发展的趋势，这为如何充分发挥人的主观能动作用问题提供了有价值的内在生成线索。主观能动性是人心灵的根基，其集中体现在人的心理和

①　北村实，戴水.社会发展的客观规律性和有意识活动的辩证法.哲学研究，1991（11）.

②　中国科学院心理研究所，中国心理学会.潘菽全集（第7卷）.北京：人民教育出版社，2007：78.

行动上。而人的心理无非是知、情、意、行合一的总体集合及选择优化系统，亦即中西方哲人曾经长期探索思考的"知行问题"。"知为先，行为重""知难行易"等重行主义观点是我国传统文化中的优秀思想。西方曾是理性主义的沃土，从苏格拉底开始形成了近现代哲学重视"知"的特点。当代心理学根据科学分析的不同水平（一般理论、中级水平的理论、具体的理论假设）对主观心理机制开展了系列性的持续研究。在认知心理学早期发展阶段多集中于"知"的理性认识方面，皮亚杰和班杜拉的研究便着重于能动性认知心理机制的探讨，开创了认知理性思维研究的新图景。而新皮亚杰主义者和布鲁纳等的思维实验研究逐渐克服了过分偏重认知的一面，特别强调在有关行为产生的认知动态过程中进一步去探究能动性的具体功能及其活动实现机制。还有研究者将能动性问题操作化为认知过程和行动过程路径模型的建构。当前，在全球日益兴盛的积极心理学思潮对情绪的能动性实现机制问题做出了有益的探索，塞利格曼和弗雷德里克森等通过一系列实验证实了积极情绪对人类能动性在认知与行为层面上的增强效应，包括对个体内部资源的拓展、建构功能，以及负面情绪的缓释效应以及对实现个人幸福有利的螺旋上行过程。这体现了心理学界对能动性的理解正处于向统一化与具体化的积极研究努力方向转换的过程，进一步改善了传统上有关知、情、意、行的不平衡问题。人的内心世界往往是比较复杂的，一种心理活动通常是多种要素同时综合作用的结果。人既需要以知带行，以知促行，也可以行求知、以情促知，以行带知，通过行动实践提高及深化认知水平。这与强调主体能动性转向的"回归身心一体，回归行动"的哲学范畴的时代研究潮流相吻合。这无疑是促进"心理唯物主义"深入发展的一种新趋势，说明心理学的研究也回归到了哲学原点。也正如半个世纪以前杜威所讲："哲学思考和探究应通过对心理学的探讨而进行。"杜威坚信"哲学探索的所有对象的性质都在于找到经验对它们说了什么，心理学正是对这种经验进行的科学而系统的探讨"。[①]因此，心理学服务于哲学，应该通过心理学的探讨而进行哲学思考，清晰地揭示潜在于每一种哲学中的假设，并由此赋予各专门学科。

当然，当代心理学从主客体相互作用探讨能动性发生发展的心理过程及机制，一方面突出强调了主观性的合理性，另一方面也存在着主观唯心主义的陷阱，极易导致"主观第一，客观第二"的心理万能论和唯意志论等唯心主义积痼危害。坚持实事求是的客观性原则乃发挥主观能动性构成性要素和重要组成部

---

① 约翰·杜威. 杜威全集·早期著作第一卷. 张国清，朱进东，王大林，译. 上海：华东师范大学出版社，2010：98.

分。虽然没有能动性的客观性也没有什么意义，但是我们不能因为个体的主观性而放弃对客观性原则的追求。我们承认主观性的存在，但是力求客观、公正，努力做到"客观的真"，把"主观的真"和"客观的真"有机地统一在一起。与此同时，我们需要指出，目前心理学范式中的能动性研究所涉及的大多是研究对象和内容的多样性以及多元方法的异质性，对主客观化进程中出现的双重化发展问题的中介理论贡献多属于局部的、补充性质的，而对有关能动性心理学研究的核心问题和人类创新性的关切研究仍然离不开哲学研究需要进一步突破的理论新支撑。特别是当社会正处在一个前所未有的不确定的变革时代时，有关主观能动性问题的哲学和心理学的研究理应走在时代的潮头，发思想之先声，助生命之成长，促社会之进步。这启示心理学研究者需要在客观不确定性的道路上把握确定性原则，树立底线思维，充分发挥人的主观能动性选择和创新作用功能。主体能动性不一定能够决定客观现实，但能动性一定能够决定人生。主观能动性是人类文明创新进步的内在源泉和不竭动力。

第 五 章

心理学的价值论问题

价值是人类社会生活中一个十分重要的问题。科学研究需要探讨"是什么""为什么""应该是什么",这必然涉及价值正确的正确与否问题(如认知的正确性、认知偏差甚至错误的认识等)。然而,受科学实证研究取向主导观点的影响,心理学不仅长期以来不重视对价值问题的探讨,反而存在很多理论盲区。在自然科学的研究中,很多人信奉"价值中立"的立场,认为科学研究所探讨的是事实,其目的是获得客观真理,因此与功利、善恶等价值评价无关。他们极力主张科学研究的价值超越性,强调科学研究用不以任何价值系统为转移的证明方法来建立现象之间的因果关系。科学主流心理学不注重对价值问题研究的原因主要有两个方面:一是心理学界许多人认为,价值属于哲学和伦理学的研究范畴,心理学研究价值等于"耘人之田";二是信奉"以方法论为中心"的心理学研究者认为,价值问题目前还没有一种比较有效的方法。20世纪90年代以来,随着自然科学日新月异的发展,现代科学方法及其评判标准在理性层面上已经发生了明显的调整和改变。当前,西方心理学界有一批人文主义倾向的人本主义和超个人心理学派别十分关注价值问题的研究,一些科学实证色彩强烈的认知心理学、社会心理学等学科分支也对价值问题表现出浓厚的兴趣。

第一节　哲学视域下的价值理论

一、价值的含义

价值本身是一个颇多歧义的理论范畴，至少有经济学、哲学、价值学、伦理学、美学、心理学、人类学和社会学等诸学科的多重含义。①对价值的解说历来比较模糊，表现出了不同的学术研究倾向。

（1）作为人的价值。认为价值是人，或者说人就是价值本身。

（2）作为关系的价值。倾向于从主客体关系的角度来界定价值，认为价值是客体对主体需要的满足、适合、接近或一致，就像阿根廷哲学家方启迪所说："价值是一种关系，就像婚姻一样。"②

（3）作为与事实相对的价值。"价值"的内涵是针对"事实"而言的。

（4）作为善的价值。认为从根本上说，价值在于促进社会主体发展完善，使人类社会更加美好。我国哲学家张岱年也认为，"人类所追求的最高价值是真、善、美"③。

梳理不同倾向的价值概念大致可归结为两种：一种为"关系说"，将价值理解为一种关系或是对一种关系的把握；另一种为"属性说"，把价值归结为价值客体所固有的属性。这两种定义都受到 20 世纪 80 年代流行的认识论思维的影响，即把"主体""客体"及其关系当作实体性的对象看待，"主体"和"客体"被设想为具有某种属性或需要的并列实体。

---

① 万俊人.论价值一元论与价值多元论.哲学研究，1990（2）.
② 方启迪.价值是什么——价值哲学导论.黄藿，译.台北：台北联经出版事业公司，1986：7.
③ 张岱年.文化与价值.北京：新华出版社，2004：53-54.

二、价值哲学的发展

价值哲学的发展大体经历了三个阶段：19 世纪末 20 世纪初为价值哲学形成的第一个阶段，其中主观主义价值论居于主导地位；20 世纪初到 20 世纪 80 年代是价值哲学发展的第二个阶段，集中表现为主观主义价值论与客观主义价值论相对峙并存；第三阶段是 20 世纪 80 年代到现在，主观主义价值论，特别是情感主义价值论，又占据了支配性地位。

在价值哲学发展过程中主要涌现出了这样几种重要理论。

（1）主观主义价值论，强调价值是主观的产物，主张从人的情感、心灵、兴趣的角度去理解价值。

（2）客观主义价值论，认为价值是实存的，客观的。"价值是通过情绪的直观，在爱恨交织中，在偏好选择中，显示给我们；在对对象的直觉中直接呈现给我们或给予我们。"[①]

（3）过程哲学价值论，从有机体相互作用出发，按主体活动的目的、过程来理解价值。

（4）实践哲学价值论，认为从实践的结果或实践的标准出发，有利于科学地把握价值的本质。

三、价值的本质属性

（一）价值的主体性和客体性

价值表示的是人类实践活动中主体与客体相互依存、相互作用的对象性关系。价值的产生必须有主体、客体两个方面，两者缺一不可。从价值客体看，价值不是事物本身的独立自在的属性，纯粹的自然领域不存在价值问题。马克思说过："对于没有音乐感的耳朵说来，最美的音乐也毫无意义。""忧心忡忡的穷人甚至对最美丽的景色都没有什么感觉；贩卖矿物的商人只看到矿物的商业价值，而看不到矿物的美和特性。"[②]从价值主体的角度看，价值实际是人的需要、意愿、目的在客体中的对象化。价值领域的特征首先是它的理想性和合目的性，价

---

① 王俭. 基于价值尊重与价值认同的教育评价研究. 华东师范大学，2007.

② 马克思，恩格斯. 马克思恩格斯文集（第 1 卷）. 中共中央马克思恩格斯列宁斯大林著作编译局，译. 北京：人民出版社，2009：216.

值同意图、目的、理想、意义不可分离，因此，哲学意义上的价值，其本质就是客体主体化，是客体对主体的效应，主要包括对主体发展、完善的效应，使社会主体上升到更高的境界，其根本点在于使人类社会发展、完善。[1]

（二）价值的一元性和多元性

价值一元论和价值多元论一直是价值理论探讨和争论的焦点。按照万俊人的观点，"所谓价值的一元性与多元性是在两种不同价值的意义（或意义方面）来说的。价值的一元性是指人类价值观念在绝对终极的意义上的理想指向的统一性、目的论意义上的一致性和普遍表现形式上的共同性，而价值的多元性则是其相对具体意义上的现实过程的层次性、实践手段上的多样性和特殊内容结构上的差异性或丰富性"[2]。价值从根本上说是一元的，但其表现的形式又是多元的。价值既具有多元性，也具有一元性，价值多元性与一元性是辩证的统一。

四、价值的分类和层次

按照不同的标准，可以把价值分为不同的种类。

依据所满足的需要在主体活动中的整体性质和地位，可以把价值分为内在价值、外在价值这两种类型。内在价值是价值的最终状态，在它之外没有更高的价值。外在价值是达到最终状态的手段，或是帮助人们达成"善"的境界。前者有时被称为终极价值，后者被称为工具价值或者辅助价值。

从价值满足的精神需要来分类，价值可被分为情绪性价值、特征性价值、伦理性价值和真理性价值这样四种。①情绪性价值。情绪性价值与价值的区别表现在个体的态度或情绪反应的不同，这关系到人类经验中的注意、感知觉和情绪情感等特征，就像牛顿能注意到苹果从树上掉下来这一现象，并意识到这一现象的价值，而树下的其他人却未意识到。②特征性价值。特征性价值是指某一类实体所具有的特殊属性，这种属性成为该实体的特殊价值。例如，锋利对于一把刀子来说是重要的，速度作为生存的价值对于野生动物来说是个有价值的特性，强烈的音乐感悟能力对一位音乐家来说可能是颇有价值的。但有些不可评估的特征性价值也应作为心理科学中的一个适当部分来考虑，如为什么诚信在人的品性中很

---

① 王玉樑. 客体主体化与价值的哲学本质. 哲学研究，1992（7）.

② 万俊人. 论价值一元论与价值多元论. 哲学研究，1990（2）.

重要。③伦理性价值。诸如诚实、宽恕、整体性等都属于伦理性价值，它是科学研究中的合作等活动所必需的。尽管现代历史已证明它并不总是必要的，但通常人们假设科学家在他们的研究中是有道德的。④真理性价值。经典的观点认为，真理性价值实际上是整个科学事业的目标。真理性价值希望科学研究的最终成果要能够揭示命题与世界之间的客观的关系。

舍勒提出价值分为五个层次：最下层是感官知觉、愉快和不愉快的价值；第二层次是实用价值；第三层次是生命价值；第四层次是精神价值；第五层次是宗教价值。[①]张岱年认为价值有三层含义：第一层是客体能够满足主体的需要，第二层是对需要的评价，第三层是对需要主体的评价。[②]

从不同需要之间包容与被包容的关系来看，整体的需要高于个人的需要。从人所异于禽兽的特有的需要来看，精神的需要高于物质的需要。

需要指出的是，20 世纪 90 年代以前的价值哲学一直是主体-客体二分的认知模式占据主流地位。这种模式不但没有使对象以其自身的真理形式显现，反而击碎了对象的真理，设置不再是设置而变成了错置。这种错置使人类深陷貌似摆脱自然的羁绊实则孤立无援的境地。[③]因此，进入 20 世纪 90 年代，哲学界开始了对主体-客体价值关系模式的价值研究的反思和批判，出现了四种代表性的研究路径：人学的路向、人类存在论的路向、超验的路向和生存论的路向。四种路向从不同的角度指出了主体-客体价值关系模式的缺陷和不足，为进一步拓宽和深化当代中国的价值哲学研究提供了有益的尝试和启示。

有学者提出，"现代人在追逐物质财富的同时，又被物质财富所掣制，迷失了人生的价值方向；在寻求主体独立人格权利的合法性时，陷入了与社会和他人的分离的隔膜以及内心的孤寂；在追求自由、享受自由的同时，又丧失了生存的根基与本真的自我"[④]。人的价值与意义追求是人之为人的最本质特征，真善美是人类永恒的普遍追求。人不仅要寻求满足人的生存需要的物质财富，更要追求满足人之生存意义指向的自足价值。世界现代化进程中的理性化使目的性的价值理性发生了裂变和变异，导致价值理性裂变为目的理性和工具理性，目的价值被错误地当作神性的信仰，被合理地"祛魅"。正是基于这样一种背景，价值问题成为现代哲学、伦理学关注的一大焦点问题。

---

① 马克斯·舍勒. 伦理学中的形式主义与质料的价值伦理学——为一种伦理学人格主义奠基的新尝试. 倪梁康，译. 北京：商务印书馆，2011：216.

② 张岱年. 论价值的层次. 中国社会科学，1990（3）.

③ 晏辉. 价值哲学的现代转向. 湖南师范大学社会科学学报，2004（5）.

④ 吴亚林. 价值与教育：价值教育基础理论研究. 华中师范大学，2006.

第二节　心理学的价值理论

与哲学界不同的是，心理学视野中的价值研究取向不赞同实体主义的价值观念。但近 20 年，价值问题重新回归心理学的研究视野，出现了几种主要的价值理论，包括现象学心理学价值理论、人本主义心理学价值观、超个人心理学价值观、理论心理学价值观。

一、现象学心理学价值理论

现象学心理学受到现象学哲学的直接影响，坚持现象学的理念和方法，从如实呈现经验出发，对经验加以描述或解释，以发掘经验的意义。如果说实体主义的价值论述在观点上或在态度和方法上是独断论，与此相反，心理主义的价值论述坚决拒绝这种独断论，强调回到直接的经验中。国内价值问题研究中的心理主义主要表现在价值的客观性问题上。

价值是客体的属性、状况和存在对主体需要的肯定与满足，是客体对主体的意义；客体的存在是价值存在的前提，因为没有客观的自然界，价值就无从谈起；主体的客观性体现在主体是一定社会历史的存在，主体的需要不以人的意志为转移。其实，肯定主体和客体的客观性对确定价值的客观性没有什么帮助。就像海德格尔在《存在与时间》中分析的，在一切的认识性的关系之前，我们已经对世界处于非认识性的亲热状态或信赖状态，对象是对其性质的了解与人处在某种价值关联之中。所以说，将客体的性质作为价值客观性的前提，实际上是将人降低为一个心理-物理的实体来探讨对象与人的事实性关系，虽然"主体"会不断提出需要。因此，置人的意义视域不顾而抽象地谈论价值，并不能理解具体的价值。

另一种观点认为，主体是客观的，主体的需要是以心理-物理的主体为承载者，从属于"实践"的"客观物质过程"。因而主体以及主体的需要也是客观的。这种说法实质上已经离开"主体"，将主体消弭在物质过程中，一个尚未建立的主体以心理主义的态度将自己的需要划归于心理过程，又将心理过程归结为物质过程，以证明价值的客观性和自己的唯物主义。这种想法是荒谬的，因为这种抽象已经取消了人的具体存在。

胡塞尔将"心理主义"用来指任何一种将显现的对象"心理化"的做法，也就是将任何的直接被给予者看作心理过程。这种"心理化"意味着"它们的对象的意义，它们作为一种具有特殊本质的对象的意义为了主观体验的缘故而被否定，为了那些内在的，或者说心理学的时间中的材料的缘故而被否定"[①]。我们可以设想，童年的快乐、恋爱中的幸福感如果仅仅被看作即时的心理体验，它们又如何"来到"人们的面前，构成人们连续的生命体验的一部分呢？所以精神现象被看作在时间中出现的自然现象或自然过程，实际上抹杀了人所具有的人性眼光"看"世界的方式。如果说自然主义是指任何将精神过程当作心理-物理过程来看待的观点，那么心理主义仍然是一种自然主义，因为它企图将直接显现物也作为不具有自明性的心理实体，当作自然界的过程来研究。

其实，心理主义并不必然与现象学的视角相冲突，而只是与它想作为绝对出发点的企图相冲突。我们完全可以在心理主义的层次上给价值问题的研究规定一个基础，即把价值理解为人的大脑产生的精神现象，它终归是物质自然界的功能，主体和客体之间也是自然界的功能关系。但在建立这个前提后，我们还并没有进入价值问题的问题领域，我们只是确定了价值是对象领域的一种关系，却不知价值现象在其有权被界定为一个特殊领域中有什么规律和必然性的结构。从现象学的视角区分主体和客体之前，强调要在对象上看出"我"自身，或者将对象理解为自身。离开意义世界的根基谈论客观主义意义上的世界是不合理的，如果没有意义世界的存在，"对象""世界""自然""人"都不是具体而显明的。在这个意义上，只有已经被领会的意义世界才是我们谈论价值的平台。

与心理主义价值观相反，自然主义价值观认为，人有高于一般动物的心理潜能，包括对真善美和公正等的价值追求，这种价值追求受人内在固有的动力支配，因而成为自然主义价值观或内在的价值观；现象学的价值观也叫现象学价值图式，是奥尔波特倡导的一种理论架构，他从现象学的角度对价值观图示进行了观察，认为价值观是人格组织的基础。指导一个人成长为机能自主的历程。奥尔波特将这种理解人格的方式称为现象学价值图式。

二、人本主义心理学价值观

存在主义价值观是罗洛·梅提出的一种人本主义心理学价值观。他以存在主

---

① 胡塞尔.胡塞尔选集.倪梁康，选编.上海：上海三联书店，1997：257.

义为基础建构了他的存在主义价值观。他认为价值观的基本作用是为人们提供存在感和本体论。①我们知道弗洛伊德提出了价值内化说，并且他对人性和文明带有悲观色彩的看法，虽然他的学说得到之后心理学家的重视，但许多人并不同意他的以上两种看法。结果是在弗洛伊德以后的精神分析学中的一些与弗洛伊德观点有分歧的流派和弗洛伊德体系外部的完形论、整体论、机体论、人格主义、存在主义以及一大部分人格理论家和精神病学家、临床咨询家等联合组成一个强调人的内在价值的新学派——人本主义心理学。弗洛伊德认为人的道德观念是价值的内化；人本主义心理学则认为人的价值是对真善美和公正的追求，是人的内在潜能的发展。

对于行为主义的环境强化论和行为外塑论，人本主义也是反对的。人本主义崇尚人性决定的个体内在价值观，着重以人自身的内在满足和自我指导原理说明人格发展的成熟。人本论者并不否定环境的作用，但强调重点在内因。马斯洛曾明确表示，他着重研究的是那些原初的、内在的、在一定程度上是由遗传决定的需要冲动、欲望及人的价值。同时，人本主义强调人类的内在价值，其必然的结果是重视主体感受的价值而不依赖环境的强化。人的价值要求充分实现，实现本身就是对主体的"奖赏"，无须外部的奖赏。行为主义的讨论使弗洛伊德的内化论转变为外塑论，而人本主义内在论取代了内化论，即行为主义和人本主义都针对精神分析的价值观展开了批判。

三、超个人心理学价值观

超个人心理学是 20 世纪 60 年代末在美国人本主义心理学的发展中兴起的一个心理学派别，它是人本主义心理学的补充、扩展和提升，号称心理学的第四势力或第四心理学。"超个人"一词指意识的扩充能超越自我的范围和时空的限制，超个人心理学主要研究超越自我的心理现象和超越个体的价值观念。主要创建者有马斯洛、萨蒂奇、格罗夫等著名学者。

超个人心理学在心理学的学科性质和价值取向上，突破了科学主义的局限，不再将心理学定位于科学的架构内，而是将其定位于有关人性的知识和实践的研究。科学也是一门合理的学科，像科学家可以被包括在"学者"这个概念之内一样。如果偏要说出谁重要的话，那么请问物理学家、数学家和化学家谁更重要

---

① 车文博.人本主义心理学价值观论评.苏州大学学报（教育科学版），2013（1）.

呢？所以科学并不见得是最好的东西，就像学者里面并不是科学家"唯我独尊"一样。因此无须强调心理学是一门科学才能突出它的重要性。就如杨国枢所提出的："人文学科有很悠久的历史，对人类的影响也很大，难道就一定要将它们说成是科学才显示出重要性吗？"[1]

很久以来，在西方，科学一直居于真理主要裁判者的地位，科学被视为具有无限力量和价值的东西而得到广泛崇拜。这样就使那些不能用感官观察和不能用科学方法处理的现象（如有关价值、意义、目的和超越的体验）被拒于研究的门外，或有关研究得不到承认。超个人心理学主张，彻底放弃将心理学视为科学的立场，而将心理学定位于关于人性的知识的研究。超个人心理学提出了一种整合有关人的知识的途径和构架——"心理学所想摆脱的最大绊脚石，便是它想成为自然科学的野心，心理学最大的福祉便是从这种束缚中解脱出来，重新探讨它所能贡献的知识。"[2]唯有彻底改变研究方向，才能结束心理学缺乏自己范式的阶段。

四、理论心理学价值观

近年来，理论心理学主张对主观经验地位的提高需要将精神价值问题纳入其中。人类的价值是需要认真对待的一个问题，在意识的反思、内省和控制的心理主义模型中，脑突现的产生与价值控制的关系十分密切。认知革命即意识革命需要从一种价值的空白，转向一种内涵丰富的价值问题的客观描述中。在诺贝尔奖获得者斯佩里看来，所谓意识革命应当是"价值革命"，"价值依赖于我们的信念、生活意义和道德伦理的正确与否"[3]。这是一种自上而下的因果控制。意识的主观性的实质在于"诚实性"，一个开放的意识系统需要来自科学的伦理价值。斯佩里也强调，"我认为主观的精神现象是居首位的因果性的有效的实在，它们能被主观地经验到"[4]。主观意识经验的统一性是由精神提供的，而不是神经事件提供的。意识在人脑中是一个"综合空间-时间-质量-能量"的多元结合体。为此，他把突现论的脑-意识相互作用理论推广到解释人类的价值观和道德伦理意识的形成机制。斯佩里认为价值是意识主观性的集中表现，同样也是大脑

---

① 杨国枢. 现代社会的心理适应. 台北：巨流图书公司，1985：216.

② Ronald S V. Transpersonal Psychology: A Reply to Rollo May. Oxforshiire: Taylor & Francis Group, 2010: 3.

③ Natsoulas T. Intentionality, consciousness, and subjectivity. The Journal of Mind and Behavior, 1993 (3).

④ Sperry R W. Turnabout on consciousness: A mentalist view. Journal of Mind and Behavior, 1992 (3).

突现的产物，并且对人类及世界起着原因性的作用。科学最终可以把意识或价值的脑活动过程研究清楚。价值和道德可以像意识一样成为解释人行为的因果性动因。德雷福斯在《计算机不能做什么——人工智能的极限》中指出，"对于意义的感知，好像就是第一性，其他所有的东西，都是对意义的理解的结果"①。像美国人"为什么给比尔·克林顿投票"，不是神经活动的结果驱使他投票，而是需要从其主观性予以理解。

美国心理学家哈瓦德提出人类具有两种特性：一是自反性，二是价值性。②他认为这两种特性是科学研究对象中独特的。心理学作为科学需要面对自反性问题。科学家要观察自然，但是自然不会在被观察过程中反映自己。心理学的研究对象（即人）是否适合这些合理的客观要求呢？心理学的研究不仅要考虑我们的行为如何因我们正在被研究而改变，而且要考虑到研究结果可以在非实验情况下改变。科学的基本目的或目标是"理解"，这种理解是通过理论知识达到的。然而，经验的"事实"可以支持众多相互矛盾的理论立场，科学中的观察实际上是理论相互依赖的。但同时理论与观察之间的联系一定是暂时的，也就是说，对理论的评估在很重要的方面看来，与规则支配的推论认为哲学科学中经典的传统是当然的观点相比，它在结构上更接近价值判断。

此外，全球化的浪潮必然引发价值冲突，有学者称"全球化把我们推进到了激烈的价值冲突之中"。③法国学者魏明德（Vermander）也指出，"当人生活在一个不容许对既定的态度和信仰提出质疑的封闭世界里，没有人会感觉他是依据一套'价值'而行动。他不过是做他该做的事而已。今日的情势正好相反。当代的人们遭遇的'他者'从根本上的挑战。他们知道，世上有种种不同的规范与价值引导人们的行为和态度，因不同的历史、社会和文化背景而不同。因此，对许多人来说，发现'他者'的存在使得他们认为价值完全是相对的"④。因此，心理学视野下价值问题的理论探讨必将为全球化趋势导致的价值观冲突问题的解决提供有益的帮助。

---

① 休伯特·德雷福斯. 计算机不能做什么——人工智能的极限. 宁春岩，译. 北京：生活·读书·新知三联书店，1986：279.

② Howard G S，Miller R B. The Restoration of Dialogue：Readings in the Philosophy of Clinical Psychology. Washington：American Psychological Association，1992：620-636.

③ 汪信砚. 全球化中的价值认同与价值观冲突. 哲学研究，2002（11）.

④ 魏明德. 全球化与中国：一位法国学者谈当代文化交流. 北京：商务印书馆，2002：35.

第三节　价值研究的难题与解决策略

近年来，虽然心理学展开了对价值问题的研究，但是心理学中设计的价值研究仍存在困境。心理学中的价值研究要取得实质性的进步，我们需要进一步认识当前存在的困境，并采取相应措施。如果我们能适当地掌握人类的本性并充分地理解人类独特的科学活动，那么对价值问题的理解是至关重要的。

一、心理学价值研究面临的难题

（一）方法论问题

在方法论上，还原论一直是传统心理学的方法论基石，它强调任何高级复杂的现象都可以用较低级简单的现象来解释，如心理现象可以用生理现象来解释，生理现象又可以用化学现象来解释。认识现象的正确方法就是将其简化并分析其基本元素。价值问题在还原论看来也都成为较低级的元素，比如把价值的产生看作刺激-反应。华生和弗洛伊德是典型的还原论者。人本主义心理学对还原论提出了尖锐的批评，认为还原论贬低了人的价值和尊严，主张用现象学的方法研究作为整体的经验本身，而不是将其还原为生理的过程或简单的元素，强调动机的不同层次，强调人的自由意志，以及为自己的选择负责的能力。超个人心理学在方法论问题上主张多元化。研究对象决定研究方法，研究方法为研究对象服务。只要有助于解决问题，无论是定量的研究还是定性的研究，无论是"客观的"测量数据还是"主观的"自我报告，都可以采用。超个人心理学不仅在方法论范围内主张多元化，而且主张借鉴其他学科特别是社会科学和人文科学的研究方法。人类学、文学、艺术和神学等多学科的方法都可以在价值领域内发挥作用，只要有助于解决价值问题。超个人心理学还强调跨文化方法。跨文化的方法虽已被广泛使用，但超个人心理学的特点在于，在价值论上明确反对西方优越论的倾向，持明确的民族文化平等的意识。具体的跨文化研究是将文献研究与现场研究结合起来，以回答文化传统如何积淀于现代人的心灵，以及现代人如何借助传统精神以超越日益机械化和商业化的生活方式。

（二）共同价值问题

当前心理学研究面临的另一个难题是共同价值问题。共同价值即不同人或不同利益集团在交往中达成共识的价值追求，它所表征的是人们在价值追求上的共同性。就价值观念而言，近代以来人类逐渐形成了一些得到全人类普遍公认的价值理念，如自由、平等、环保、法治等。关于共同价值存在两种观点：一种观点认为，价值是一个情感范畴，价值标准是多元的，不仅不同人的价值追求是不同的，而且同一个人在不同情境中的价值追求也是不同的，因此不可能存在一致的、共同价值的标准；另一种观点认为，价值是客观存在的、不以人的意志为转移的事物固有的属性，因而存在对所有人、所有利益集团都是共同的价值标准。人类的使命就是不遗余力地找到这个共同标准并将它推广至整个人类社会。

（三）价值观的研究工具问题

国内使用国外价值观量表时大都是中文译本，其量表的主要内容反映了文化价值观，如果只是简单地将量表的各项以不同的语言方式来对中国人的价值观进行测量，显然是不够的。其主要原因是中国与西方国家在文化、社会制度和生活方式等方面存在巨大差异，必然导致国内与国外价值体系的差异。如何对中国人的价值结构或价值体系进行研究？照搬国外的现有的量表显然行不通。由于中西价值结构或体系的差异，国外价值观量表在中国的样本上结构效度和内容效度出现偏差。近些年，也有部分国内学者致力于本土化价值观的研究，如黄希庭等的专著《当代中国青年的价值观与教育》便是其中突出的学术研究成果。当然，还需要更多的研究者对中国样本的价值观在特有的文化、社会背景下进行更系统的研究，深入探究中国人的价值结构或体系，运用现代测验理论开发符合中国样本的价值观研究工具，这样才更具有学术价值与现实意义。

二、解决困境的建议

该如何解决当代心理学在价值问题研究中出现的困境呢？针对目前相关研究的现状，我们提出以下建议。

首先要拓展和深入价值问题的研究领域。心理学中对价值问题这一领域研究的深度、广度还远不及哲学、人类学、社会学，所以价值问题的心理学研究还有众多方面、众多领域要去开拓。其次要发展心理学中价值问题的研究技术。心理学中的价值问题的研究内容，不仅需要良好的愿望、信念、激情，更需要采用科学的方法和技术来理解人类的复杂行为中包含的价值问题。考虑到重视价值问题研究的人本主义心理学，虽然对壁垒森严的精神分析和行为主义提出了挑战，为心理学提供了一个崭新的视角，但由于没有实证科学的积累而限制了其应用和发展。因此，为促进心理学中价值问题研究的发展和应用，在研究时需要有一个价值取向与科学的方法论。理论上的滞后或貌似"超前的"、空洞的、脱离实际的形式化，都有害于该问题的研究。所以要把实验、测量、应用等具体技术转用到价值问题的研究中，但仅用传统心理学现有的客观方法是不够的，需要我们提出不同于传统的方法论，要在方法论上有所突破，就要解决如何处理文化变量这一难题。最后要加强与哲学及其内部分支学科（哲学原理、伦理学、美学、逻辑学）的交流与合作，同时也要巩固和完善与其他社会科学的联盟。价值问题涉及众多学科，横跨许多研究部门，所以心理学学者在研究价值问题时不能视野狭窄，不能将该问题局限于心理学范围内。

对价值观研究工具的开发是国内外学者普遍重视的一个问题。早在 20 世纪40 年代，一些心理学家和受过训练的人类学家便开始编制比较标准化的问卷或量表，以大量测试或调查的方式来研究不同民族、国家、社会或团体的价值观。得到广泛应用的有奥尔波特等的价值观研究、莫里斯的生活方式问卷，特别是罗克奇的价值测验量表。20 世纪 90 年代以来，罗克奇提出了一种价值测试的系统理论，认为各种价值观是按一定的逻辑意义连接在一起的，并按一定的结构层次或价值系统而存在，价值系统是沿价值观的重要性程度而形成的层次序列。他提出两类价值观：①终极价值观，表示存在的理想化终极状态；②工具性价值观，是达到理想化终极状态所采用的行为方式或手段。罗克奇的价值测验量表包含 18项终极性价值和工具性价值，每种价值后都有一段简短的描述。在施测时，让被试按其对自身的重要性对两类价值系统分别排列顺序，可以测出不同价值在不同人心目中的地位。[①]这种研究是把各种价值观放在整个系统中进行，因而更能体现价值观的系统性和整体性作用。近年来国外心理学家做了很多关于自我价值感的研究并得出了一些很有意义的结论。如有的学者研究发现，自我价值感与焦虑呈负相关；有的研究证明自我价值感对主观幸福感和心理健康起关键作用；还有的研究者提出，自我价值感与负性情感呈较强的负相关。国内有研究提出，初中生的自我价值感越高，心理健康状况就越好；中学生自我价值感越高，其焦虑水

---

① Barker E，Rokeach M. The nature of human values. The British Journal of Sociology，1975（2）.

平就越低。很多研究表明，适度的自我价值感是个体心理健康的前提条件，通过培养个体适度的自我价值感可以促进其心理健康水平，是心理健康教育和健全人格养成的有效手段。

关注实践应用是现代心理学发展的一个重要趋势。目前价值观研究的应用主要反映在心理咨询与应用领域。在心理咨询中，咨询者的价值观是一个核心问题，因为价值观的介入往往与个体的行为紧密相连。就目前来看，价值观的处理方式有价值中立、价值澄清、价值评判、价值归因和价值引导。许多心理治疗工作者认为，做好心理治疗与咨询工作需要遵循罗杰斯的"价值中立原则"。在心理咨询中，心理咨询师应当不对来访者及其行为作价值评判。①

第四节　物质主义价值观的超越问题

物质主义价值观主要是指聚焦于拥有物质财富为基础的一种生活方式、观点或倾向。②在市场经济条件下，这种价值观在当今社会中愈来盛行，因此有必要对此领域加强研究。③进入 21 世纪，消费主义的迅速发展使得人们发现，物质主义价值观已经在人类社会中面临新的发展挑战。长期以来，不少学者批判人们在生活中过分关注物质的行为，认为物质主义价值观破坏了深层的灵性、人际关系和许多其他使生活有意义的事情。④但是，也有学者提出，鼓励物质主义这种人类欲望的经济和社会制度，可以最大限度地利用物质主义财富，实现个人的幸福和自由。物质主义作为一种社会历史关注自身存在的价值观，对于人类的生存和发展无疑有着非常重要的意义。然而伴随着社会生活实践的繁荣和进步，这种生存智慧在一定程度上限制了人的发展，这一点已逐渐被证明。根据法国益普索公司 2013 年对 20 个国家地区的调查结果，中国民众对于物质的追求倾向过高。相对于全球 34%的平均比例，中国大约 71%的人认为，会根据自己所拥有物质的多少衡量个人的成功。⑤这种成功理念体现了当今许多中国人的生活追求方式，同

---

① 郭春雪.浅议心理咨询中的价值中立原则及其在实践中的运用.知识经济，2010（2）.

② Roberts J A，Clement A. Materialism and satisfaction with over-all quality of life and eight life domains. Social Indicators Research，2007（1）.

③ 李静，杨蕊蕊，郭永玉.物质主义都是有害的吗？——来自实证和概念的挑战.心理科学进展，2017（10）.

④ Belk R W. Worldly possessions：Issues and criticisms. Advances in Consumer Research，1983（1）.

⑤ Duffy B，Gottfried K. Global Attitudes on Materialism，Finances and Family. Ipsos，2013.

时反映了令人担忧的一面，即国人对精神生活的追求日趋冷淡。因此，研究物质主义的价值观问题，对关注物质财富与社会和精神生活的内在联系，建构积极、理性的科学价值观具有重要的学术意义和实践价值。

一、物质主义研究的理论范式

有关物质主义价值观的学术研究在人类生活经验中占据重要的地位，但是长期以来在心理学领域受到的关注较少，其受到的关注主要得益于人本主义心理学的研究。在心理学的传统研究中，关于物质主义的价值观主要流行着三种理论范式。

一是驱动学说。从马斯洛的需要层次理论来看，在社会发展和实际生活过程中，物质需要不仅是维持生命的基本需要，而且是高级心理需要发展的基础。由于人们生存的需要，物质财富的缺失会给人带来相应的不安全感，特别是在生存、经济和情感等方面的不安全感。因此，人本主义心理学者将物质主义作为一种满足需要的手段和减少痛苦、焦虑的基本策略方法，把物质需要视为人类价值观的首要因素。同时，由于个体生理和生命发展的需求，增加并储存财物是人们最直接的必要方式。[1]

二是社会化说。这一理论强调在个体发展中，物质主义是一种维系人生存的手段，其目的是增加生存与发展的机会。在物质财富匮乏时期，对物质主义的寻求是获取其他幸福的基础；在物质财富逐渐发展富裕的时代，这种基础依然存在。现代社会，人们在日常生活中往往不由自主地感受到各类物质主义信息，像互联网和商业广告中的消费导向，均会刺激并提升人们对物质主义的追求程度。物质主义价值观在主观愿望上难以摒弃，在客观上也是当今人类发展和社会化的必然结果。

三是特质说。美国学者贝尔克提出，物质主义主要是个体对获取、占有物质财富这类心理特质的外在表现，其典型特征是性格导向。[2]在他看来，物质主义的性格倾向包括嫉妒、吝啬、占有三种，后来又加入了第四种——保存，即通过储存或收藏纪念品等使自己过去的经验得以重现。这些研究大都停留在较低的层

---

[1] Ryan R M，Huta V，Deci E L. Living well：A self-determination theory perspective on eudaimonia. Journal of Happiness Studies，2008（1）.

[2] Belk R W. Materialism：Trait aspects of living in the material world. Journal of Consumer Research，1985（3）.

次，如消费者买东西的品类等问题，因此受到很多学者的批评。也有研究者进一步将物质主义看作某两个或多个人格特质的集合。这种观点在一定程度上促进了对物质主义本身特质的理解，但仍不能为目前存在的问题提供合理的解释。[①]

当前，关于物质主义的研究又涌现出一些新的理论视角。

首先是价值系统学说。最早的研究者基于价值观的角度对物质主义进行了诠释，认为物质主义价值观的本质是一种心理状态或者文化系统。[②]它作为一种个人价值观主要具有以下三个特点：一是认为生活的中心在于获取和拥有财物；二是相信生活的满足感和幸福感源于对财物的获得；三是评判自己与他人成功的关键是视其所拥有财物的数量和质量。施瓦茨在对几十个国家开展的调查表明，价值观呈现出一种环形模型特征，即每一种价值观均与另外一些价值观相重叠或者冲突，反映出正交曲线的关系。因此，如果物质主义被视为一种价值观念，其应该在人类价值体系中处于一个可预测的位置。[③]卡塞尔等在先前研究的基础上，用物质主义价值取向（materialistic value orientation，MVO）代替了物质主义的说法。[④]这一概念描述的转变说明了物质主义是一种消费文化的外在表现，主要包括追求物质丰富、财富成功、较高的社会阶层以及通过消费去包装、塑造良好的社会形象。

其次是功能主义学说。美国学者施勒姆等认为，应该从心理需求与自我建构的角度出发理解物质主义。[⑤]这一理论通过区分不同心理动机导致的物质主义行为，丰富了物质主义的表现形式并拓宽了其研究范畴。根据这一定义，功能主义的物质主义价值观可以帮助消费者建构和维持自我，其核心在于个体对身份目标的追求。该价值观是一种广义的人类动机系统，也就是说个体试图借助具有象征价值的产品、服务、体验或者关系的获得和使用来建构与维持自我身份。其揭示了物质追求这一行为背后的自我需求与心理动机，而非个体的人格特征或外在表现，并突出强调了物质的符号价值与象征性意义及其对自我建构的作用。功能主

---

① Dittmar H. Consumer Culture，Identity and Well-being：The Search for the Good Life and the Body Perfect. Hove：Psychology Press，2007：14

② Richins M L，Dawson S. A consumer values orientation for materialism and its measurement： Scale development and validation. Journal of Consumer Research，1992（3）.

③ Schwartz S H. Universals in the content and structure of values：Theoretical advances and empirical tests in 20 countries. Advances in Experimental Social Psychology，1992（25）.

④ Kasser T，Kanner A D. Where is the psychology of consumer culture?//Psychology and Consumer Culture： The Struggle for a Good Life in a Materialistic World. Washington：American Psychological Association，2004：3-7.

⑤ Shrum L J，Wong N，Arif F，et al. Reconceptualizing materialism as identity goal pursuits：Functions，processes，and consequences. Journal of Business Research，2013（8）.

义研究焦点使得从传统的"谁是物质主义者"的关注点更多地转向"为什么会出现物质主义",以及"人们什么时候会表现出物质主义行为"。[①]

最后是后物质主义理论。根据英格尔哈特的观点,"后物质主义"是指从强调经济繁荣、物质安全等外在主义的价值,转向对自尊意识、满足感受、自我表达、个体发展、生活质量、环保观念、志愿服务等内在主义的价值。可见,后物质主义观一方面在于强调当今时代下所涉及人类的利益和人权的价值诉求;另一方面也重视对未来人类的利益与权利的关注和考虑,并推崇可持续发展思想。从心理学角度来看,每个人价值观的形成与其青少年时代的生活条件、社会文化密切相关。[②]比如工业文明时代的先辈们,他们在形成价值观的青少年时期,由于社会正经历着如何解决艰难的生存物质条件问题,常常伴有由物质匮乏导致的不安全感,因而大多数人非常注重物质财富的积累,自然会产生这种追求物质的价值观。[③]而在当今时代,许多国家的物质财富已十分充足,生存的物质条件已有保障,新一代的人们已不再那么重视物质财富的增长问题,因而并没有先辈们的那种不安全感,他们更重视寻求人生的意义。后物质主义价值观的一个重要特征就是从关注生存发展到聚焦自我表现,如对职业工作的选择从重视收入到关心工作是否有趣。后物质主义是人类在新的历史境遇下逐渐形成的一种价值观念。[④]这预示着后物质主义价值观将作为一种新的心理学研究发展路径。

二、物质主义价值观的研究方法进展

20 世纪 80 年代中期到 90 年代初,消费研究者和心理学者开始对物质主义价值观进行实证方面的探索研究。为了进一步探讨该价值观的心理机制,许多学者在研究方法上进行了创新,开发出一系列测量方法工具。其中主要以问卷法为主,同时也引入了内隐测量法、启动实验范式、社会认知神经学等方法。这有助于该领域研究的纵深发展。

1. 内隐测量法

物质主义价值观量表(Material Values Scale,MVS)是目前研究中广泛使用

---

① 郑晓莹,阮晨晗,彭泗清. 物质主义作为自我建构的工具:功能主义的研究视角. 心理研究,2017(1).

② 卢风. 超越物质主义. 清华大学学报(哲学社会科学版),2016(4).

③ Tormos R. Postmaterialist values and adult political learning: Changing intracohort values in Western Europe. Revista Española de Investigaciones Sociológicas,2012(140).

④ 马越. 后物质主义价值观的伦理基础. 哲学动态,2016(4).

的评价量表。①该量表主要测量物质主义价值观的目标，从而反映个人对获得货币和财产重要程度的认识，以及对努力争取具有吸引力的形象和高地位受欢迎程度的看法。这项测量的变化形式已经在许多研究中使用，同时还启发了针对儿童和青少年的物质主义价值观的测量研究工作。从国内的关于物质主义价值观的测量方法研究来看，主要的工作是在国外量表的基础上进行修订和完善。比如李静和郭永玉修订的大学生物质主义价值观量表，包括成功、中心、幸福三个维度，共 13 个条目，得分越高，说明被测的物质主义倾向越强，目前在国内学者研究中得到大量使用。②李昊开展了关于 MVS 的修订工作，验证性因素分析表明修订后的量表结构模型拟合良好，信效度分析表明该量表有较好的心理测量学属性，并且其能够有效地测量我国大学生的物质主义价值观。③同时，王卓和蒋奖研究考察了 MVS 不同版本在我国的适用性，他们采用验证性因素分析法对 MVS 四个版本进行交叉验证，探索了该量表的心理测量学属性。④

2. 启动实验范式

在物质主义价值观的实验研究方面，部分学者采用了启动实验范式，主要集中表现在金钱启动方面。主要是利用金钱引发人们具体地关注这一现象，继而触发了个体或者群体的物质主义价值观的瞬间激活。现有研究中常用概念启动、物质启动也有定势启动，它们大部分属于阈上启动。⑤这类启动方法促进了物质主义价值观的相关研究的发展，并能够为其意识形态相关实证研究提供可行性。与此相关的理论分析认为，如果一个特定的价值观在某个时刻被激活，价值观的循环联结表明会产生两个可预测的效应集合：第一，价值观的激活可能会增加反映与激活的价值观一致的行为和态度，这可以被称为渗漏效应。例如，看到百元现金的模糊图像增加了人们对自由市场经济系统的支持。⑥第二，激活价值观会抑制反映与激活的价值观或目标相冲突的行为和态度，这可以称为跷跷板效应。例如，与其他价值观相比，短暂激活物质主义价值观会导致人们不愿意帮助他人或

① Richins M L，Dawson S. A consumer values orientation for materialism and its measurement：Scale development and validation. Journal of Consumer Research，1992（3）.

② 李静，郭永玉. 物质主义价值观量表在大学生群体中的修订. 心理与行为研究，2009（4）.

③ 李昊. 物质主义对大学生幸福感的作用及其影响因素研究. 华南师范大学，2011.

④ 王卓，蒋奖. 物质主义价值观量表四版本的交叉验证研究//中国心理学会. 增强心理学服务社会的意识和功能——中国心理学会成立 90 周年纪念大会暨第十四届全国心理学学术会议论文摘要集，2011：1.

⑤ 谢天，周静，俞国良. 金钱启动研究的理论与方法. 心理科学进展，2012（6）

⑥ Caruso E M，Vohs K D，Baxter B，et al. Mere exposure to money increases endorsement of free-market systems and social inequality. Journal of Experimental Psychology General，2013（2）.

捐赠金钱。①这一观点表明了短暂地激活财富成功目标会增强人们的与财富相关态度及行为，而且包括地位、声望和享乐主义目标，因为这些目标与财富成功目标导向相一致。同时，激活财富成功目标将抑制人们对内在目标的重视，从而减少人们对团体感觉、归属感和自我接受的关注。

3. 社会认知神经学

近些年，伴随着社会认知神经科学研究的进步，研究者在心理学范畴中成功地考察了诸多关于心理和行为的深层机制问题。比如，有学者采用测谎仪记录被试回答价值观选择两难情境问题时的皮电值，结果发现，对于高儒家传统价值观的大学生而言，物质主义水平较高的个体的皮电强度值显著高于物质主义水平较低的个体，而低儒家传统价值观的被试则没有这种差异。②这一发现，一方面说明了同时拥有较高程度的这两种价值观的大学生将会感受到更多的心理冲突，另一方面也表明这两种价值观的确是存在某些相冲突的方面。关于脑科学的研究发现，金钱和社会奖励都能够激活纹状体和脑岛部位，说明金钱确实能使人产生愉悦的体验。③由此可见，这种实验方法的引入是对物质主义价值观研究方法的一次重要发展。

需要说明的是，关于价值观的生物学基础的研究目的，并不是简单地把价值观问题还原为细胞水平的纯生物学现象④，同时作为由社会和个体双方面形成的价值观问题，也不能单独从生理学的角度给予合理解释。因此，未来研究需要努力寻找物质主义价值观存在的生理学支撑，探讨不同社会文化背景下个体或群体的脑物质基础，从而有利于更加全面和科学地认识物质主义价值观的基本特性。

三、缓解物质主义的策略

在人类社会物质文明日新月异飞速繁荣发展的当今时代，传统上以"安贫乐道"为基础的精神价值至上取向被逐渐打破，继而出现了新的精神要求及新的矛盾冲突问题。物质财富本身并不是罪恶，贫穷本身也并非能够体现高贵的精神品

----

① Wierzbicki J, Zawadzka A M. The effects of the activation of money and credit card vs. that of activation of spirituality-Which one prompts pro-social behaviours? Current Psychology, 2016（3）.

② 李静，郭永玉. 大学生物质主义与儒家传统价值观的冲突研究. 心理科学，2012（1）.

③ Saxe R, Haushofer J. For love or money: A common neural currency for social and monetary reward. Neuron, 2008（2）.

④ 李林，黄希庭. 价值观的神经机制：另一种研究视角. 心理科学进展，2013（8）.

质。有学者提出，物质主义价值观的流行可能使现代人更多地认识到社会生活中每个"现实的人"都有物质主义倾向。[1]作为一种代表着个体价值的日常生活形态，物质主义价值观不仅是衡量幸福的外在表现形式，而且能够帮助个体追寻存在的内在发展意义。当然，不可否认物质主义价值观的盛行存在着一定的消极影响，直接或间接地影响个体与群体的人际关系和主观幸福感。特别令人忧虑的是，物质主义价值导向与"大量生产、大量消费、大量排放"是现代工业文明的极大弊端。[2]如果任其肆意发展，不仅会导致社会的不安宁，而且会危及人类子孙后代的生存发展。因此，寻求缓解和降低物质追求所带来的负向影响，也是关于物质主义价值观研究需要重视探讨的迫切问题。

第一，需要积极营造减少物质主义价值观的社会氛围。研究表明，个体与金钱、财产、地位和身份等相关信息媒介的接触频率，与物质主义价值观的滋长呈正相关。[3]从社会层面来看，威胁和不安全感的情况会导致人们对物质主义价值观的关注度相对较高。例如在政治和经济动荡、经济压力的社会时代，人们的物质主义价值观程度上升。消除来自环境的物质主义信息，或者降低人们在这些信息中的暴露程度，或者为人们提供在遇到这些消息时削弱其影响的策略，均可以逐渐减缓物质主义价值观的蔓延。最近研究表明，共享经济不仅可以促进可持续性发展，还可能抑制物质主义。[4]这说明社会环境的改变在很大程度上能够促进个体幸福感的提升。党的十九大提出，当前我国社会主要矛盾已经由人民日益增长的物质文化需要同落后的社会生产之间的矛盾，转化为人民日益增长的美好生活需要和不平衡不充分的发展之间的矛盾。这个论断反映了我国的实际状况，揭示了制约我国发展的症结所在。目前我国社会存在着一些发展不平衡的问题，主要表现在诸如经济、教育、科技、地域等方面，如果解决不好这些问题，就容易助长物质主义价值观的蔓延。社会需要平衡、充分的发展，只有不断满足人民日益增长的美好生活需要，并解决不平衡、不充分之间的矛盾问题，才能缓解物质主义价值观过度滋长的失常状态。

第二，需要积极借鉴优秀传统文化中的合理价值要素。现代人类社会发展虽然取得了巨大的进步，但仍然需要持续借鉴传统人类文明中所积淀的优秀价值观

---

① Kasser T. Materialistic values and goals. Annual Review of Psychology，2016（67）.

② 卢风. 超越物质主义.清华大学学报（哲学社会科学版），2016（4）.

③ Twenge J M，Kasser T. Generational Changes in Materialism and Work Centrality，1976-2007：Associations with Temporal Changes in Societal Insecurity and Materialistic Role Modeling. Personality & Social Psychology Bulletin，2013（7）.

④ Belk R. Routledge Handbook of Sustainable Product Design. London：Routledge，2017：160-172.

元素。在人类历史中，东西方文明蕴含着丰富的物质和精神文化相结合的生存智慧，并世世代代滋养着后人的心灵世界。古希腊时代便涌现出以苏格拉底和柏拉图为代表的自我超越的伦理价值。内在的反思本身会促使人们远离极端的物质主义价值观。西方学者韦恩斯坦等的研究表明，当个体参加冥想活动处于专注状态时，会意识到当前与期望的物质状况之间差距缩小，这反过来又能使这些人感受到主观幸福感。①在中国的传统文化中，早就有"忧道不忧贫"（《论语·卫灵公》）、"见利思义"（《论语·宪问》）的超越物质主义的价值取向，千百年来影响过无数仁人志士的内心世界。汉代董仲舒曾说过："天之生人也，使人生义与利。利以养其体，义能养其心。心不得义不能乐，体不得利不能安。"（《春秋繁露》）也就是说，每个人的生存和发展必定离不开社会精神的追求与物质利益，人们所追求的大多是物质和灵魂的双赢。近年来，有学者以云南四所高校的学生为研究对象，对物质主义与传统价值观对心理健康的影响进行了调查，发现前者对当代大学生的心理健康有负面影响，而后者则有着正面影响。②成功的干预策略可以积极借鉴古人的智慧。

第三，积极鼓励个体对自身内在价值的提升及追求。物质文明是精神文明的基础，物质文明的发展可能会促进精神文明的提高，但精神文明不能够自发地产生或提高。按照马斯洛需要层次理论的观点，人类低级的生理需要得到满足之后，就会产生对更高层次精神需要的追求。弗洛姆认为，"一个社会要维持它的正常运转，就会培养人们适应这种社会需要的特定的性格结构"③。因此，面对现代社会由于各种原因引起的部分青少年的精神迷惘和意义危机，则需要社会政策的高层次价值引导和个体的内在认同。近期的研究结果显示，金钱的获得能够在一定程度上使人们感到快乐或者幸福，但是对于将自我价值建立在金钱之上的个体或者群体而言，他们往往承受着更大的压力与困扰，拥有更弱的自主性和更多的负性情绪，面对问题时会变得更加消极且试图逃避。④在影响个人安全感的因素中，个体领悟社会支持的程度以及应对方式是两个非常重要的因素，因此，如何提升个体自身积极的人格特质以及学习合适的应对策略，就显得十分必要。

---

① Weinstein N，Przybylski A K，Ryan R M. Can nature make us more caring? Effects of immersion in nature on intrinsic aspirations and generosity. Personality & Social Psychology Bulletin，2009（10）.

② 李原. 物质的追求能否带来快乐与幸福——物质主义价值观及其影响研究. 北京工业大学学报（社会科学版），2015（4）.

③ 埃·弗洛姆. 为自己的人. 孙依依，译. 北京：生活·读书·新知三联书店，1988：67-73.

④ Park L E，Ward D E，Naragon-Gainey K. It's all about the money（for some）：Consequences of financially contingent self-worth. Personality& Social Psychology Bulletin，2017（5）.

中国特色社会主义进入新时代，人民群众对物质和精神生活提出了更高的要求，那么如何正确看待和处理"义""利"之间的矛盾，处理好物质主义与精神超越之间的内在关系，就显得非常重要，其中包括通过心理学的研究寻找合适的应对方法，进而形成一种积极的、理性的物质主义与精神超越相结合的价值观。心理学家指出幸福感研究不应仅局限于主观幸福感，就一般群体而言，还应包括心理幸福感、身体健康、健康是福等。未来研究应当特别重视精神因素在生存智慧中的价值与作用。

第 六 章

认知科学的发展与理论创新

认知心理学是近30年来国内外心理学研究的时代精神和前沿主战场。进入21世纪,西方认知心理学探索呈现出很多新特点,其中最重要的变化就是认知心理学与认知科学相融合,使心理学的研究内容得以持续扩展与深化。认知心理学与认知科学的研究对象都是关于人的"心智的认识",这一领域研究的发展水平已成为衡量一个国家心理科学发展的重要指标。随着当前计算机、人工智能及认知神经科学等技术的日益发展,世界各国纷纷加大物质投入力度,为认知科学的基础性研究提供支持,这也在一定程度上将心理学的研究重点转向对认知活动的考察。

第一节　认知科学研究范式的转换

认知科学是一门多领域交叉学科，整合了现代心理学、神经科学、计算机科学、语言学，以及人类学和哲学等六门核心学科以及其他相关学科。其是一门关于智能实体与其环境相互作用的规律及原理的"硬科学"，以发现心智的表征和计算能力及其在人脑中的组合与功能为研究内容，即探索广义的认知问题。认知科学的产生及发展意味着科学研究对人类认知和心智的研究迈入崭新的历史进程。

一、认知科学的演变及发展

进入 21 世纪，美国国家科学基金会策划、并与商务部共同资助了一项重大计划，旨在通过发展 NBIC 会聚技术（Nano-Bio-Info-Cogno converging technology）将纳米、生物、信息及认知科学四种技术领域进行聚合，以大幅提高人类有机体的能力。[①]其中，认知科学领域的研究被认为应当优先启动。实际上，长期以来，许多发达国家已经将认知科学部署为科学发展战略当中的重要部分。例如，1989 年开启的国际"人类前沿科学计划"（Human Frontier Science Program，HFSP）中，来自日本、美国和法国等多国家多学科的专家学者联合探索包括人类大脑功能在内的生物体复杂组织机制问题；1996 年日本实施的"脑科学时代计划"投入 200 亿美元，重点考察脑的功能及其信息加工过程。对人类的心智及意识问题的再次关注，则成为 20 世纪末以来认知科学研究的又一重点。

认知心理学是当今时代心理学研究者进行探索的重要领域。认知心理学与认知科学已经成为心理学发展新的生长点，代表了整个学科的先进思想和技术范式，对整个学科理论建构的影响也十分深远。2005 年，国际理论心理学会年会的

---

① 李学勤. NBIC 与"人类认知组计划". 科学中国人，2003（12）.

一大主题便是"认知科学及其相关领域",包括认知神经科学、人工智能研究中的新理论和概念的发展等议题。当前的认知理论正处在更新换代的发展阶段,这种发展必将对心理学的学科进步产生深远影响。总结认知科学理论建设,这一过程具有深远的学术价值和实践意义。

关于认知科学的发展,莱可夫等在《肉身哲学:亲身心智及其向西方思想的挑战》一书中将之划分为第一代和第二代这样两个演变阶段,认为第一代认知科学出现于 20 世纪 50 年代,第二代认知科学发轫于 20 世纪 70 年代。[①]近些年又有学者提出了"第三代认知科学"这一概念。崛起于 20 世纪 50 年代的认知心理学被视为认知科学发展的早期阶段,或第一代认知科学。西方许多学者将认知心理学的出现称为"认知革命"运动兴起的标志性事件,而著名生理心理学家斯佩里则将认知革命称之为"意识革命"。因为认知革命的兴起,间接或直接地推动了对意识问题研究的重新回归。

为了克服第一代认知科学的"离身性"问题,第二代认知科学以认知的具身性(embodied)为核心特征,并呈现多样化发展。尽管许多学者认为"认知科学"的概念最早由鲍布罗和柯林斯于 1975 年提出,然而 1975 年美国斯隆基金会(Sloan Foundation)对认知科学进行资助扶持其发展,以及 1977 年《认知科学杂志》的创办,则被视为认知科学正式产生的标志。1979 年,第一届认知科学会议在加利福尼亚大学圣迭戈分校召开,之后美国很多大学陆续把认知科学加入其研究生学位培养计划。[②]这一时期的认知科学研究包括许多具体的技术路线和视角,其中认知动力主义产生了新的研究生长点。20 世纪末,学术界曾出现关于物理符号论和环境作用论的分歧讨论,一批年轻学者主张认知由环境决定,且在个体与环境的交互作用中发生,并非单独发生于个体的大脑中,这就要求研究者把符号放入意义世界加以考量。认知动力主义者认为,不论是物理符号主义还是联结主义,解释的都是"计算的心灵"(computational mind),而非当前应当研究的"经验的心灵"(experimental mind)。计算的心灵与经验的心灵共同构成了人类完整认知。就人类个体而言,比认知系统更为重要的是调节系统,它处于主导位置,认知系统服务于调节系统。认知与心智来自身体经验,只有把认知和心智与人类本性、生存及其发展进行关联,才能充分合理地阐释每个人的心理过程。心

---

① Lakoff G, Johnson M. Philosophy in the Flesh: The Embodied Mind and Its Challenge to Western Thought. New York: Basic Books, 1999: 497.

② 霍涌泉,段海军. 认知科学范式的意识研究:进路与发展前景. 陕西师范大学学报(哲学社会科学版),2008(6).

智的体验性、认知的无意识性及思维的隐喻性是当时该领域应当探索的重点。

2004 年，语言学家哈瓦德提出了"第三代认知科学"的假设，其主要特征是利用脑成像及计算机神经模拟等先进技术，对人类认知、心智与脑神经的相互关系进行模拟与解释。①自 20 世纪 90 年代起，这一视域下的技术路线包括认知神经模拟研究、脑成像技术研究等，需要认知科学、计算机科学、心理学、神经科学等多学科领域共同协作完成。实际上，20 世纪的最后十年也被称作"脑的十年"，认知神经科学取向的探索取得丰硕成果。随着神经生物学及脑成像技术的发展，研究者得以对"活的"大脑进行观测。该领域研究者尝试采用不同技术方法探索人类大脑的奥秘，将其与心理学实验范式相结合，便能够推断执行某种认知任务时大脑不同区域的激活状态、激活水平及其在时间维度上的变化特征。

二、认知心理学的理论创新

认知心理学与认知科学作为新兴的前沿交叉学科，在研究方法和范式上推陈出新，不仅关注"自下而上"的神经、计算层次的微观研究视角，以便阐明心智的本质、智能的物质基础及其加工机制等重要主题，而且关注"自上而下"的整体性研究视角，即从心智的适应功能层次探索总结人的认知规律及行为模式，从而进一步指导实践活动。同时，在理论方面的持续创新也有重要的启示作用。从以往经验可知，心理学的不竭进步就是在外部作用下不停更新的历史。信息加工论、语言生成学说、神经科学、计算机理论等，都为理解人类的认知和心智提供了崭新的理论指导。

进入 21 世纪，以生命科学、认知科学、计算机科学和纳米技术四大汇聚为特征的科学技术新形态，正塑造着我们日常的生活方式和科学技术的社会运行。四大汇聚中具有最高优先权的是研究人类心智本质的认知科学，它由哲学、语言学、心理学、脑神经科学、人工智能和人类学等交叉学科构成。②借助新技术的支持，认知科学逐步揭示人类日常认知和科学认知、自我认知和社会文化认知的多重机制，并在实证研究中取得了许多重大突破。③④

20 世纪 50—80 年代，以计算主义为核心的第一代认知科学长期引领着认知

---

① Howard H. Neuromimetic Semantics. Amsterdam：Elsevier，2004.

② Miller G A. The cognitive revolution：A historical perspective. Trends in Cognitive Sciences，2003，3.

③ 刘晓力. 哲学与认知科学交叉融合的途径. 中国社会科学，2020（9）.

④ Cerulo K A，Leschziner V，Shepherd H. Rethinking culture and cognition. Annual Review of Sociology，2021（47）.

科学研究的发展。然而，其核心观点为"认知是遵循清晰的形式规则对抽象符号表征的操控（计算），且符号是由物质的任何可操纵的序列来表示"。从 20 世纪 80 年代开始，这一纲领受到多方挑战，第二代认知科学阵营登上认知科学研究新的舞台后，其内部已经出现"4E 认知"之争。①②③④其中，具身认知、嵌入认知和延展认知都对表征持有暧昧立场，只有生成认知站在坚定的"反表征"立场上，把"人"看作一个"生命心智连续的系统"，强调认知就产生于大脑、身体与环境的"动态耦合"之中，有望成为第三代认知科学的革命性取向。⑤⑥但是，生成认知仅仅提出了反对传统表征计算纲领的一种呼吁，并未建立起一种新的研究范式。

从当代科学史观的视角审视认知科学的科学意义，庞加莱强调个体直觉对科学的意义；胡塞尔从现象学的角度论证"哲学作为严格意义上的科学"；皮亚杰解构了科学史线性发展的预设，重构了循环式的科学史观，即心理学—数学—物理学—生物学—社会学—心理学。在这个循环中，人和世界的关系被重新定义，身心之间的鸿沟被消解，认知和行为之间的区分有可能得到消弭；库恩的范式理论进一步强调个体意识在科学理论建构中的决定性意义，因此科学理论的变更是科学团体之间的权力革命。20 世纪以来的科学史观批判了笛卡儿二元论将科学与人的意识彻底分离的状态，纯粹的"第三人称"科学已经不存在。认知科学范式的研究带动了许多理论问题和研究技术的重大进步，并逐渐改变了许多传统心理学课题的虚无和模糊的状态。目前，认知科学的理论范式正在发生快速的变化和不断的调整，可以为该领域的理论创新提供新的研究视角。

（1）物理符号主义范式。认知心理学，或被称为第一代认知科学，其最重要的理论构念是"物理符号主义"。作为引领当前自然科学理论及实践发展的带头学科，计算科学在一定程度上促进了认知心理学的不断发展。

（2）神经联结主义范式。联结主义范式的再次崛起是第一代认知科学当中的另一重要思潮。物理符号主义范式与联结主义范式都是计算机科学在不同时期推

---

① 4E 认知即具身认知（embodied cognition）、嵌入认知（embedded cognition）、生成认知（enacted cognition）、延展认知（extended cognition）。

② 李其维. "认知革命"与"第二代认知科学"刍议. 心理学报，2008（12）

③ 叶浩生. 具身认知：认知心理学的新取向. 心理科学进展，2010（5）.

④ Adams F. Embodied cognition. Phenomenology and the Cognitive Sciences，2010（4）.

⑤ 叶浩生，曾红，杨文登. 生成认知：理论基础与实践走向. 心理学报，2019（11）.

⑥ De Jaegher H，Di Paolo E. Participatory sense-making：An enactive approach to social cognition. Phenomenology and the Cognitive Sciences，2007（4）.

动发展的产物。联结主义是在物理符号主义的基础上进一步发展完善的，二者都是以人的认知加工过程来解释与完善计算机科学，因而在一定程度上推进了计算科学与信息科学技术的进步。认知动力主义范式是第二代认知科学的重要理论设计思想。从实际情况来看，该思想尚未形成统一的学派。一般来说，我们将新近出现的认知生态主义、认知进化主义和认知具身论等相关理论都称为"认知动力主义"的研究范式。

（3）4E+S 理论范式。进入 21 世纪，在科学哲学领域，许多研究者将近些年发展出的几个核心观点相似的认知理论范式合称为 4E+S 理论，即 4E 认知以及情境认知（situated cognition）五个理论取向，也有学者提倡将其中的 4E 整合为"融合心灵"。①简要来讲，几种理论观点可以概括如下：具身认知将认知与身体及动作相联，认为认知是具身的；嵌入认知强调主体嵌入环境当中，不能分离，因此认知过程也有环境因素参与其中；生成认知强调主体与环境的互动作用是形成认知的重要组成；延展认知则将认知过程扩延到有机体之外的设备或其他物理实体当中，认为这些也是认知过程的组成部分；情境认知强调所处环境对认知过程的重要作用。我们可以发现，这些理论范式虽然具体观点有所不同，但都以反对笛卡儿二元论为根本逻辑，并认为认知或心智不仅存在于大脑之内，还存在于大脑之外。

4E+S 理论范式为我们理解人类的认知过程提供了崭新的视角，从脑、身体以及环境的共同作用对认知过程进行阐释，丰富了认知心理学的理论范式。不过，也有研究者对该理论思想持谨慎乐观态度，认为其尚不是一场"哥白尼式"的革命，必须把 4E+S 认知和标准认知科学地整合起来，才能对认知进行全面阐释。②

总体来说，认知科学的发展是心理学领域开展理论研究的崭新视角，推进了我们对心智和认知的本质问题的理解。同时，该领域的发展也推动了心理学理论的极大进步，是目前理论心理学领域中最具活力和创造性的研究主题。近二三十年，理论心理学及其相关研究在西方心理学领域再次受到关注，也是源于认知心理学、认知科学、认知科学哲学、生态心理学等分支学科繁荣发展的推动作用。近年来，美国哲学与心理学分会引出一个备受关注的话题，即应当促进哲学、心理学及其他相关领域的研究者在共同关心的心智、认知等问题上的合作与交流。不难想象，目前生机勃勃的认知科学、神经生理学、计算神经科学和质性研究等

---

① 刘好，李建会.融合心灵——认知科学新范式下的 4E 整合.山东科技大学学报（社会科学版），2014（2）.
② 李建会，于小晶."4E+S"：认知科学的一场新革命?.哲学研究，2014（1）.

未来可能主导理论心理学的元理论建构与实体理论发展的路径，理论心理学需要同认知科学相互促进、不断发展。

第二节　认知科学范式与意识研究

在当今意识研究的自然科学化运动中，被视为 21 世纪智力革命前沿的认知科学已成为意识心理学研究的主要路径。认知科学范式的意识研究引发了许多基础性理论问题和研究技术方法上的重要进展，逐渐改变了传统意识研究的"虚无化、含糊化"的状态。当前认知科学的理论范式正处于急剧变革和不断重组之中，这有可能为意识心理学的理论创新问题提供内生增长点，同时也使其面临新的发展难题。

一、从认知心理学到认知科学的意识研究

在当前意识研究的自然科学化运动取向中，认知心理学和认知科学范式已成为意识心理学研究的主要路径。认知科学是现代心理学、信息科学、神经科学、数学、语言学、人类学乃至自然哲学等学科交叉发展的结果。这门科学是关于智能实体与其所处环境相互作用原理的跨界"硬科学"和技术研究，以"发现心智的表征和计算能力以及它们在人脑中的结合和功能的表示"[①]，即研究广义认知问题的新科学领域。认知科学的兴起和发展标志着对以人类为中心的认知和智能活动的研究进入一个新的阶段。从根本上讲，意识问题从认知心理学和认知科学的边缘地位进入理论研究核心，并自 20 世纪 50 年代末期开始奠定其进一步发展的坚实基础。认知科学范式侧重从科学的观点重新探讨意识问题，这在学术研究上具有里程碑式的意义。

意识问题在近现代经历了十分曲折的研究历程。马克思说过，人是有意识的存在物，"有意识的生命活动直接把人同动物的生命活动区别开来"[②]。在康德、黑格尔奠定的近代西方新哲学体系中，人类意识特别是理性意识具有至高无上

---

① 孟伟. Emdodiment、认知科学以及传统意义理论的发展. 心智与计算，2007（1）.

② 马克思，恩格斯. 马克思恩格斯全集（第 1 卷）. 2 版. 中共中央马克思恩格斯列宁斯大林著作编译局，编译. 北京：人民出版社，1995：46.

性。但是近一个世纪，"总是有许多人在贬低人类的意识现象，而且这种事件在多次重复上演"①。近代自然科学在经典物理学的影响之下很容易地否定了人的意识心理问题。如赫胥黎所说，意识是虚构、毫无用处的生物机能，真正的科学工作者不会理睬这种"完全没有任何能力影响工作"的生物功能。"科学家如今正处在一种陌生的环境中：一方面，他们面对着自己意识的存在，另一方面，又绝对无法解释它。"②同时，在物质科学技术世界面前，精神和人的意识世界更显得脆弱和无能为力。而一向以研究意识为己任的哲学和心理学长期以来又难以取得令人满意的成果。现代西方哲学为摆脱笛卡儿身心二元分裂难题和黑格尔的自我封闭的绝对意识理念困境，出现了一场终结意识的运动。心理学界有近半个世纪的时间驱逐意识，以维护自身的科学形象。当然应该指出的是，学术界贬低意识现象的历史悲剧的一再上演，也不是偶然的，其中一个重要原因是没有"客观科学"的方法来研究人的主观意识现象，导致哲学和心理学界关于意识研究的通病——虚无化和含糊化，自然也就削弱了意识研究的独特性，进而使人类对自身意识的科学理解最终陷入自我解体的困境。随着 20 世纪中后期计算机科学和认知心理学运动的兴起，特别是现代社会发展危机对人类意识的内在矛盾冲突问题，迫切需要重新审视意识在科学中的地位作用。近些年，自然科学的主流研究已经明显地发生了调整和转变，即对于意识问题已经"不再'是否'而是'怎样'解决这个美妙而又有吸引力的问题，'是否'应该研究意识的年代已经过去"③。因此，对人的心智意识问题的再发现研究便成为 20 世纪 90 年代中期以来认知科学探讨的新焦点。

认知心理学对意识的研究走过了一条间接、迂回的道路。早期认知心理学研究者很少直接研究意识，有学者分析认为主要有四个方面的原因：一是实证主义的方法论预设；二是研究领域的零散性；三是计算功能主义的影响；四是非本质主义的观点和副现象论假设的干扰，认为意识只不过是一种自动操作和自动控制。④因此，我们完全可以说，认知心理学或第一代认知科学只是"走近意识"论域，而第二代的认知科学才可以说"走进意识"研究。

第二代认知科学研究运动起源于 20 世纪 70 年代，随后与盛行于 80 年代的具身主义运动同步发展，其核心标志是联结主义理论范式的出现。这一时期的认

---

① 塞尔. 心灵的再发现. 王巍，译. 北京：中国人民大学出版社，2006：9.

② Wilber K. An integral theory of consciousness. Journal of Consciousness Studies，1997（1）.

③ Rowlands M. The Nature of Consciousness. Cambridge：Cambridge University Press，2001：158.

④ Baars J. The consciousness access hypothesis. Trends in Cognitive Science，2005（1）.

知科学研究主要有联结主义、生态主义、知识化工程主义和行为进化主义这四条途径。第二代认知科学的一个显著特点是直接将意识纳入自己的研究范畴，如在第一届认知科学会议上，著名计算机专家诺曼提出了"认知科学的 12 个课题"：信念系统、意识、发展、感情、相互作用、语言、学习、记忆、知觉、性能、熟巧和思维。在阐述意识问题的研究时，诺曼指出，"这个问题最早是威廉·詹姆斯于 1890 年就提倡了的。具体地向注意、认知的控制或意图的建立等问题方面展开，最近进一步关注人们所犯的，如口误和行动失误。这是关于潜意识过程及其与意识过程、思想、动机和意图中间关系的另一信息来源。无论如何，意识问题未解决的部分是很多的，作为课题各方面的研究者提出了不少。就这点说它是具有魅力的问题"①。巴尔斯也指出，联结主义范式的出现为意识心理学的研究提供了一种新的技术路线。"神经网络非常出色地模拟了某些意识现象，但对意识现象的大规模体系结构特性还没有反映出来。前景应该是将神经网络与剧场模型结合起来，构建一个杂交式的结构体系。"②

第三代认知科学出现于 20 世纪 90 年代中期。根据哈瓦德的观点，第三代认知科学的主要特征是采用脑成像技术和计算机神经模拟技术，阐释人的认知活动、心智能力与脑神经的复杂关系，主要有神经影像学技术路线、心智主义路线、神经模块化主义和认知动力主义路线，而认知动力主义汇成了新的研究潮流。③早在 20 世纪 90 年代初期，老一辈认知心理学家布鲁纳和奈瑟等便提出，应该反思如何重建和恢复认知革命的原貌。布鲁纳提出要将认知革命复归于"意义建构"。1992 年，认知科学界曾掀起了一场物理符号论与环境作用论的争论。一批年轻学者向老一辈人工智能大师发出挑战，他们一方面试图保留认知主义的成果，另一方面又希望超越物理符号系统范式，强调认知决定于环境，发生在个体与环境的交互作用中，而不是简单地发生于每个人的头脑中，需要将符号系统放到意义世界中，这对说明心理状态是关键性的概念。新近出现的认知动力主义者也认为，认知信息加工的物理符号论和联结主义，揭示的都是"计算的心灵"，而目前则要研究"经验的心灵"。为此，福德等指出，计算的心灵与经验的心灵，是人的完整认知的两个方面。④对于人来说，处于主导系统的是调节系统，认知系统则服务于调节系统。只有把认知系统与人的本性、生存和发展联系

① Norman D A. Twelve issues for cognitive science. Cognitive Science，1980（1）.

② Baars J. The consciousness access hypothesis. Trends in Cognitive Science，2005（1）.

③ Howard H. Neuromimetic Semantics. Amsterdam：Elsevier，2004.

④ Fodor J A. The Modularity of Mind. Cambridge：MIT Press，1983.

起来，才能得到合理的解释。人的认知是"具体化的活动"，心智的本源来自身体的经验。在他们看来，目前认知科学的研究重点是心智的体验性、认知的无意识性、思维的隐喻性。"概念是通过身体、大脑和对世界的体验而形成，并且只有通过它们才能被理解。"①这种具身化的认知动力主义观点已成为目前认知科学研究新的理论路径。

当前认知科学范式的不断转换及持续创新，不仅提高了人类对自我意识的理解和认识水平，而且在研究方法上也加大了意识问题研究力度。长期以来，如何以客观的科学方法研究主观意识现象一直是困扰心理学研究的主要难题。意识研究的核心在于探究客观感觉如何转化为主观知觉，为实现这一目标，我们需要从研究方法上探索出一种更具操作性的概念，以超越"意识是大脑活动的产物"这一笼统的表述。在许多认知科学研究者看来，目前有三条途径可以完成对意识问题的科学说明：一是使意识联系到脑活动过程；二是意识能够以信息加工的概念加以描述；三是将意识作为一种实验变量进行研究。他们认为，完全可以从意识的"觉知性"这一特点开展实证研究。因为人在清醒时，绝大多数心理活动能够被自己"觉知到"。实验心理学的分离技术研究也表明，可以采用科学的方法来控制意识与无意识的污染与分离问题。为了进一步确立意识科学研究的地位，避免犯过去的低级错误，认知科学家塞尔指出，需要建立一种新实在论的"意识的本体论定位"和新科学观，"今天，科学发现不能再轻易地忽视意识的存在了，科学正处在范式的转型阶段，即争取把目前的范式进行延伸，以吸收那些反常现象"②，进而有可能为意识这一极为困难的研究领域建立一种新的理论范式。当前认知科学研究者对意识问题探讨的一个突出特点是，从零散性研究逐步转向系统化探讨，从"自上而下"的经验分析转向"自下而上"的实证研究。以认知神经科学为主要代表的主流研究范式试图在一个已经开拓过的研究框架中开展具体的精细研究，以便更为精确地回答人"怎样意识"的活动过程。近十年来，认知科学对意识的许多重要议题进行了比较深入的研究，其中比较突出的实质性进展主要反映在以下几方面。

第一，对意识概念的发展。在意识的概念问题上，认知科学研究者提出了新的理解方式。早期的认知科学研究者认为，意识仅仅是一种认识作用，它不代表心理活动的全部，只代表"知"的一方面。意识涉及知觉、注意、记忆、表征、思维、语言等高级认知过程，其核心是"觉知，觉知性是意识的最基本的特

① Gigerenzer G. Gut Feelings：The Intelligence of the Unconscious. New York：Viking Adult，2007：139.

② Searle J R. The Rediscovery of the Mind. Cambridge：MIT Press，1992.

征"。觉知也是意识中最容易进行实验研究的对象。研究证明，无意识与情绪有关，意识与认识有关。而第二、三代的认知科学家除了重视意识的认知系统功能之外，更强调意识的意向性特质，提出对某物的意识就是意识的本质所在。"意识和意向性有一种本质的联系：我们只有通过意识才能理解意向性。"[1]理解人类行为的关键是理解"意向性"的概念。意向性是意识朝向某一目标的指向，正是自我意识的这种意向性使得杂乱无章的经验纯化。如果说意向性是意识的"指示器"，那么认知和觉知则是"显示器"。意识状态中绝大部分重要的特征是"意向性"。在意识研究的理论建设中，对意识的结构与机制的研究也是一个十分重要的基本问题，这有助于推进意识科学研究的纵深发展。在意识的结构问题上，罗兰德斯等认为，意识的独特结构在很大程度上具有二元性结构，即意识具有对象客观和意动活动这样两种经验。意识既是认识的合成物，同时也是一个综合性的问题，意识具有混合性结构特征，可能是一种"大现象"或"机体的心灵"。[2]从现象性的结构特征看，意识主要的现象性特征包括：①主观取向与客观取向；②身体与精神；③焦点意识与边缘意识；④稳定与变化；⑤表征与直觉；⑥行为与中介。人的意识的主观现象具有重复性、一致性和结构的稳定性。其虽然没有形式化的结构，但也可以从功能上划分为感觉存在/心理觉察、反思或元认知这样一些子系统。关于意识与无意识的相互作用机制问题，一些学者提出意识与无意识分属两个不同的认知子系统，它们遵循着各自不同的加工模式，有着特定的神经机制与行为指标。从内隐记忆到外显记忆之间的随机独立性和功能独立性特征中，也可以体现出这两个相互独立的系统的存在证据。意识与无意识之间的关系不一定是一种因果关系，就像白天与黑夜之间不存在因果关系一样，而有可能是一种"伴随性"关系。同时，人的意识不可能一次完成，人的意识世界实际上正是这两个方面不停地相互作用形成的。意识是通向巨大的无意识心理的通路，其中交织了"意识-无意识-意识"三位一体的心理流活动。

第二，意识理论模型的建构。意识科学研究最为值得关注的一个趋势是许多理论建模热潮的出现。有论者提出，"科学中的模型主题再一次成为认知科学研究的中心。理论模型在科学研究中具有十分重要的意义，模型研究能够使得理论假设和实验设计获得一种比较稳定而严密的认识框架。认知科学的模型方法对于

---

① 李恒威，黄华新."第二代认知科学"的认知观.哲学研究，2006（6）.

② Angell J R. Psychology at the St. Louis congress. The Journal of Philosophy，Psychology and Scientific Methods，1905（20）.

从另一个侧面为从实验上彻底解决心身问题提供了可贵的参数"①。目前在西方涌现出的意识理论模型中，主要有单因素模型、认知多重表征模型和心灵剧场模型等，前两者为理想型，后者为类比型。单因素模型是建立在认知神经科学的基础上的一种有影响的意识理论。有学者根据临床上"盲视症"等患者表现出认知功能上的分离症状，提出人的意识活动具有模块化与一体化性质。②也就是说，在人脑中不存在两个分开的意识系统，人的意识无法同时进行许多不同的思考。对于正常人而言，虽然意识可以模糊地觉知许多事情，但是，在任何一个时刻只能集中于一件特定的事。"进化已经给予我们一个单轨的心理，同时有许多无意识事件发生，但是只能有一个意识流在进行。"③这一模型的优点在于比较好地揭示了人类认知资源的有限合理性，因为真正的意识经验就是一种使人类认识到自身经验的有限性。同时，将有限性概念引入意识研究中也有积极的意义。有限的容量便可以进行度量或测量，可以建立模型，即可以进行实证研究。认知多重表征模型强调了意识的综合作用机制。"表征"是传统认知心理学的一大核心概念。现代认知科学建立的意识表征理论模型，经历了一个从计算表征、语言表征到知识表征、意识表征和神经表征这样的演进过程。

杰克多夫等学者的意识表征理论则综合了这些内容，认为意识水平有三个层次：一是最初阶的表征，属于前意识性的，由神经生物系统的同步激活来支配；二是中阶表征层次，属于意识的层次，由人的认知觉察按照现实主义的原则来操作；三是最抽象的表征层次，涉及倾向主义和高阶觉察的内容，按照语义主义的规则来运行。④中阶水平的表征所体现出意识的状态最为明显，而在初阶和高阶的表征层次有意识的成分比较少。

"心灵统一场说"是近年来西方最为盛行的意识模型，即意识与无意识工作的统一场分布模型，这一模型由巴尔斯提出。他认为，要解释人的意识经验为什么如此丰富多彩，而任一时刻的具体经历为什么又相对简单，就必须假设大脑需要某种"综合空间"，这类似于信息交换台，它可以使神经系统中专门化了的无意识处理器进行相互作用，就像它与剧场的舞台，或者教室里的黑板或电视屏幕一样。人类的意识活动是一个容量有限的舞台，其中共有5个认知子系统活跃在

①　Machamer P，Sytsma J. Neuroscience and theoretical psychology. Theory & Psychology，2007（2）.

②　Prigatano G P，Schacter D L. Awareness of Deficit after Brain Injury：Clinical and Theoretical Issues. New York：Oxford University Press，1991：127-151.

③　Mihail C，Bainbridge W S. Converging Technologies for Improving Human Performance：Nanotechnology，Biotechnology，Information Technology and Cognitive Science. Hague：Kluwey Academic Publishers，2002：102.

④　Jackendoff R S. Consciousness and the computational mind. Cambridge：MIT Press，1987.

这一中央执行控制台上，即工作记忆、意识体验、注意、有意识和自动化的执行控制操作系统。①

　　当前，西方意识理论模型研究仍处于不断的创新之中，这标志着认知科学在实证研究方面积累许多新科学资料的同时，迈进一个将实证与理论相结合的新阶段。第三代认知科学最大的贡献可能是对意识和无意识神经机制的研究。关于"无意识如何向意识转化，意识如何向无意识转化，这些转化潜在的脑机制是如何发生的，其中包括脑的解剖和功能结构、神经网络联结及其突触活动基础。认知神经科学近年来的研究主要集中在无意识与脑结构和神经网络的关系上"②。根据克里克等的研究，意识是大脑整体活动与特异区域的产物。通过神经影像技术研究发现，人在意识活动发生时，会持续产生 250—300ms 的 40Hz 高频振荡波。因此，他们把 40Hz 的高频振荡波视为意识状态发生的信号，或者说是"意识突现的神经相关物"（neural correlate of consciousness，NCC）。③爱德尔曼等提出，意识活动的生物机制是脑皮质向底层皮质及皮下层结构的再输入过程，其导致海马、丘脑联合皮层和感觉皮层之间产生特定部位相互捆绑的 40Hz 现象，这是意识产生的中心环节。④认知神经科学家邱恰兰德认为，意识活动不依赖感觉输入，而与个人的内在经验有关。意识活动主要体现在以网状结构为神经基础的注意机制上。只有注意到的刺激才能引起人们的意识，许多非注意的刺激没能达到意识水平，就不会被意识到。⑤有学者认为，无意识与意识有着不同的生理基础和运行机制，大量的无意识是并行处理的过程，而意识活动是串行处理的过程。无意识也是一种整体活动，其背后隐藏着一个专门特殊的处理器，这种专门的处理器的特征十分类似于认知神经心理学上所讲的"模块"，其功能是统一的或者是模块化的。⑥对无意识地位及力量的实证研究是当前认知科学研究最为引人注目的成果之一。研究发现，人们日常活动大多数属于无意识性质的，不论是内隐认知、自我认知还是内隐社会活动，"人们仅在 5%左右的认知活动中是有意识的，因此，我们大多数的决定、行动、情绪和行为都取决于超出意识之外的那

　　① 伯纳德·巴尔斯.在意识的剧院中：心灵的工作空间.陈玉翠，秦速励，伍广浩，等，译.北京：高等教育出版社，2002：37.

　　② vsn Leeuwen C. 2007. Synchrony，binding，and consciousness. Theory & Psychology，2007（6）.

　　③ Crick F，Koch C. Towards a neurobiological theory of consciousness. Seminars in Neuroscience，1980（2）.

　　④ Edelman G M，Mountcastle V B. The Mindful Brain：Cortical Organization and the Group-Selective Theory of Higher Brain Function. Cambridge：MIT Press，1982.

　　⑤ Churchland P S. Neurophilosophy：Toward a Unified Science of the Mind-Brain. Cambridge：MIT Press，1989.

　　⑥ Grunert K G. Automatic and strategic processes in advertising effects. Journal of Marketing，1996（4）

95%的大脑活动"①。同时，无意识活动也需要消耗许多人脑活动能量。国内有学者从内隐记忆、内隐学习的角度研究了意识与无意识之间的贡献水平，结果表明，无意识的内隐学习具有"高选择力、高潜力、高效性"这样的"三高特性"②。在校学生普遍以无意识的内隐学习方式为主。这一发现，无论对个人还是对教育界来说，对无意识深入了解的意义都是极为深远的。

二、当前认知科学研究意识的新焦点与难题

进入 21 世纪，西方认知科学研究又迈上一个新的发展平台。2000 年，美国国家科学基金会和商务部共同推出了"纳米技术、生物技术、信息技术和认知科学"四大聚合技术研究计划，其中提出："最高优先权被给予'人类认知组计划'，即通过多学科的努力，去理解人类心智的结构、功能，并增进人类的心智。其他优先的领域还有人性化的传感装置界面、通过人性化技术丰富交际、学习如何学习、改进认知工具以提高创造力。"③随着国内外认知科学运动的空前高涨，认知科学范式的意识研究重心焦点也发生了一系列新的转向及变化。

第一，从认知功能性研究到意义世界和意向性的探讨。意识的认知功能性的研究证明，发展到对人类心智意义的探讨，是当前认知科学研究的一个重要变化趋势。尤其是意向性概念的活跃可以说是对人的心理本质活动的又一次新的思想认识。第三代认知科学研究者认为，心理活动机制不需要像计算机那样按照精确的符号逻辑表征方式来运行，人的意识活动可以根据对象性意义世界的支持，自主地调节个人的活动。为了更深入地研究人的意义世界，许多认知科学家对意识的"意向性活动"这一著名的布伦塔诺难题发起了挑战。布伦塔诺难题是指人的心理活动机制主要是依靠"对象世界的内容和意义"来进行的。"心理现象"不同于物理现象，人的心理现象实际上是指"意识的意向内容"或"意向体验"。所谓意向性问题，就是人的意识内容对外部世界的指向性即意识的对象性、自主性和体验性问题。目前认知科学界出现了意向实在论和意向工具论这样两种不同的主张。意向性实在论者提出，意识表征具有能够表达特定命题的功能。人的情感、态度、意向性、信念等也是一种表征，也是一种实在的存在形态。人的心理意向性具有宽与窄的内容。所谓窄的意向性内容，是指单纯由意向状态持有者头

---

① 唐孝威，等.脑与心智.杭州：浙江大学出版社，2008：317.

② 杨治良.社会认知具有更强的内隐性——兼论内隐和外显的"钢筋水泥"关系.心理学报，1998（1）.

③ 蔡曙山.认知科学：世界的和中国的.学术界，2007（4）.

脑中的状态和性质所决定的内容；而宽的意向性内容是指意向状态持有者与所处环境相关的内容。这些不同属性的意向性状态都具有因果性、功能性和一致性，能够反映知识论的真值性质，最终成为影响人的意识发展的决定性因素。意向工具论者则强调，心理状态、意向性、信念与行为活动也是一种自然的存在，是自然界的一部分。人的意识状态与物理机制具有相似性和可塑性，甚至是机械严谨性。一些认知科学家基于布伦塔诺的意向性立场，将人的心理活动划分为两种不同的基础性内容"子个体认知系统"和"意向性状态系统"。意向性状态系统是一种具有自身经验现象的物理虚拟意识系统，通过对意向性表征进行新的建模，进而制造出具有自主性的新一代计算机。这一新的意向性理论成为当前人工智能研究的一个重要思想资源。

第二，从心脑关系到身心关系。西方认知科学研究意识问题的另一个新趋势是从心脑关系到身心关系的转向，身心关系已成为当代心理科学与神经科学的交汇点。新一代的认知科学研究者试图在对产生人的意识的物质基础的可靠性分析中，进一步审视身心问题、心物关系问题以及意识与大脑的关系问题，进而深刻地揭示人的心智和意识的工作机能。传统的认知心理学十分重视认知活动脑物质机制的研究，也就是探讨意识与大脑的关系问题。对于这一问题，正如著名心理学家洛莫夫所指出的：心理和意识作为客观现实的反映，至少需要包括三个方面的内容：一是反映与被反映之间的关系，即主体知觉与客体之间的关系；二是反映与基质之间的关系；三是反映与机体行为之间的关系，即反映的调节功能。在对行为的支配作用上，心理活动同神经生理活动密切联系，不能截然分开。换言之，我们必须在机体与其环境相结合的条件下研究身心问题。①因而，"心理与大脑的关系"问题也变成了"身心关系"的问题。这自然涉及对身心关系这一笛卡儿难题的重新研究。当前认知科学十分关注人类认知活动的身体基础、身体在认知活动中的首要作用问题。以莱可夫等为代表的"具身心智观"提出了一种"通过身体认知世界"的新观点。在他们看来，人脑、身体、周围世界之间的互动关系可视为一个动态系统，其原理与其他物理系统相同。笛卡儿的身心二元论将身体划归于客体一侧，把人的身体视为无生命的机器。实际上，人的心智是脑、身体和环境彼此相互作用的动力突现的具体结果。具身的心智不仅仅存在于脑中，还体现在整个中枢中。心智是脑、身体和环境彼此相互作用的动力突现的结果，而心智的意向性也发展到了身体的意向性。目前人工智能的研究也出现了一个由

---

① 鲍里斯·F.洛莫夫，冯炳昆.认知科学与身心关系.国际社会科学杂志（中文版），1989（1）.

基于物理机器的认知模拟转向基于自然生理机制的认知研究的发展趋势，即为了更好地模拟人的心理，使不灵活的机器灵活起来，迫切需要揭示"人类的智能实体与他们的环境相互作用的机制"问题，以更好地推进对人心智的模拟研究。

第三，从意识的理论模型建构到认知科学的行动研究。长期以来，认知心理学研究在基础理论方面的研究比较深入，实践应用则显得比较薄弱。建构主义者波特曾经指出，认知主义的特征之一就是它通过强调认知过程和实体，而使研究者脱离人们彼此所进行的各种实践活动。他批评目前的认知科学研究仍然没有将人的实践行动活动概念化，未能认识实践的行动定向和协同建构功能，也未能说明实践如何通过人的分类、公式化及定向等活动获得意义。波特提出，"要超越认知主义则需要强调在自然情境中实现和认知的'文本'的产生过程，这种文本又是实践活动的组成部分"①。近年来，认知科学范式的意识研究在实践应用方面有了明显改观，出现了从意识模型建构到认知行动研究的新景象。认知科学研究者认为，当现有理论和范式难以解释新的变异情况，且这些变化发生在实践领域时，就会引发行动研究。

目前认知科学中涌现出的比较成熟的行动研究范式是计算仿真模拟路线。这一认知科学的行动实践路线主要由四个步骤组成：步骤一是确定模型，即为了实现行动计划，需要建立一个综合而又灵活的分类系统，并把有关现象秩序化。步骤二是确定有意义的行动模式。要开展研究，就必须对已经选择作为有关主题的认知实践活动进行分析、分类和计算编程等行动。认知活动是符号的，并由规则、惯例和习俗来控制，因而这一阶段需要建立产生正确、适当任务的相关标准。步骤三是人工智能的模拟操作化。在认知任务的知识和运行工具之间的假说建立必需的桥梁，即模拟仿真路径，既可以作为文化规则系统的抽象表达，又作为关于脑结构和实现过程的假定，制造出具有人工智能的类似"记忆机"和"意识机"一类的智能产品。步骤四为评价与校正阶段。理论模型建构的关键是经过验证、检验。认知科学的行动研究不仅强调"大思想"与实践的对接，还特别重视"小思想式"指导下的实践行动。这一发展方向最终是为人类主体意识能动性的形成机制提出新的方案，这必将使当代的意识问题研究水平达到一个新的高度。

综上可见，当前认知科学持续创新的思想力度之大，超过了许多人的想象。认知科学的意识研究在"思想驱动"方面给人留下极为深刻的印象，其中不仅有

---

① Potter J. Post-cognitive psychology. Theory & Psychology，2000（1）.

"大思想"的突破，更有"小思想"的积累。目前，国内认知科学大都沿用西方相对成熟的实验范式或因循其理论框架，普遍关注从硬件设施方面推动学科建设。而"硬件设施方面相信可以很快与国外缩短差距，但在研究思想创新和理论发展方面，我国学者的学术研究如果要赶超国际先进水平，恐怕是更难达到的目标。这是任何一个力争上游的科学研究者都面临的艰巨挑战"①。

目前认知科学的意识研究固然取得了令人瞩目的成就，但仍然处于起步阶段，面临着许多发展难题，需要在未来的研究中加以解决。概括起来主要体现为理论思想设计依托的限制与研究方法论的局限性两方面的问题。

第一，理论思想设计依托的限制。当前，认知科学范式的意识研究大多属于切片性、平面式的成果，整体性的理论建树还不多见。近20年，西方意识研究的复兴主要是依托于当代科学发展中最具有发展前景的生命科学、脑神经科学和计算科学的研究进展。从理论上讲，生命科学与计算科学是21世纪有发展活力和前景的带头学科。只有不断融合当前生命科学和计算科学研究的新概念、新规范、新技术，才能为揭示人脑产生意识奥秘这一人类重大理论问题提供更为精确的回答，并且在深层次上开辟意识研究的新模式。但问题在于，目前生命科学与计算科学的发展前景尚难预测，如脑科学的进展并不令人乐观。近10年来世界各国在脑科学领域投入了巨额的研究经费，可是真正具有重要突破意义的成果寥寥无几。美国推行的"脑的十年"计划除了进行一场大规模的舆论宣传之外，事实上在基础研究方面并没有显著成效，以致一些哲学家提出，意识的神经生理学研究纯粹是浪费时间。认知神经科学的模块化主张实际上不过是建构起了一个个先天获得装置式的"乔姆斯基王国"②，新一代的计算机只是在运算速度上有了突破，模拟人的心智的人工智能研究则停滞不前。人工智能的重要创始人明斯基曾说，以计算理论解释认知和智力的数十年努力均失败了。③这也加剧了计算主义意识研究的悲观情绪，使得今后认知科学范式的意识研究，充满了不确定因素。当认知科学赖以发展的基础性前提仍处于"争论"的不可靠情况下，要寻求意识研究自身的实体性理论的突破，其困难是显而易见的。

第二，研究方法论的局限性。意识研究认知科学路径的另一个突出问题是研究方法论的局限性和不可靠性。近年来意识研究已开始向实验科学靠拢，这是目

---

① 张卫东，李其维. 认知神经科学对心理学的研究贡献：主要来自我国心理学界的重要研究工作述评. 华东师范大学学报（教育科学版），2007（1）.

② 罗姆·哈瑞. 认知科学哲学导论. 魏屹东，译. 上海：上海科技教育出版社，2006：207-209.

③ Minsky M. Logical versus analogical or symbolic versus connectionist or neat versus scruffy. AI Magazine, 1991（2）.

前这一领域中最为令人满意的变化，但对意识和无意识的实证研究几乎都是以"是什么的"相关分析为推测依据，而无法进行"为什么的"因果关系的解释性揭示。在研究方法上，"相关是一种很容易的科学研究，理论解释的差距则更大"①。特别是目前国内学术界引以为自豪的认知神经科学的研究方法—神经影像学技术还属于宏观性质的研究，包括 40Hz 在内的神经相关物研究仍然属于一种宏观性质的成果，是一种"尚未完成体"，其仅仅注意了局部的神经生理特性，而且神经生理学家也还并不清楚如何寻找 NCC。正如查尔默斯所批评的那样，对脑认知神经科学的研究应该保持适度的期待。这一研究技术不仅难以寻求意识现象的因果解释，更无法揭示人的意识活动的丰富特异性。②另外，实验研究只能进行"是什么"的现象描述，而无法进行"应如何"的价值探讨。如目前一些认知神经科学的意识研究发现"95%的行为是无意识占主导地位"的观点，就属于一种现象层次的描述性研究，实际上这一结论并不利于指导人们的日常生活实践。关于意识研究的未来前景，英国诺贝尔物理学奖获得者约瑟夫森预测，在神经科学和人工智能研究尚未取得实质性的重大突破的情境中，目前需要提倡多学科间的意识研究，以超越现在的认知科学，"意识研究需要受惠于各种学科所能提供的营养"③。我们认为，未来认知科学能否给人的意识带来新的解释的关键是确立新的科学观和方法论，在意识的人工模拟领域寻求更大的突破。

第三节　认知科学对当前教育改革的积极启示

人的能力和智力并不等于知识与文化，但绝不意味着可以脱离知识和文化学习这一培养提高能力及智力的主体路径。当前国际心理学界蓬勃发展的新能力智力观、知识观和学习观，特别是认知心理学、认知建构主义等认知科学研究取向提出的知识本质论、知识分类论、专家型知识生成观点，在一定程度上澄清了现行心理学和教育学上的许多模糊概念，建构了一系列比较完整的关于能力与知识内在关系的理论学说，为 21 世纪初期的能力培养及知识教育改革提供了许多新的有意义的发展线索。

---

① Chalmers D J. How can we construct a science of consciousness? Annals of the New York Academy of Sciences, 2013（1）.

② Chalmers D. Facing up to the problem of consciousness. Journal of Consciousness Studies，1995（3）.

③ Josephson B D. The challenge of consciousness research. Frontier Perspective，1992（1）.

一、认知科学取向的新知识观

知识是人类的认识成果和文明的结晶，是一种对象性的具有客观内容的意识形式。在信息技术、知识经济时代，新知识已成为现代人类发展和能力智力提升的本质性力量。认知心理学在 20 世纪 50 年代后期便开始重视从计算机模拟的角度探索知识系统的开发问题，进入 80 年代又进一步对知识的性质、分类、掌握知识的心理机制和教学设计等问题，进行了系统的理论模型研究和教学设计实验探索。当前国际教育和心理学界蓬勃发展的新的知识观、价值观和学习观，特别是认知心理学、认知建构主义、认知科学和后认知心理学提出的许多新观点，为 21 世纪的教育改革提供了许多新的有意义的发展线索。研究总结这方面的成果有助于我们更好地建构新世纪的教育目标与实践操作的科学理论和方法。

长期以来，在西方心理学的著作和教材中，很少有对知识问题的专门论述和研究。传统心理学受机能主义和行为主义的影响，一直认为知识是外在的社会现象，而不是个体的心理现象。因此，知识是哲学和教育学的研究范畴，不属于心理学的研究对象。心理学界对知识研究的缺乏现状在 20 世纪 80 年代中期以后才有了明显改观，这主要受知识经济社会时代背景的强烈影响，同时也得益于西方认知心理学工作者卓有成效的学术创新积累。在信息技术、知识经济和知识社会的新时代里，新知识已成为现代社会人的发展的本质力量。就 21 世纪初期教育变革的时代精神与要求而言，"急需要有一系列新的知识标准和新的知识信念，来重新理解与建构我们自己和我们的世界。以便为年轻一代提供更好的知识、技能以及对于他们的未来生存与发展更为重要的方法"[1]。

认知心理学的新知识观主要表现在以下几个方面。

第一，提出了内涵丰富的广义知识本质观。认知心理学的中心思想是把人类所有的观念、概念、知识、能力以及脑内加工的过程看作完全可以用物理符号或符号处理的过程，从而为进一步揭示人类心理活动、知识组织的内在机制问题开辟了一个崭新的领域。但是，认知心理学也不是一个统一的学派，从 20 世纪 60 年代开始认知心理学便分化出两大派别：一是以皮亚杰、布鲁纳等为代表的认知结构主义者，他们从知识结构与认知结构角度阐述个体知识形成发展的内在心理机制；二是以西蒙、加涅等为代表的认知信息加工心理学派，他们坚持以信息加工模拟的理论模型、技术路线开展研究，并分析学习者在掌握知识过程中各阶段

---

① Marsh D. Preparing our schools for the 21st century//1999 ASCD Yearbook. Alexandria：ASCD，1999：13.

加工处理的机制和规律，揭示个体知识生成与获得的本质。

认知结构主义将知识定义为是由主体与环境或思维与客体相互交换导致的知觉建构，即个体通过与其环境相互作用后获得的信息及其组织。知识教育的本质"在于形成认知结构过程，而不在于认知的结果……有组织的教育是潜在地把经验变成一套更有力的符号和秩序系统"，同时也提出，心理学要着重研究"被储存于个体内的个体知识，而不是通过书籍或其他媒介存储在个体外的人类知识"，即关于知识的知识是心理学的研究对象。皮亚杰等强调已有的知识结构和经验在个体学习新知识过程中的作用，主张知识的掌握是个体学习者主动建构的过程，从而成为 20 世纪 90 年代以来西方新崛起的建构主义心理学的理论滥觞，因此有的学者将皮亚杰、布鲁纳和奥苏贝尔等划入"认知建构主义学派"。

20 世纪 80 年代初期和中期，西方信息加工认知心理学在此基础上进一步提出了"广义知识"这一新的知识观点，即以广义知识观、技能观代替传统的狭义知识观和技能观，从而为知识学习的内生性成长及发展提供了深刻而丰富的内涵。其中加涅、安德森和梅耶等的研究最有代表性。加涅认为，人类知识学习的结果是个体"习得的性能"发生相对持久的变化，这里的性能既涉及认知领域的变化，也包括动作技能、态度和价值观的变化。[①]安德森认为，研究知识的本质就是要分析说明"知识的表征"。在他看来，传统哲学、教育学对知识本质的研究存在着"致命的弱点"，即没有研究知识的表征问题。安德森从信息加工模拟的角度把知识划分为陈述性知识和程序性知识两大类，认为知识的本质就是这两类知识具有不同的表征。[②]在安德森看来，陈述性知识是个人具有有意识的提取线索，因而能直接陈述的知识以命题网络或图式表征；程序性知识则是个人没有意识的提取线索，只能借助某种作业形式间接推测的知识，其以自动化的产生式的方式表征。在认知心理学中，命题指语词表达意义的最小单位。如果两个命题具有共同成分，通过这种共同成分可以把若干命题联系起来组成命题网络。程序性知识的最小单位是产生式，产生式是指当条件 1、2、3 被满足时，便可产生行动 1、2、3，也就是人经过学习在头脑中形成的一系列"怎么做"的行动。往往用"如果/则"形式表示产生式行动的规则。陈述性知识与程序性知识是两种既有区别、又相联系的不同的知识表征方式，而陈述性知识与程序性知识是以工作记忆为中介来实现的。梅耶进一步明确提出了"广义的知识本质观"学说，认为知识是由"语义知识、程序性知识和策略性知识"三种结构成分组成的"内部事

---

① Gagne R M，Dick W. Instructional psychology. Annual Review of Psychology，1983（34）.

② Anderson J R. Methodologies for studying human knowledge. Behavioral and Brain Sciences. 1987（3）.

态"。在其看来，语义知识是有关言语符号信息、个人关于世界和生活经验的知识；程序性知识指用于具体情境的算法或者一系列步骤；策略性知识指如何学习、记忆或解决问题的一般方法，包括应用认知策略进行自我监控。①

认知心理学"将知识、技能与策略融为一体"的新知识观，不仅扩展了传统的知识、技能概念的内涵和外延，而且进一步提升了知识技能的深度和广度，从而使现代知识技能的学习与创造力的获得产生了深刻的变化。也就是说，广义的知识观不但包括知识的学习与记忆，而且包括知识的理解和应用，同时也包括外部的动作技能和内部的智慧技能，特别是人格态度、学习策略和对内调节控制的"反省认知技能"等成分，从而克服了传统教育心理学单纯将技能视为后天训练而养成的外部动作技能的偏差。

第二，建立了深入细致的知识学习分类与阶段学说。认知心理学不仅从信息加工的新视角构建了广义的知识本质观点，而且在此基础上进一步深入细致地提出了新的知识分类，建立了"广义知识学习的分类与阶段"学说。从科学研究的方法论来讲，科学研究的任务是说明客观事物的内在本质。为完成这一任务，研究者通常采用这样两种科学研究思路：一是对研究对象做概念上的规定，通过下定义来揭示客观事物或现象的内在属性；二是将研究对象分类，通过细化研究对象即划分类型来描述客观事物或现象的本质性联系。以自然科学范式为圭臬的认知心理学十分重视对知识的分类研究，试图深入而细致地探讨知识的各种类型，从而为更好地揭示知识传授的最有效途径（即知识的教学设计）奠定科学基础。因此，系统研究知识的分类，不同类型知识的习得、保持和迁移的心理过程及其内外部条件，便成为当前认知心理学研究知识问题的中心议题的一部分。奥苏贝尔最早把知识学习分为表征学习、概念学习、命题学习、知识的应用、解决问题与创造这样五种类型。此后，加涅则根据知识学习的结果划分为言语信息、智慧技能、认知策略、动作技能和态度。近年来，一些学者在此基础上总结出"广义知识学习的阶段与分类"模型。

广义的知识分类与阶段学说要求，在知识学习及教学的目标导向上，进一步研究如何有效地使学生掌握不同类型的知识。在知识学习的第一阶段，重点要使新信息进入命题网络，教学工作需要为各种学习结果提供不同的陈述性知识教学。在第二阶段，则要帮助学生将陈述性知识转化为程序性知识，以便使他们掌握顺利完成各种智慧任务的技能；最终的教学目标是教会学生习得与应用策略性

① Bayman P，Mayer R E. Using conceptual models to teach BASIC computer programming. Journal of Educational Psychology，1988（3）.

知识，使他们成为自觉学习者和能够自我调控的人。这样就将如何发展学生的能力问题转化为"如何有效地使设计知识类型从而使学生掌握不同类型知识"的问题。为知识教学提供了深入的理论支持。

第三，确立了现代社会个体知识发展的主要目标——"专家型知识"生成获得理论。当代认知信息加工心理学在知识观方面的另一个重要贡献是，从专家知识的表征特征界面探讨个体知识的生成与获得机制问题。这是认知心理学在知识论领域开辟出的一个比较有效且重要的方法。现代高新技术和职业化社会的发展迫切需要一大批高知识、高技能和高素质的专家型知识工作者。那么，专家的知识组织与一般人有哪些区别呢？专家型知识工作者具有哪些典型而重要的行为表征？早期的认知心理学认为，专家具有丰富而复杂的陈述性知识和程序性知识。专家的陈述性知识与程序性知识反映出类似数据结构、图式或框架方面的具有精细化性质的语义结构及方法步骤。最近10多年来，认知心理学侧重对"专家的工作专长"的研究。在认知心理学者看来，专家的工作专长集中表现在两方面的内容：一是"典型的、出色的行为表现"，二是"复杂的知识结构"。斯滕伯格认为专家型知识工作者具有三个基本的表征：一是专业知识信息量（组块）方面的差异；二是在运用知识解决问题的效率上的差异；三是洞察力上的差别。在专家擅长的领域内，知识信息量大，解决问题的效率高。而在专家非擅长的领域内，他们与一般人并没有什么大的差异。[①]西蒙则强调了两个关键性要素：大量的专业知识技能信息量和长期坚持不懈的工作投入。20世纪80年代，西蒙的研究发现，专家型知识工作者人才需要有"5万条专业知识组块（知识信息参数）"和"大学毕业之后14—15年的辛勤奋斗"这两个基本参数条件。[②]这位著名学者及其同事曾对绘画、作曲、体育高手的成长规律做过追踪研究，发现他们之中的多数人花十几年的工夫获得相关领域的专业知识和技能之后，方才取得令世人瞩目的成就。而且即使是艺术界的神童，也超越不了这一规律。西蒙又强调，知识、技能和技巧的提升，需要在专业领域至少10多年的投入和训练时间。[③]人类活动的伟大成果，是经过解决问题的艰巨过程得来的，但仍然深深扎根于寻常知识的积累之中。这个道理并不高深，却极为发人深省。从这个意义上讲，专家型知识

① Cianciolo A T，Matthew C，Sternberg R J，et al. Tacit knowledge，practical intelligence，and expertise//Anders E K（ed.），The Cambridge Handbook of Expertise and Expert Performance. Cambridge：Cambridge University Press，2006：613-632.

② Chase W G，Simon H A. Perception in chess. Cognitive Psychology，1973（1）.

③ Simon H A. The scientist as problem solver//Complex Information Processing：The Impact of Herbert A. Simon. Hove：Psychology Press，1989.

的获得及发展规律并没有什么捷径可走。

认知建构主义是当前认知科学取向的新发展。认知建构主义受后现代心理学的影响很大。后现代心理学的元理论既反思质询"什么是心理学"或"心理学的知识是什么"一类的认识论、知识论问题，又注重在此基础上重新建构起一种"成为部分或者全部心理学理论的中心观点"。在社会建构主义者看来，心理学的概念、理论完全是社会建构的产物，心理学不是知识的客观性的积累过程，而是一种社会建构的结果。知识的建构过程是通过语言实现的，因此，语言规则是科学事实产生的语言前结构。语言本身是社会现象，其意义依赖于语境，语言规则包含"文化生活的模式"。社会建构主义建立其"社会认识论"元理论的四个原则：一是话语知识论原则。后现代主义对知识的建构之关注的焦点从传统二元认识论的主观-客观、心-物世界的关系的探讨转向语词和世界的关系。从人们头脑中的命题转移到人们所说的语言中的命题。焦点主要集中在把人们所用的语词置于我们生活实践中产生和存在的方式之上。语词成为人们借以理解和把握世界的基本方式。二是知识社会关系论原则。激进的社会建构主义者将人与人之间的关系置于首位，这种关系正是在微观社会层面上行为相互依赖的范型。这里并不试图求助于个人间的心理过程来解释这些范型。这样一种尝试或许会成为心理学意义上的还原。因为它把作为被理解的行动的社会性互换放在第二位。语言的意义依赖情境脉络①，没有必要像二元认识论那样追究人的心理如何正确地反映客观现实世界。知识或语言是社会文化和主体间交往的产物，其产生并存在于特定的社会关系、社会情境之中。三是知识语言的经验性、参与性原则。"是我们的经验世界表征了被我们称为的我们的真实。"这一原则主张知识由过去的经验所构成。个人从内心解释外在的经验，进而对这些经验产生深刻的意义。客观知识在被个体接受之前毫无意义。格拉塞斯费尔德更是认为，对知识的理解只能由个体基于自己的经验和信念背景而建构起来。②四是主动建构性、实践性原则。许多建构主义者普遍重视"活动"，尤其是那些具有创造性、形成性、建构性的活动，这些活动能够促进个体的自我生产和自我维持，强调在实践中生成意义，实践又激活着知识的社会关系。

建设性的后现代主义心理学对目前认知心理学中长期盛行的核心假设—信息加工元理论进行了批判。建构主义的社会认识论元理论假设中的核心概念不是"心理机制"或生理机制和表征，而是"话语"、"技能"和"能力"。"表征"是

---

① 裴新宁. 社会建构论及其教育意义. 全球教育展望，2011（10）.

② 恩斯特·冯·格拉塞斯费尔德. 激进建构主义. 李其龙，译. 北京：北京师范大学出版社，2017.

现代认知心理学的一个核心概念，但是在格拉塞斯费尔德和斯皮罗等看来，知识并非对现实的准确表征，它只不过是一种解释和假设，而不是问题的最终答案，其会随着人类的进步而不断地被革命掉。认知信息加工理论重视"知识的表征和信息的输入"问题，这就等于给知识赋予预先的客观确定性和权威性。所谓陈述性知识和程序性知识等概念及与之相匹配的知识学习设计原理，无不反映出传统心理学和现代心理学的"灌输"思想。在建构主义者看来，知识不是一个输入传递的过程，而是一个转换、加工的建构过程。社会建构主义者认为，谈话的方式才是中心；谈话本身提供的不是"心理表征"，而是"心理工具"，可以服务于修补与指示的双重功能，也都可作为发现已有意义的符号。①心智表征的真实是从社会获得的，表征不是对真实事物的指代，而是对在社会传统中运用修辞和文本方式建立的实体的指代（"理论方法"）。

20 世纪中后期，由于高新技术的发展，"人类正面临着知识经济、信息时代与知识社会的挑战。强调依据信息技术进行意义建构与知识创新的建构主义知识观与学习观流行于西方世界"②。建构主义已被誉为"新世纪教育改革的最先进理念"。建构主义由 6 个分支学派组成，即激进的建构主义、社会建构主义、信息加工的建构主义、认知建构主义、社会文化建构主义和控制论系统的建构主义。其中，信息加工的建构主义和认知建构主义提出的知识观最具有代表性和影响力。

激进的建构主义和社会文化建构主义对教育中的知识传递观以及相应的传统的认识论发起了攻势强劲的批判。信息加工的建构主义和认知建构主义则采取了折中的立场，比较客观地回答了"知识的客观性、知识的权威性、知识的预先确定性、知识与技能学习"等一系列知识认识论问题。认知建构主义对目前盛行的主流认知心理学的"知识观点"提出了比较尖锐的质疑。主流认知心理学重视知识的表征和知识的输入问题，这就等于赋予知识预先的客观确定性和权威性。因此，陈述性知识和程序性知识的学习及与之相匹配的教学设计原理，均反映出传统心理学和教育学的"灌输"思想。认知建构主义心理学家斯皮罗等认为，知识并不是对现实的准确表征，它只是一种解释和假设，并非问题的最终答案。其会随着人类的进步而不断地被新的假设替代。因此，知识并不能精确地概括世界的法则，在具体的学习和生活工作情境中，我们需要针对具体情境进行再创造，而

① Shotter J. Social accountability and the social construction of "you". Texts of Identity，1989（1）.

② 高文. 建构主义研究的哲学与心理学基础. 全球教育展望，2001（3）.

不能拿来就用。同时知识不可能以实体的形式存在于个体之外，尽管我们通过语言符号赋予知识以一定的外在形式，甚至这些命题还得到了普遍认可，但是这并不意味着学习知识的人也会对这些命题有同样的理解，而且更为重要的是这些知识在被个体接受之前毫无意义。在认知建构主义者看来，知识的学习和传授重点在于个体的转换、加工和处理，而非"输入"或者"灌输"。学习不是知识的传递过程，而是一个转换和加工的建构过程。在教学过程中学生个人的"经验"和主动参与在学习知识中有重要的作用。对知识的理解只能由个体学习者基于自己的经验及信念背景而建构起来。认知建构主义的这些思想主张成为当前计算机辅助教学（computer-aided instruction，CAI）设计的核心理论支柱。

斯皮罗针对传统认知心理学中的知识教学观，深入探讨了知识的复杂性和知识学习的最高目标问题。对于知识的复杂性问题，斯皮罗将知识的学习划分为完整的知识结构领域和不完整的知识结构领域。斯皮罗认为完整结构领域的知识是指以一定的层次结构组织在一起的事实、概念、规则和原理，在初级知识技能的学习中表现得最为突出。高级知识技能的学习则是将完整结构领域中的知识技能应用于解决具体问题，并在此过程中形成特定的知识规则及程序。因此，不完整结构领域知识的学习具有很强的复杂性、不规则性和认知灵活性。高级知识技能的学习和掌握，特别是专家型知识技能的学习掌握更多地表现出了这一特征。为此，他提出了著名的"认知灵活性理论"。这一理论从信息加工的角度解释认知建构性知识学习的内在过程，"以揭示学习者在实际情境中灵活应用知识的心理机制，从而发展出一套教学设计的原则，来培养学习者灵活应用知识的能力"[①]。

近来西方一些认知心理学者又从认知建构主义观点出发，进一步探讨了专家型知识技能获得与建构的三阶段模型：第一个时期是以学习和掌握完整性知识、技能结构为主的初级知识、技能的获得阶段，其中对于概念、规则的全面学习和熟练掌握是这一阶段的基本特征。第二个时期是以熟练理解与解决不完整的知识技能问题为主的高级知识和技能的获得阶段，能够灵活地解决个人生活和工作问题是其主要活动方式。第三个时期是专家型知识技能的获得和创造阶段，即按照程序化的策略模式，高效率地创造性解决那些具有"精细结构"性质的职业性工作问题。这一阶段代表了现代社会人的最高创造性水平，其往往需要经过 10 多

---

① Spiro R J，Coulson R L，Feltovich P J，et al. Cognitive flexibility theory：Advanced knowledge acquisition in ill-structured domains. The Tenth Annual Conference of the Cognitive Science Society，1988.

年的高级训练时间和个人艰苦努力，才能建构形成"职业工作专长"。

进入 20 世纪 90 年代中期，心理学界又涌现出一种新的研究形态—认知科学。斯滕伯格指出，现代认知心理学的研究经历了"两次革命"：一次是在 20 世纪 60—70 年代出现的"思想驱动革命"；另一次是 20 世纪 90 年代以来出现的"信息驱动革命"。在"信息驱动革命"推动下，认知心理学已经逐渐演化为新的学科形态—认知科学。认知科学是研究广义的认知问题的新学科领域，是一门产生于人工智能、计算机科学、神经生理科学、认知心理学、语言学和控制论等学科的横断学科。日本和美国的一些学者将认知科学界定为"研究心智的科学"或"模型的科学"，有的则明确将认知科学归结为"知识的科学"，即有关处理知识的理解、形成和发展的科学。[①]从目前国外认知科学的发展可以看出，它是一门运用新的技术方法来研究"知识问题"的硬科学。认知科学所建立的知识观点普遍严格地被限定在"人工知识系统"的范围之内，因而集中于研究知识的客观表征、知识的编码、专家知识系统的开发等主题。人工知识或智能领域中专家知识系统的开发对认知心理学在研究知识的方法上产生了极其深刻的影响。

近 10 年来，随着西方后现代主义和后现代心理学的兴盛，在认知心理学中又出现了一个新的认知研究取向—后认知心理学。[②]如果说信息加工认知心理学的知识观对知识认识论和科学性知识的研究做出了突出贡献，那么，后认知心理学的知识观则对知识价值论、常识性知识进行了有意义的解构与重建。也就是说，认知信息加工理论所关心的问题是"对知识的研究应该怎样进行"、"知识是怎样形成的"以及"怎样才能有效地传授知识"等知识认识论范畴问题，后认知心理学则着重探讨了诸如知识与真理、知识与价值、知识与社会、科学知识与日常知识等方面的知识价值论问题。后认知心理学对认知信息加工心理学的知识认识论进行了知识价值论层面的有力补充。

关于后认知心理学，目前还没有统一而明确的标志性理论。西方学术界一般把它视为当代认知心理学和认知科学"泛化"的结果，是认知心理学与后现代主义相联结的一种"尝试"。当前认知取向的心理学知识研究出现了"限制"与"泛化"、"保守"与"激进"这样两种对立的研究趋势。以信息加工心理学和认知科学为代表的研究科学知识的认知心理学，主张对研究主题的明确与限制，提出应把知识问题研究严格限定在人类的"有形知识"领域，即信息模拟和知识系

① Hardcastle V G. How to Build a Theory in Cognitive Science. Albany: State University of New York Press, 1996: 7.

② Potter J. Post-cognitive psychology. Theory & Psychology, 2010 (1).

统的范围之内，才能建立新的、科学的知识观。而侧重探讨人的"无形知识"的后认知心理学研究，则主张重视对人类日常真实生活的认知、社会认知和个体知识经验建构等问题的研究，其所建立的知识观具有明显的泛化趋势。后认知心理学力图将日常语言分析、经验分析方法与科学技术认知的兴趣结合在一起，以重建新的知识认识论与价值论体系。因此，对日常生活知识中的无形知识、缄默知识及内隐性知识在认知信息加工处理中的作用进行多方面整合探讨和深入研究，便汇成了当前后认知心理学研究的一个工作重点。

西方认知取向的心理学对知识问题的研究，经历了信息加工心理学、认知建构主义、认知科学及后认知心理学等学科视角和理论框架，积累了丰富的学术成果，使我们对人类知识的认识越来越深入、细致，越来越接近人的日常生活世界。这些新的有代表性的知识观点一经问世，便很快在西方社会各界产生了巨大的反响，现在已成为欧美国家 21 世纪教育教学改革的理论支柱和策略思想，同时也会对中国的教育改革和人才培养模式产生重要影响。

二、认知科学取向的知识观与教育改革

当代西方认知科学取向的知识观对于知识本质论、认识论及价值论问题的深入研究和细化性的新解释，为我们重新审视心理学的传统课题特别是现代知识教育中的许多重要问题，具有重要的理论价值和实践意义。

从理论上来讲，知识观决定教育观，教育观决定知识教育改革观。认知取向的新知识观对于心理学的传统学科理论研究，既有填补空白的作用，又有教育改革创新意义。长期以来，知识属于哲学、教育学的传统研究范畴。心理学虽然普遍承认知识是人的能力、智力、技能和心理形成及发展的基础，但是对于什么是知识、知识怎样转化为技能和智力等这样一些基本问题，20 世纪 60 年代以前，心理学并没有做过深入和系统的研究。教育家在阐述这些理论问题时基本上停留在哲学水平和常识水平。受知识理性主义和行为主义思想支配的传统心理学认为，知识、知识观和知识教育是哲学认识论与教育学的研究对象，并非心理学的"科学问题"。因此，20 世纪 70 年代以前的西方的心理学著作中很少有对知识问题的专门论述。这种研究态度也影响到了我们中国的学术界。例如，《中国大百科全书·心理学》《心理学大词典》《简明心理学百科全书》等权威性辞典中，均没有收入"知识"这一词条。国内外心理学界长期以来对研究"知识"不感兴趣的现状，只是在 20 世纪 80 年代中期以后才有了明显的改变。皮连生教授曾对以

加涅等为代表的认知心理学知识分类观做过明确的评价，认为"他们的一个突出贡献是对心理学理论中长期模糊不清的许多概念作出了明确的解释。现代学校教育的一个主要培养目标是对人的智慧和认知能力的培育"①。这一方面的教育目标又涉及"知识、技能、智力和能力"四个心理学基本概念。心理学的研究只有在这些基本概念上有实质性的突破，才有助于推动教育理论的发展。只有认知心理学才使知识的学习和教育真正成为心理学和教育学的中心研究课题。

首先，有助于我们更好地理解和把握知识教育改革的正确方向，扬弃传统狭隘的知识观、技能观，建立与知识经济时代相适应的新型知识观。当前我国正处于知识学习的社会转型时期，"信息就是知识，知识就是力量这句格言在今天比以往任何时候都具有力量。许多信息知识缺乏或者知识贫困的人，眼睁睁地看着自己的命运在别人的手里任意摆布"②。当代社会，知识教育凸显，现代知识与教育的关系远比我们以往所理解的更复杂、更重要。然而在今天我们的教育改革中，这种关系却没有引起教育理论和实践工作者的充分注意和重视。在理论上，目前对知识与能力关系问题的探讨似乎被偏移。例如不少人提出，在知识爆炸的时代里最重要的不是掌握知识，而是发展人的素质和能力，因为知识≠能力。有的人甚至提出，应该将过去"以知识为中心的教学转变为以能力为中心的教学"。③这些弱化知识教育的所谓新"教育改革理念"，实际上是简单地将知识与能力、知识与素质对立起来，这对我们的教育改革实践是非常不利的。从认知取向的知识观来看，知识类型十分复杂而多样：既有陈述性知识，又有程序性知识；既有有形的显性知识，又有无形的缄默知识，还有完整结构的知识领域和不完整结构的领域；等等。我国传统和现行的知识教育工作只是过分重视陈述性知识、显性知识和完整结构领域的知识学习，而忽视了对学生的程序性知识、无形知识以及不完整结构领域知识的培育和训练，造成了"基础教育机械化、高等教育小学化"的不良局面。在知识经济时代背景下，重新思考这些永恒问题既是教育学的任务，也是心理学的基本任务。如果我们从认知心理学的"广义知识本质观"来看待"知识与能力、智力"之间的联系与区别的老问题的话，这些问题便很容易得到解释。用"知识能力"或广义知识这一概念，可以较好地解决许多不必要的争论。这一提法不仅反映了当前西方认知心理学的知识本质思想，而且体

---

① 皮连生.智育心理学.北京：人民教育出版社，1996：22.

② 石中英.知识转型与教育改革.北京：教育科学出版社，2001：6.

③ Voorhees R A. Competency-Based learning models：A necessary future. New Directions for Institutional Research，2001（110）.

现了近期一些经济学家的理念。例如，著名经济学家胡鞍钢便以"知识贫困"概念为线索，提出 21 世纪的知识能力是指获取、吸收和交流知识的能力，而"知识贫困衡量的不仅仅是教育水平的低下的程度，而是指获取、吸收和交流知识能力的匮乏或途径的缺乏"①。以"知识能力"或者广义知识理念来设计、组织实施目前及今后的素质教育和创新教育政策，才能建构起真正符合 21 世纪时代精神的教育实践社会制度。

其次，有助于进一步克服基础教育工作中的知识方法论与知识教育价值论之间的矛盾问题。改革开放以来，我国教育理论界和实践工作者非常重视知识教育及学习中的方法、规律、知识结构等问题，这对克服传统的灌输式教育和机械式的知识学习弊端具有十分重要的意义。信息加工心理学研究也重视对方法、认知策略、知识结构、命题、图式等知识认识论问题的研究，但过分重视这些知识的学习与输入，并不利于知识的内化与外化。正像泰戈尔所批评的那样，假如一个人不断地将概念和方法装入自己的大脑，那么总有一天，他便会发现自己的头脑像戈壁滩一样干涸。布鲁纳倡导的认知结构主义的教学改革实验之所以失败，便与过分注重形式化的方法论教育训练有很大的关系。在这一方面，认知建构主义所提出的知识观就比认知信息加工观点更可取一些。认知建构主义强调经验、信念、主动参与、灵活性、情境性等知识价值要素在知识教育学习中的作用，比较好地解决了"知识认识论与知识价值论"之间的矛盾关系问题。新近崛起的后认知心理学异常重视知识价值论的探讨。从我国教育改革实践来看，忽视知识价值论方面教育在实践中已经暴露出一些问题。

再次，有助于在高等教育工作中正确处理"专长教育与通才教育"之间的关系问题。当前认知建构主义者提出的专家型知识技能的获得与生成的观点是否与我们现在提倡的素质教育、通才教育相矛盾呢？世界范围内科学技术的高速发展和综合国力的激烈竞争对我国现行的人才结构、人才培养模式以及教育结构体系提出新要求和挑战，同时也带来了新的发展机遇。近年来，通才教育、素质教育思想在我国高等教育中十分流行。但是，我们不能由此得出"专业教育、专长教育或者专家型人才的培养任务已经过时了"的结论。事实上，在现代通才教育体系中，专家型训练和高级知识技能的专长教育占有十分重要的位置。素质教育和通才教育是更高意义上的知识技能专长教育，没有工作专长和特色的素质教育、通才教育和创新教育，是根本没有生命力的万金油教育，必然培养出一批失去生

---

① 胡鞍钢，李春波.新世纪的新贫困：知识贫困.中国社会科学，2001（3）.

存和发展竞争力的一般性人才。党的二十大报告提出，"教育、科技、人才是全面建设社会主义现代化国家的基础性、战略性支撑。必须坚持科技是第一生产力、人才是第一资源、创新是第一动力"，高等教育面临着又一轮新的发展竞争，只有选择"通才+专长"的现代人才培养模式和制度化的知识管理体系，才能造就一大批具有创新精神和素质的专家型知识工作者。从这个意义上讲，认知取向的专家型知识生成观点与成长模型特别值得我们重视。

第七章

情绪与意志心理学的理论探讨

人是知、情、意、行合一的联合体，丰富多彩的情绪情感被视为生动的人性体现，意志自由更被誉为"人心灵的根基"。受到研究技术和主流研究的影响，许多心理现象的研究在理论与实践之间出现了失衡。这导致了对心理现象的深入理解和有效应用之间的断层，故学界呼吁重新审视并加强理论与实践之间的紧密联系。具体地讲，目前心理学偏重认知研究，情绪情感研究有了新的拓展，意志心理的研究则进展不大。伴随着心理学科学均衡发展的需求以及对积累的海量切片式研究成果的深入反思，认知、情绪与意志研究不平衡的问题引起心理学界的重视。

第一节　当前情绪心理学研究的三个焦点问题

在心理学认知革命迅速发展的时代背景下，研究重心从"冷认知"逐渐向"热认知"转移。人既具有"知"的理性一面，也拥有"情"的感性一面。作为知情意行合一的社会生物，人们在知与情心理功能的融合引导下，为生存和不断提升幸福感而奋斗。近年来，国际情绪研究领域呈现出异常活跃的态势，国内心理学界也迎来了情绪研究的高潮。情绪研究作为 21 世纪心理学发展的新焦点，已成为多学科交叉研究的前沿和热点领域，从而平衡了心理学界多年来以"认知心理状态、过程、现象"为主导的研究偏向。目前，情绪研究热潮主要集中在三个焦点上：一是情绪与认知的关系的探讨；二是情绪计算的研究；三是情绪与健康的关系的探究。

一、情绪与认知

对情绪与认知之间关系的讨论一直是备受争议的议题。长久以来，"是情绪支配认知，还是认知控制情绪"的观点在哲学思想史和心理学史中都占据着主导地位。自 20 世纪 60 年代认知心理学诞生起，认知的思想逐渐渗透到情绪的理论中，直到现在，"情绪与认知相互依存、相互作用"的观点已被普遍接受。作为心灵整体的不同侧面，情绪与认知是人类在社会中生存的必要条件，也成为心理科学构念中的两大核心板块。情绪与认知不仅在功能层面上相互依存、相互作用，而且在大脑结构上也存在着错综复杂的联系。近 20 年来，情绪与认知领域在行为水平和神经基础层面的研究成果爆发式增长，不断推陈出新的理论观点不仅更新了我们对情绪与认知关系的原有认识，而且引发了我们对已有成果进行反思的需求。

（一）情绪与认知关系的新认识

学者对情绪与认知关系的认知，经历了从隶属、分离、整合到互倚的演变过程。随着理论观点的提出和研究成果的不断积累，我们对情绪与认知关系的理解也有了新的发展和变化。现在，"情绪与认知之间整合和互倚关系"的观点正逐渐被认知-情绪一体化的趋势取代。这一趋势可以从心理学领域的生成论视角下的具身情绪，以及神经科学领域的情绪和认知神经生理基础的动力学发展中得以窥见。

在生成论的视域下，情绪理论融合了身体、环境、认知、情绪、行动等核心要素。活的有机体通过身体行动与文化、社会环境进行交互与耦合，形成了富有意义的认知视角，并感受到具有价值的情绪张力，从而构建出一个有利于自身生存的意义世界。[①]相较于传统的以情绪生理变化为主导的情绪生理理论，以及以认知评价为主导的情绪认知理论，生成论情绪理论同时考虑了生理和认知的因素，并在描绘心灵真实面目的角度上展现出了一定的超越性。认知和情绪都以身体为基础，身体及其相应的神经生物因素在认知和情绪体验中发挥着构成性的作用。同时，身体不仅进行思考、认识，还感受和体验，构建出一个意义世界以维持自身的同一性，从而使情绪与认知在身体中实现统一。

神经科学视角下的认知-情绪一体化趋势，主要体现在情绪的神经生理基础与认知的神经生理基础之间存在着结构性连接和功能性连接。大脑功能特异性的观点正逐渐被神经整合的观点所取代，这使得我们难以在大脑皮层中明确区分出纯粹的情绪脑区和认知脑区。有研究证据表明，杏仁核、下丘脑、基底核、前额叶、前额叶眶回、前部扣带回、小脑等都参与了认知加工过程和情绪信息的处理。一个主流的理论模型认为，大脑神经网络中高度连通的区域可以视为枢纽，这些枢纽在调节区域间的信息流动和整合中起着至关重要的作用。枢纽的结构拓扑与功能连接紧密相连，共同构成了认知和情感的整合基础。大脑的结构与功能之间的映射关系是多对多的，既包括一对多的情况，也存在多对一的情况。由神经细胞连接形成的特定脑区网络参与了多个神经计算过程，而特定的计算任务也在多个脑区网络中同时进行。多个神经计算是行为的基础，每个行为都包含情感和认知的成分，这些成分可以由情感和认知轴来表示。值得注意的是，这两个坐标轴并非正交，这表明情绪与认知维度之间并非相互独立。[②]

---

① 叶浩生，苏佳佳，苏得权.身体的意义：生成论视域下的情绪理论.心理学报，2021（12）.

② Pessoa L. On the relationship between emotion and cognition. Nature Reviews Neuroscience，2008（9）.

（二）情绪与认知关系研究存在的问题

目前，情绪和认知领域的研究内容在广度上已涵盖认知过程和情绪情感过程的各个方面，在深度上也已扩展到与认知、情绪相关的脑区及其神经生理整合回路。研究方法的进步得益于脑功能成像技术的广泛应用，然而，该领域仍面临着一些理论发展和实证研究的困境。

在观察认知研究和情绪研究时，一个直观的感受是研究成果数量庞大但琐碎且零散，似乎缺乏统一的理论框架来整合和解释这些成果。因此，构建一个具有高解释力的理论模型显得尤为迫切。这种解释力不仅需要对海量的具体研究成果进行整合解读，更要求对心理现象和心理活动的本质与整体提供有力的解释。生成论情绪理论，作为反映认知-情绪一体化趋势的理论，已经在一定程度上精细地描绘了人类心理的全貌。然而，当考虑到个体认知发展的辩证性，即从具体到抽象、从低水平到高水平，偶尔出现退行，总体呈螺旋上升的趋势，以及个体在面临多个好价值和多个所欲时的情感冲突如何化解等问题时，生成论情绪理论似乎仍有进一步发展和完善的空间。从人类历史的演进来看，我们或许已经进化出一定程度的趋利避害机制，但在此基础之上，冲突中的果敢选择、克服困难的坚持，以及向死而生的顽强意志，同样刻画了心灵整体的另一个侧面，反映出有机体通过身体行动在人际交往、文化和社会环境中实现的是知、情、意、行一体。

另一个阻碍当前情绪与认知研究发展的直接困境，在于神经科学领域尚未建立起全面的心理与神经之间的关联映射图。目前，大脑结构连通性的研究结果并不完整，仅涵盖了有限数量的前额叶区域，且通常忽略了皮层下结构的神经通路。除此之外，神经网络模型也面临一些基础性问题。神经细胞组成神经回路，多个神经回路进一步构成神经网络，而在这些网络中，存在着一些具有高度结构连通性和功能连通性的关键枢纽。研究者指出，功能连接模型中的多个神经计算共同构成了行为的基础，然而，这些模型所提供的可能仅仅是特定时刻的一个静态帧，即某一时间点的神经网络映射图。为了更全面地理解大脑的工作机制，我们还需要考虑大脑结构-功能映射过程随时间变化的动态性发展，以及生理属性对短期和长期大脑相互作用的影响。现有的认知与情绪神经机制的整合，主要是基于大量关于"情绪脑"（如杏仁核、下丘脑、海马、基底核等）和"认知脑"（如前额叶、前额叶眶回、背外侧前额叶、前部扣带回等）的研究成果。尽管已经提出了神经网络模型计算的认知维度和情感维度，但仍可能存在尚未被提炼的、能够表征丰富行为的"原始"维度。

（三）情绪与认知关系研究的未来发展

近二三十年来，心理学经历了深刻且彻底的变革与革命式发展，展现出日新月异的研究态势。其中，基于无创脑成像技术的认知和情感神经科学为此做出了巨大贡献。神经研究似乎已逐渐发展成为心理学领域中如同底层逻辑一般的存在。当前，人工智能、情绪计算、大数据、光遗传学等新技术必将进一步推动心理学的未来发展。

全面的心理与神经映射图谱、神经网络拓扑结构以及脑动力学共同构成了情绪与认知领域未来神经基础研究的发展路径。近年来，佩索阿尝试从理论整合的层面来解读认知、情绪和行为的神经基础。在神经回路、神经网络、网络枢纽和神经计算的基础之上，他进一步引入了动力学、分布式组织和差异化结构、突现、由认知资源有限性引发的选择和竞争、自主性等概念，试图建立一个具有情境敏感性、能够捕捉随时间变化的大脑神经轨迹的神经网络计算理论模型，从而揭示大脑解剖学结构和功能连接模式之间的复杂映射关系。①

构建整合情绪、认知和心理整体的理论解释框架是一项重要任务。情绪的认知研究和认知的情绪研究共同转变了"理性至上、贬斥情绪"的传统观念，促进了冷热认知的相互作用与联动，为推动"生物-心性-情绪-认知-实践"动态整合的情绪心理学研究奠定了基础。神经科学研究则从细胞和分子的微观视角揭示了脑和神经网络对个体认知和情绪的基础性作用。与此同时，生成论的情绪理论通过身体行动与环境互动、耦合的视角来解读认知和情绪的生成与意义。综合来看，这些研究形成了一股从生理、个体、社会文化环境等多个层面来全面解读心理整体的趋势——情绪与认知的一体化。然而，这一理论框架仍需要在未来的研究中进一步得到科学检验和完善。

二、情绪计算

情绪计算是当前情绪心理学研究中的一个显著进展。在智能系统由自动化向自主化演进的过程中，人机交互技术成为了 AI 发展的关键领域。而在"人机交互"向"人机组队合作"的转型升级中，情绪计算更是推动新型人机关系发展的核心要素。从历史的角度来看，忽视或边缘化情感不仅是心理学发展过程中的一

---

① Pessoa L. Neural dynamics of emotion and cognition：From trajectories to underlying neural geometry. Neural Networks，2019（120）.

个现象，也曾在人工智能的发展历程中出现。然而，随着神经科学在情绪情感脑机制研究方面取得突破性进展、心理学领域提出并发展了情绪智力的概念结构，以及积极心理学浪潮推动了情绪情感在心理学研究中地位的提升，将情感因素引入人机交互中显得愈发必要。情感不仅有助于人与计算机的交互更加自然、和谐，而且直接影响人们以智能方式进行交互的能力。因此，发展具有类似人类情感机制的计算机既是人工智能在经历"纯认知"机器智能低谷后的新尝试，也是热认知浪潮下的必然趋势。

1997 年，麻省理工学院的罗莎琳德·皮卡德教授首次提出了"情感计算"的概念，从而开创了赋予计算机情绪情感能力的研究先河。然而，这一理念也引发了质疑：复杂多变且具有私密性的个人情绪情感是否真的能通过计算来实现？一项发表在《自然神经科学》杂志上的研究为此提供了有益的启示。在该研究中，研究人员向被试展示了一系列图片并提供了不同的味道，要求被试根据自身的主观经验进行评级。同时，通过脑成像技术记录下了被试的大脑激活模式。研究结果显示，"尽管我们的情感是极具个体性和主观性的，但大脑会将它们转换成一个标准的代码体系。这个代码体系客观地代表着不同的感官输入、内心状态甚至是人的情感，从而说出了一种共通的情感语言"①。

经过近 30 年的持续探索和研究积累，情绪计算技术在理论发展和实践应用方面均取得了显著进步。目前，情绪计算在人工智能领域已经实现了技术化和工程化的应用。然而，值得警惕的是，该研究领域仍然面临着一些亟待突破的技术难题和挑战。总体来说，随着人工智能系统自主化程度的不断提高，识别和理解用户的情感表达已成为计算机形成智能反应的关键环节。这需要我们借助跨学科研究的多元化视角，特别是从心理科学的角度来回应人工智能所提出的挑战。

（一）情绪计算的研究现状

随着当前人工智能研究和应用热潮的不断升温，近年来情绪计算研究在理论和应用层面均出现了新的调整与变化。以下几点简要地概括了情绪计算技术研究的现状。

第一，多模态情绪情感信息的感应与融合，以及基于神经网络的深度学习算法，已成为情绪计算理论和应用发展的核心技术要点和主导趋势。计算机对用户

① Chikazoe J，Lee D H，Kriegeskorte N，et al. Population coding of affect across stimuli，modalities and individuals. Nature Neuroscience，2014（17）.

情绪的识别、理解及响应，构成了人机情感交互的基础环节。传统的单一模态情绪信息采集方式已逐渐被融合语音语调、人脸表情、体态语言、文本情感以及神经生理信号等多模态情绪信息的情绪识别方法所取代。相较于传统的手工特征提取和简化时序信息等操作，深度学习算法展现出更高的识别率和更优异的性能，更有助于解决多模态情绪信息融合的交互难题。此外，深度学习算法构建的情绪识别模型具备较好的鲁棒性，更适用于复杂场景下的情绪识别任务。①

第二，目前已经成功开发并建立起一批生态效度较高且具备一定训练样本量的数据库，包括面部表情数据库、语音情感数据库、情感语料库、多模态生理数据库以及姿态情绪数据库等。在人脸表情及与其相关的肌肉活动自动识别方面，中国科学院心理研究所的傅小兰团队先后建立了 CASME、CASME Ⅱ 自然微表情数据库，并进一步推出了第三代高生态效度的深度微表情数据库 CAS（ME）^{3}。而在基于生理信号的情感计算领域，使用最广泛的数据集则包括由上海交通大学吕宝粮教授创建的基于 62 导 EEG（脑电波）信号的情感计算数据集 SEED（SJTU Emotion EEG Dataset），以及由伦敦玛丽皇后大学的 Koelstra 等开发的 DEAP 数据集。另外，在姿态情绪信息数据库方面，主要有 GEMEP 表情-姿态-语音三模态情绪数据库、FABO 数据库以及 HUMAINE 数据库等。②

第三，情感计算技术的迅速应用与落地，正在教育教学、医疗服务、公共服务等领域深刻改变人们的生活，并展现出广阔的应用前景与巨大的发展潜力。在教育教学领域，该技术能够实时监测学习者的情感状态，为其提供个性化的学习服务，如自动辅导教师系统、计算机辅助学习系统以及智能学习环境的构建等，从而促进学习环境与学习者之间的和谐情感交互，实现智慧学习。其具体应用包括自动辅导教师系统、计算机辅助学习系统以及智能学习环境的构建等。在健康和医疗服务方面，情感计算技术被用于挖掘在线医疗平台患者的满意度，以提升患者的择医行为。同时，结合生物传感器的可穿戴设备能够监测病人的健康状况，情感机器人则为孤独症儿童等社交障碍者以及留守儿童和老人提供陪伴和情感交互服务。在大数据和移动互联网时代的推动下，网络内容管理、网络信息监控和有害信息过滤等社会需求日益凸显。例如，网络舆情在一定的社会空间内呈现出更强的巨量性、集聚性、突变性和复杂性，情感计算技术的应用有助于深入探索网络舆情信息中情感数据的内在规律，以及情感维度的衍生范围，从而实现对舆情走向的精准定位、重点监测和引导干预。

---

① 黄怡涓，左劼，孙频捷.基于深度学习的人脸识别方法研究进展.现代计算机，2020（1）.
② 许芬，闫文彬，张晓平.姿态情绪识别研究综述.计算机应用研究，2021（12）.

（二）情绪计算的研究面临的新问题

当前，人工智能和情绪计算研究正呈现出蓬勃发展的态势。情绪计算研究的实用化程度不断提升，新型实用技术和研究方向层出不穷，取得了显著的成果。然而，我们也必须正视这一领域尚未建立起一套完整、系统的理论框架体系的事实。目前，理论研究仍处于缺乏明确导向的朴素探索阶段，技术实现上也尚未形成一套广泛适用且具备鲁棒性的处理策略。因此，情绪计算在理论、实践和应用发展方面仍面临着诸多挑战。

第一，情绪计算技术仍面临着一些根本性的理论问题未得到有效解决。从计算主义的角度来看，关于人的心灵是否可计算的问题一直存在，并限制了人工智能和情绪计算的发展。第二代认知科学的具身观强调了身体与环境的互动，这进一步凸显了没有身体的人工智能如何能够实现人类的智能和情感的问题。情绪计算遵循人工智能的计算主义纲领，其核心是算法，即将人类的情绪表现和体验视为可通过计算机实现的信息，因此也继承了算法的各种缺陷。目前，人工智能情感认知模型面临的最大挑战是为情感认知找到恰当的计算表征。人工智能的智能计算和情绪计算都是建立在心理学的智能理论和情绪理论基础之上的，例如，当前情绪计算所采用的情绪理论包括基本情绪理论和效价-唤醒度-优势度的三维度模型。从这个角度来看，情绪计算理论的发展受限于心理学对于人类情绪、情感本质的理解程度。情感是人类心灵的感性体现，通过心灵的交流达到沟通、理解和共鸣，而机器似乎很难拥有像人类那样丰富而细腻的情感。真正的相互理解是通过情感共鸣的信号来实现的。当前，认知和情绪相互渗透和整合的观点正在影响人工智能的研究，通过采用整合认知和情绪的非模块化结构来回应不断提高的自主化程度的需求，并开发具有一定程度认知、执行操作和自适应调整能力的自主化智能系统。[①]此外，随着自主化智能系统的发展，人机交互正在向人机组队合作式的新型人机关系转变，这对情绪识别、理解和表达的准确性、意图性和深入性提出了更高的要求。人类的意识是一个开放且灵活的意识空间，而人工智能技术所遵循的封闭性原则无法适应人机情景意识分享所涉及的多方面因素的需求，包括情境、认知评价、人格、文化和社会等。

第二，情绪计算技术在具体实践中确实面临现实困境。情绪计算相当于对人类情绪产生过程进行反向解码，涵盖情绪识别和情绪表达两个方面。在具体研究

---

① Pessoa L. Intelligent architectures for robotics：The merging of cognition and emotion. Physics of Life Reviews，2019（31）.

实践中，需要建立多模态情绪数据库并训练深度学习模型，以实现准确的情绪识别以及情绪的合成与表达。然而，目前利用人脸表情、语音情感、姿态情绪、文本情感和生理指标等情绪信息进行情绪识别时，存在两大常见问题：一是数据库样本不足、情绪粒度不够细致、生态效度较低以及情绪标签不一致；二是算法优化问题，即如何融合多模态情绪信息以增强深度学习模型的识别收敛性和准确性。计算机情绪的合成与表达是人机交互的关键环节，但当前的人机交互现状与自然的、和谐的交流理解相去甚远。在人工智能系统的交互过程中，用户可能遇到各种烦恼、激怒、刺激，或因系统违反用户意愿而感到沮丧、失望、挫败和紧张。智能机器的智能程度尚不足以敏锐地察觉用户在使用智能系统时逐渐增强的挫败感，更别提对此做出适当的回应了。同时，机器交互中的过分冰冷或过分热情，以及答非所问等问题也亟待解决。

第三，人工情感智能体融入社会生活后，引发了一系列科学、伦理和道德问题。随着人工智能的迅猛发展和广泛应用，它对我们的日常生活产生了深远而广泛的影响。这迫使我们不得不认真思考以下问题：当机器拥有了人类情感，这意味着什么？它将如何影响我们的生活？我们应如何对待这种新型的存在物？有学者指出，情感曾是区分人与机器的关键，然而情感计算的出现却模糊了这种界限，从而引发了关于人与机器之间界限的深入思考和讨论。1970年，日本机器人专家森昌弘提出了恐怖谷理论，这是对人类对机器人和非人类物体感觉的假设。近期，一项心理学研究探讨了机器人认同威胁，即对人类自身独特性的威胁，以及它对人际关系和职场物化现象的影响。[1]研究者发现，人们通常会从自己的认知、情感和行动智能出发，去理解机器人的智能，并与之进行互动。情感是人类交流中自然而富有社交性的一部分，人们在与计算机交互时也会自然而然地使用它。个体的多元文化经历越丰富，就越有可能认为机器人具备心智能力，进而越有可能对机器人表现出利他行为。然而，当社交媒体上的虚拟人犯错时，不同文化背景的人们会对其做出不同的道德判断。例如，在被告知虚拟人的不道德行为后，受中国文化影响的人们比受西方文化影响的人们更倾向于认为虚拟人应该承担更大的道德责任。另一项研究则得出了相反的结论，即由算法引发的歧视相比人类的歧视，会引起更少的道德惩罚欲望。[2]

---

[1] 许丽颖，喻丰，彭凯平，等.智慧时代的螺丝钉：机器人凸显对职场物化的影响.心理科学进展，2022（9）.

[2] 许丽颖，喻丰，彭凯平.算法歧视比人类歧视引起更少道德惩罚欲.心理学报，2022（9）.

（三）情绪计算的可能发展

当前，随着人工智能自动化趋势的强劲发展，情绪计算作为计算机科学、认知科学、心理学、情绪心理学、工程学和哲学等多学科的交叉领域，正展现出持续增强的发展动力。在思考情绪计算未来可能的发展方向时，一个核心问题是：情感机器的发展目标是什么？对这个问题的回答将直接决定其未来的发展方向。我们期望通过创建情感计算机，使其能够基本识别和表达情感，而更深远的目标则是让计算机真正具备智能，并能够适应人类，与人类进行自然的交互。尽管目前人工智能的发展水平还远未达到这一目标，但至少在情感识别方面已经取得了显著的进步。人工智能的理论发展与心理学研究紧密相连，心理学对于人类智能和情感本质的理解为人工智能的发展提供了理论基础。从认知计算到情感计算，再到"认知+情感"计算，人工智能的发展过程中体现了认知、情感等心理学研究主题的演变。从根本上说，情绪计算研究探索的是无身情绪的计算生成之路，而心理学研究则探索有身情绪的产生和发展之路。两者在理解人类情感和探索情绪本质、提升人类自身的道路上具有相互融通性。

从心理学的视角来审视人工智能的发展，我们可以看到心理学在顶层设计和底层实施层面都为情绪计算研究提供了理论动力。情绪与认知交互整合的思想已经转化为人工智能中的智能计算和情感计算。离散情绪理论和情绪维度理论为情绪计算提供了基础理论支撑。目前来看，情感的适当计算表征方式正是基于情绪的内在表征（如生理变化肌电、脑电、心率）和外在表现（如面部表情、姿态、语言语调语气）作为符号来进行计算。因此，未来的情绪计算研究仍需要从情绪心理学的研究成果中汲取发展动力。发展的重点在于构建一种既包含情绪经验内容、生理基础又兼顾计算作用的理论框架，以此来解决那些当前难以计算的因素，如情境信息、社会文化、个体的实践活动和意义等。同时，情绪计算研究还将从具体实施层面获得支持。深度学习算法需要大规模、高质量、高生态效度的情绪数据库进行训练，而心理学研究者通过建立和发布相关的情绪信息数据库来为此提供助力。例如，在面部表情识别领域，中国科学院心理研究所的傅小兰团队已经建立了第三代高生态效度的深度微表情数据库 CAS（ME）^{3}。[①]

从计算机领域的视角来审视心理学的发展，我们可以看到情感计算（包括情

---

① Li J T，Dong Z Z，Lu S Y，et al. 2023. CAS（ME）^{3}: A third generation facial spontaneous micro-expression database with depth information and high ecological validity. IEEE Transactions on Pattern Analysis and Machine Intelligence，2023（3）.

绪的识别、理解和情感的实现）为心理学领域旧有和新兴的情绪理论提供了发展和测试的平台。通过对比无身的情绪产生过程与有身的情绪生发，情感计算为心理学在反思心与身关系问题上提供了深刻的启示。随着人机交互在当前社会生活中的日益深入，以及在未来或将更加紧密地融合，情绪计算研究将持续拓展心理学的研究空间和研究内容。人机交互对人的心理和行为模式产生了哪些影响？机器人认同威胁、人机信任、数智时代的道德判断、偏见歧视、利他行为等，这些新兴的研究领域正在不断涌现。此外，情绪计算研究还丰富了心理学的研究工具箱。借助情感计算技术，我们可以研究特定人群的人格及心理健康状况，探索一定时期内人群心理状态的变化规律，评估心理发展水平和心理健康状况等。例如，在疫情期间，公众应激情感的计算和网络舆情分析等都成为了重要的研究领域。

三、情绪与健康

情绪与人的身心健康之间的关系是情绪心理学研究的重要现实课题之一。近年来，随着国民对心理健康需求的快速增长，社会各界对心理健康问题的关注也日益加强。据《心理健康蓝皮书：中国国民心理健康发展报告（2021—2022）》显示，抑郁风险的检出率达到了10.6%，而焦虑风险的检出率更是高达15.8%，青年人群成为抑郁和焦虑的高风险群体。[①]心理健康问题已然成为影响当今社会发展的重大公共卫生问题和社会问题。随着学科多元化融合的趋势以及大众心理健康素养的提升，心理健康的双因素模型逐渐获得了广泛的认同。在这个模型中，心理健康被看作既无心理疾病又拥有高水平幸福感的完整状态。总的来说，情绪与健康领域因应当前日益增长的社会健康需求而迅速发展，但同时也面临着一些理论发展和实践应用上的挑战，有待我们深入反思和不断完善。

（一）情绪与健康研究的主要领域

情绪是人们对客观事物的态度体验和行为反应，而情绪的调节则是个体管理自身情绪的过程。这意味着个体能够运用某些方法或策略来调整和控制自己产生何种情绪、情绪何时产生、如何产生以及如何表达情绪等。通常认为，适应性的

---

① 　傅小兰，张侃. 心理健康蓝皮书：中国国民心理健康发展报告（2021—2022）. 北京：社会科学文献出版社，2023：29.

情绪调节不仅是心理健康的重要指标，也是保障个体心理健康的有效手段。相反，情绪失调则可能加剧焦虑、抑郁、孤独等心理健康问题，甚至增加罹患心理障碍的风险。因此，情绪与健康的研究往往集中在上述领域，主要表现为对情绪失调与情绪障碍内在机制的深入挖掘与分析，对情绪调节过程和策略有效性的研究，以及不断推陈出新的情绪变量与健康指标及健康行为之间关系的研究等方面。

第一，从行为和认知神经层面揭示情绪失调和情绪障碍产生和缓解的内在机制。例如，在抑郁情绪和抑郁症患者的研究中发现，抑郁个体在情绪加工上存在稳定的负性偏向，对社会反馈的加工存在明显缺陷，表现为对正性社会反馈的期待减少和快感缺失，同时对负性社会反馈表现出高度敏感性。进一步考察高低抑郁症状情绪调节相关的神经活动模式，我们发现抑郁症患者无法完成增强积极情绪的任务，原因在于他们无法维持与积极情绪相关脑区的持续激活状态。这些认知和神经加工方面的缺陷导致抑郁个体在人际交往过程中出现各种适应不良。对儿童心理发展的研究也显示，情绪加工的负性偏向从出生到成年的发展过程中表现出由正性向负性的偏移。具体来说，新生儿和小婴儿时期表现为正性偏向，而随着年龄的增长，到大婴儿及之后的发展阶段，越来越稳定地表现出负性偏向。[①]在缓解机制方面，我们发现背外侧前额叶（dorsolateral prefrontal cortex，DLPFC）是安慰剂镇痛效应的关键脑区。同时，晚正电位（late positive potential，LPP）作为反映对情绪性等突显性信息精细加工的指标，常被用作衡量情绪调节效果。通过采用 TMS 激活 rDLPFC，我们可以提高安慰剂调节情绪的效果，表现为主观负性情绪体验的降低以及客观情绪强度指标 LPP 幅度的减小。这一发现为社交焦虑、抑郁、广泛性焦虑障碍等以情绪失调为主要症状的精神障碍的治疗提供了新的脑干预靶点。[②]

第二，鉴于情绪调节与身心健康的紧密联系，情绪调节过程及情绪调节干预策略的有效性研究显得尤为丰富。根据 Gross 情绪调节过程模型，情绪调节包含识别、选择和执行三个阶段。每个阶段都以"世界-知觉-评价-行为"组成的评价系统为基础进行展开。这三个阶段的评价交互作用共同构成了情绪调节过程的动力体系。值得注意的是，情绪调节不仅涵盖自动化的内部机制，还包括意识控制的调节。在情绪调节的具体策略方面，我们发现有认知重评、表达抑制、注意

---

① 张丹丹，李宜伟，于文汶，等.0—1岁婴儿情绪偏向的发展：近红外成像研究.心理学报，2023（6）.
② 王妹，程思，李宜伟，等.背外侧前额叶在安慰剂效应中的作用：社会情绪调节研究.心理学报，2023（7）.

转移、分离重评和分心等多种方法。这些策略在适用情境、作用效果以及个体的选择倾向上均存在一定程度的差异。从效果来看，认知重评、分心和表达抑制这三种常见的情绪调节策略都能有效地降低负面情绪反应。然而，认知重评和分心策略的使用可以预测正向情绪的增加，而表达抑制则因对个体的情绪、认知和行为方面具有负面影响而被视为一种适应不良的情绪调节策略。特别地，表达抑制更适合用于降低积极情绪的体验。从个体发展与个体差异的角度来看，表达抑制策略的选择呈现随年龄增加而逐渐减少的趋势。随着年龄的增长，青少年更倾向于选择认知重评而非表达抑制。与女性青少年相比，男性青少年更倾向于使用表达抑制策略。青年群体擅长使用基于执行功能（如工作记忆、认知监控和反应抑制水平）的分离重评策略，而老年群体则更擅长运用依赖个体丰富生活经验和创伤经历的积极重评策略。

　　第三，随着研究的不断深入，研究内容也在持续扩展，不断有新的变量被提出，并探讨它们与心理健康之间的关系。过去的研究主要集中在情绪的积极和消极效价、不同的唤醒度，以及多种基本情绪对健康状态和健康行为模式的促进或危害作用。然而，近年来出现了一批新颖的情绪概念，如情绪粒度、情绪区分、情绪复杂性、情绪调节灵活性以及自悯等，这些新概念体现了经典情绪理论之外的突破与进展。具体来说，情绪复杂性反映了个体情绪感受的丰富性、深刻性及区分程度；情绪粒度则是指个体在相似情绪状态之间做出粒度化细微区分的能力；情绪区分则是指个体在识别、描述、命名情绪体验时，能够在相似效价的情绪状态中做出精细、细微区分的能力，这体现了个体在体验和表征情绪时的特异性。大量的研究表明，情绪复杂性、情绪粒度，尤其是负性情绪粒度，对个体的身心健康具有非常重要的意义。[1][2]有一项研究进一步验证了情绪粒度、情绪复杂性和情绪区分这些新概念的合理性。[3]研究者从来自不同文化人群的语音中成功区分出了24种不同类别的情绪，并且这些情绪都可以被映射到一个连续性的情绪空间内。这项研究不仅为这些新概念提供了实证支持，也为我们更深入地理解情绪的多样性和复杂性提供了新的视角。

---

　　① 吕梦思，席居哲，罗一睿. 不同心理弹性者的日常情绪特征：结合体验采样研究的证据. 心理学报，2017（7）.

　　② 叶伟豪，于美琪，张利会，等. 精准的意义：负性情绪粒度的作用机制与干预. 心理科学进展，2023（6）.

　　③ Cowen A S，Elfenbein H A，Laukka P，et al. Mapping 24 emotions conveyed by brief human vocalization. American Psychologist，2019（6）.

（二）情绪与健康研究存在的问题

我国社会转型期所凸显的国民身心健康问题，为情绪与健康领域的研究提供了巨大的动力。该领域的研究内容在不断拓展，成果也颇为丰富，但仍存在一些不足之处。

第一，在情绪与健康的理论模型整合和概念细化方面还有待进一步发展和完善。目前，研究已经涉及抑郁症、焦虑症、孤独症、精神分裂症等多种心理障碍的行为模式产生机制和认知神经活动机制，情绪调节过程和情绪调节策略也得到了较为系统深入的研究。然而，该领域仍然缺乏一个能够整合这些繁多、零散、具体研究结果的理论体系，一个能够说明在生理、行为、情境等多个层面人们的情绪与健康是如何相互影响的理论模型。新概念的提出和理论模型的构建应该是相辅相成的，但近年来形成的一些情绪相关新概念仍处于需要统一界定、规范化测量和系统检验的初期探索阶段。另外，现有的心理健康指标也需要我们进行深刻的反思。这些指标包括积极心理健康指标（如积极情绪强度、生活满意度、自尊等）和消极心理健康指标（如抑郁、焦虑水平以及心理障碍）。然而，这些伞式概念往往无法捕捉到复杂、冲突、细腻的情绪感受。例如，生病时的痛苦感受在心理学中仅用抑郁来定义，这无法充分表达出那种渴望支持又逃避人群、沉甸甸的悲伤重量感以及由此引发的无力、无助感与体验到生命价值的辩证体验。负性指标也忽略了疾病中的个体可能激发的积极方面，如促进对生命存在的思考、对真实自我的认识和理解等。因此，我们需要更加全面、细致地考虑和评估个体的心理健康状况。

第二，情绪与健康领域的研究方法虽然多样化，但研究群体的覆盖面仍需进一步提升。目前该领域存在一些局限性，例如横断研究较多而纵向研究缺乏，这使得我们难以深入揭示情绪适应的动态发展规律。同时，神经影像学研究本质上属于相关研究，难以提供有效的因果证据。干预性研究数量相对较少，也限制了我们对情绪与健康关系的深入理解。由于研究者使用的情绪变量和健康指标存在差异，并受到年龄、性别、收入水平、营养等多方面因素的影响，研究结果存在诸多不一致。在此情况下，元分析技术可能有助于我们更综合地分析研究结果的效应。在研究对象方面，我们需要进一步拓宽样本群体的年龄范围。目前的研究中，成年人样本占多数，青少年样本较少，老年人和学前儿童则更少受到关注。然而，不同年龄阶段和不同群体所面临的情绪与健康问题各不相同。例如，婴幼儿时期的情绪调节能力具有较大的可塑性；青少年时期情绪波动大、敏感，是抑郁的高发期；中年期则面临工作和生活双重压力；老年人则常常经受慢性疼痛和情绪调控功能衰退的困扰。因此，加强各年龄段不同群体的情绪与健康问题研究显得尤为重要。

第三，目前的研究成果在情绪调节机制和策略的实用化程度方面仍有待提高。尽管我们已经科学地验证了不同情绪调节策略的有效性和适用情境，但这些成果往往难以直接转化为简单易行、可操作的干预和使用程序。例如，我们尚需探索如何将这些策略应用于健康群体的日常生活情绪调节、应激状态下的情绪管理，以及针对情绪障碍患者在急性期、恢复期和恢复后阶段的有效干预。同时，对于不良情绪高危群体，如留守儿童等，我们也需要开发更具针对性的应对调节策略。实际上，抑郁症患者在生活中常常经历反复的、不同程度的抑郁发作，而目前的各种情绪调节策略似乎都难以使他们彻底摆脱忧伤的困境。

（三）情绪与健康研究的未来发展

随着我国国民心理健康需求日益增强，心理健康工作的规范化和实践化道路亟待进一步推进和加强。我们需要规范情绪和认知障碍患儿的早期筛查，以提高疾病的早筛效率和准确度，同时应将儿童青少年情绪发育的特征与机制转化为符合其发育特征的教育理念和育儿理念，并以通俗易懂和可操作的方式向大众传播专业化的研究成果，从而提升整体的心理健康水平，减少情绪失调与情绪障碍的发生。

同时，我们还需要继续深入探索情绪障碍的产生机制，开发和检验更多有效的情绪调节策略，并努力构建情绪与健康的理论模型。这包括开发更有效、更健康的主动情绪调节策略和自动化情绪调节策略。相关研究已经表明，情绪区分、情绪粒度、情绪复杂性在缓解负性情绪和维护心理健康方面发挥着积极作用。然而，多数心理障碍群体，如抑郁症、焦虑症、孤独症、精神分裂症等患者，都表现出较差的情绪区分能力，尤其是负性情绪区分。这本质上是由于个体的情绪概念性知识缺乏，只能以粗糙、未分化的形式来区分情绪体验。因此，培养和提升个体的负性情绪粒度可能是一种有效的主动情绪调节途径。目前，针对负性情绪粒度的干预方案主要包括促进个体情绪性概念知识丰富性的情绪词汇干预训练和基于正念训练的个体情绪概念建构能力提升。此外，自悯作为一种在经历痛苦和失败事件后对自我的接纳和关怀的态度取向，研究显示自悯写作能够调节对威胁和安全线索的反应来促进恐惧消退，这启示我们可以将其作为认知干预手段加入基于恐惧消退范式的暴露疗法以提升其有效性。

　　自动化的情绪调节策略也具有很高的发展价值。安慰剂作为一种效果良好且无副作用的自动化情绪调节方法，个体通过预期建立情绪调节的目标来实现情绪的自我调节。虽然接受的治疗实际上并没有治疗效果，但实验者会告知他们这种治疗可以有效调节负性情绪，从而建立所接受的治疗（实际是安慰剂）能调节情绪的预期信念，使症状得到缓解。这种情绪调节的过程无须主动控制功能的参与，属于外显、自动化的情绪调节方式。大量的临床研究表明，安慰剂不仅可以节约治疗成本，还能有效缓解临床症状，尤其在疼痛、帕金森病、焦虑症和抑郁症的治疗中发挥了显著的疗效。

　　从毕生发展的视角出发，我们致力于在行为和认知神经层面深入探索情绪障碍的产生机制，以期为早期的鉴别、诊断与干预提供科学依据。遗传与环境因素共同作用于情绪的毕生发展，并塑造了情绪问题上的个体差异。遗传因素影响着个体在应对不良环境时所展现出的独特性。根据素质-应激模型，当环境因素超出由"素质"所决定的临界阈限时，儿童青少年便可能出现相关的情绪问题。儿童青少年时期是大脑快速发育、可塑性极高的阶段，因此也更容易受到遗传、家庭和社会环境等多重因素的影响，成为情绪问题产生的高风险期。而中老年个体则可能面临伴侣离去、孤独、失独以及慢性疾病所带来的慢性疼痛等应激事件。在这一过程中，人格、童年经历、父母教养方式、负性情绪事件以及家庭社会经济地位等因素都值得我们重点关注。为了更深入地理解这些影响，我们采用横断研究与纵向追踪相结合的设计，结合神经影像学和神经调控技术，并利用机器学习方法对全脑脑电活动进行多模态数据分析，目标是理解情绪性事件和压力环境如何影响个体，并探究哪些因素能够保护或提升个体的情绪调节能力。通过这样的研究，我们期望能够为易感人群在早期提供有效的干预支持。

　　构建整合生物-心理-社会因素的情绪健康理论模型是当前研究的重要方向。在情绪与健康的研究领域中，情绪因素作为前端因素已经受到广泛的关注和研究。然而，对于健康行为与情绪变量相结合的作用机制探讨以及理论模型的建立仍相对缺乏。根据健康行动过程模型（health action process approach，HAPA），健康行为的改变可以分为意向阶段和意志阶段。意向的形成往往不足以直接改变行为，只有当个体进入意志阶段，才会制定具体的行动和应对计划，并付诸实践。情绪调节过程和情绪调节策略虽然能够提升个体的情绪概念知识和情绪调节意向，但尚未涉及到健康行为的意志阶段。因此，建立从情绪调节到健康行为的理论模型显得尤为重要。近期的一项研究结合了生理和心理因素，对应激下的健康管理实践进行了深入考察，这为我们提供了有益的启示。该研究将基因的生物学差异和行动控制的人格差异引入健康行动过程模型，进一步探讨了应激与健康饮食之间的关系及其个体差异。[①]这种跨学科的整合方法有助于我们更全面地理解情绪与健康之间的复杂关系，并为构建更加完善的情绪健康理论模型提供了重要的思路。

第二节　意志心理学的失落与崛起

进入 21 世纪，心理学研究迎来了快速发展的黄金时期，极大地改变了人们的认知理解方式。随着认知心理学、情绪心理学和积极心理学的不断深入，长期滞后的意志心理学在理论与实证研究方面也取得了新的进展。近年来，意志心理学成为国内外学术研究的新热点，有效地改善了主流心理学在知、情、意、行方面理论与实证探讨的失衡问题。同时，在意志心理学的科学探索中，自由意志及其与幸福之间的关系重新焕发了学术研究的活力。自由、意义和幸福不仅是人们生活的目标，也是推动人们前进的动力，更体现了人的本质和人生价值。当前，认知神经科学领域一系列关于探寻人类意志神经生理根源的尝试，以及人工智能、基因工程等现代科技的迅猛发展和应用所引发的科学伦理问题，都使得意志问题的讨论变得更为激烈。

一、意志心理的一般问题

"意志"和"自由意志"是现代哲学的概念，在古代中国的观念世界中并不明显，而近代以来，它们逐渐从隐含状态转变为显现状态，进而演变成现代哲学和心理学的重要概念。从整体来看，关于人的意志的思考可以划分为三个主要视域：一是古代和近代中国的意志思想，二是近代西方哲学和伦理学对意志的探讨，三是科学心理学成立后对意志的深入思考与研究。

（一）我国古代和近代的意志思想

作为哲学概念，意志和自由意志的发展经历了多个阶段。在先秦两汉时期和

---

① 胡月琴，王理中，陈钢，等. CSF3R 和行动控制对应激与健康饮食关系的调节作用：应激影响健康行为的个体化模型的初步证据. 心理学报，2023（9）.

宋元明清时期，这些概念处于隐伏状态。然而，在近代哲学史上，"意志"概念逐渐凸显，自由意志论也成为显题。在先秦时期，儒家学派的孔子和孟子的话语中已经体现了人有自由意志的观念。例如，"三军可以夺帅也，匹夫不可以夺志也"（《论语·子罕》），"为仁由己，而由人乎哉"（《论语·颜渊》），"志士仁人，无求生以害仁，有杀身以成仁"（《论语·卫灵公》），"夫志，气之帅也；气，体之充也。夫志至焉，气次焉。故曰：持其志，无暴其气"（《孟子·公孙丑上》）等话语都体现了这一点。相比之下，虽然庄子有不少关于绝对精神自由的表述，但道家并不重视意志问题。①进一步考察发现，学者认为孔孟的话语空间内志、意的使用范畴以及所基于的"性命"理论框架和思考内容与现代的意志概念、意志研究内容存在差异。在孟子的语境中，"意"有"料想"和"揣测"的意思，而"志"则大多被界定为"心愿"或"意志"，这基本上沿用了孔子的用法，表达了一般的价值中立的"志向"以及"志于仁""成圣"的善良意志。到了宋明时期，王阳明的"意"则表达"意图"或"意向"，表示意识的指向；"志"则表示具有固定道德方向（成圣）的意识活动。近代以来，梁漱溟在中国近代哲学史上第一次把"意志"提高到本体论的地位。他在《东西文化及其哲学》中提出"生活就是无尽的意欲"，该意欲被认为借鉴了叔本华的"will to life"以及柏格森的创造意志。到了 20 世纪 20 年代初期，"科学与人生观"的讨论中，"自由意志"浮现为知识界共同关心的哲学话语。尽管张君劢提出"人生观"与科学无关，科学为因果律所支配，而人生观则为自由意志的，但论战最终倾向了以牛顿物理学机械论、心理决定论、历史决定论等因果决定论为武器的科学派。这场论战展开了基于经典物理学的决定论与自由意志论之间的深入对话和论争。②

在中国最早的心理学教材中，人类心理活动的三大基本分类范畴——知、情、意已初步显现。1905 年，北洋师范学堂监督李士伟起草并制定了《专修预科心理学及辩学教授细则》，该细则对心理学科的教学目的和所用材料做了明确规定。内容涵盖总论和各论两大部分，其中总论包括心理学的定义、心之体与用、意识、注意、心之所在、心身关系、知、情、意等基本概念，以及生初之心、遗传心之发达与外部之境遇等内容；各论则详细探讨了知（如感觉、知觉、记忆等）、情（如感应、情绪等）和意（如冲动、本能、欲望等）的各个方面。然而，中国现代心理学的先驱和理论心理学的开创者潘菽先生，在对西方近现代心

---

① 张岱年.中国伦理思想研究.南京：江苏教育出版社，2005：4.

② 高瑞泉.隐显之间：心学历程中的"自由意志".学术月刊，2022（11）.

理学历史和中国近现代心理学曲折发展进行深入反思后，提出了一个新的分类方式。他将心理活动区分为认识活动和意向活动两大类，这一观点在一定程度上延续了中国古代哲学和古希腊哲学对心理活动的看法。在潘菽的辩证唯物论心理学理论体系中，心理活动由"知"和"意"两部分组成。其中，"知"是认识活动，即人们对客观事物的反映活动，包括感知、思维等；"意"则是人们对客观事物的对待活动，涵盖注意、欲念、意图、情绪、谋虑、意志等方面。意向活动与认识活动之间存在对立统一的矛盾关系，二者相互依存、相互影响，并统一于人的生活实践中对客观世界的综合认识活动或作用中。①潘菽先生对意识心理的研究和对意识根本性的把握，为当代中国心理学的研究和发展提供了重要启示。

（二）近代西方哲学和伦理学的意志思想

人是否具有"自由意志"是近代西方哲学长期争论的问题，主要围绕决定论、自由意志论以及两者的相容性与不相容性展开。决定论若为真，则我们无自由意志可言；而若否定决定论，那我们的自由又从何而来？这是不相容论者所思考的逻辑。决定论有多种形式，如基于经典物理学的机械论、宿命论、心理决定论、历史决定论、神学决定论以及逻辑决定论等。它们均统一于普遍的因果决定论，即认为每一个事件都是由先前某个事件所决定的。在此理论下，因果决定被设想为一个链条，其中每个状态与自然规律共同决定下一个状态。若确定了某一时刻的状态与自然规律，那之后的每一刻状态都可被视为预先决定的，展现出必然性。因此，在决定论的前提下，自由意志无存在的空间与可能。与此相反，相容论者则认为决定论与自由意志可以共存。他们认为，非决定论的世界反而会使自由意志失去根基，陷入无目的、无法控制的偶然与随机性中。20世纪以来，相容与不相容论者均从物理学、神经科学、心理学等领域的研究成果中寻找支持或反对自由意志的证据，但讨论往往变得更加复杂。例如，量子力学中粒子运动的随机现象与混沌理论被用来反驳决定论。粒子运动被认为是随机的，非预先决定的；而混沌理论中，微小的运动经系统放大后，其最终影响远超运动本身。然而，若一切均为非随机且无法预测，那自由意志如何实现则引发质疑。有研究者指出，自由意志与决定论的问题实质上是调和两种态度的问题：一种是我们从主观角度对待自己的态度，通常我们认为自己是自由、自主的存在者，能自主做出决定与选择，并对自己的行动负责；另一种是从客观角度对待周围世界与他人的

---

① 郭本禹.潘菽对意识心理学研究的贡献.南京师大学报（社会科学版），2022（4）.

态度，我们所生活的世界似乎遵循某种必然性法则运作，受严格且普遍的自然规律制约。①

自由意志被视为人类道德责任的基石，是承担道德责任的必要条件。当哲学家尝试在现代科学的框架内探讨自由意志问题时，其直接且现实的后果在伦理学领域内显现，使得个人道德责任的概念陷入困境。基于"人只有拥有自由意志，才能对自己的行为负道德责任"的观点，以及以下两个条件，个人需为自己的行为承担责任：首先，在决定如何行动或实现何种目的时，个人应从多种可能性中自主选择，即拥有选择其他选项的自由；其次，行动的源泉应来自个人自身，而非受经典物理学决定论所支配的、个人无法控制的因素，即行动者应是行动的主导者，完全决定自己的行动。相容论者认为，自由意志和道德责任与决定论是相容的。他们主张因果决定论并未从根本上排除人类自由的可能性，自由在于无障碍地实现个人意愿的能力，即自由行动的能力。然而，不相容论者则持相反观点，他们认为决定论消除了自由意志的必要条件。在普遍因果决定论的世界中，个人的选择是预先确定的，不存在真正的选择余地。个人的选择和行动受动机和性格影响，而性格又主要由遗传基因和环境决定。因此，他们认为人类不可能拥有自由意志，也无法承担道德责任。针对不相容论者的观点，意志自由论者提出了行动者因、后果论证和因果解释等进行反驳。然而，这些论证普遍面临难以克服的困境，使得讨论陷入更深的泥潭。②除了对自由意志根源的探讨外，我们还应认识到，人类行动者已经受到人类社会特有的价值和规范的限制。"自由"作为一个规范性概念，与人类生活的规范性考量紧密相连。

（三）科学心理学对意志的思考与研究

"意志"这一概念在科学心理学之父冯特的心理学体系中占据核心地位，它充当了连接个体心理学与民族心理学的桥梁。在冯特的意志心理学体系中，感觉和情感两种心理元素通过联想和统觉相互作用，形成了观念、情绪和意志三种心理复合体。其中，观念是由感觉元素构成的，反映了主体对外界的客观认知；而情绪和意志则是由情感元素构成的，体现了主体对外界的主观反应。情感、情绪和意志行为构成了一个完整的过程，它们相互依存、互为条件。意志总是以情绪为先导，并最终促使情绪得以恢复。观念流的变化是导致情绪转变为意志的直接

---

① 徐向东. 理解自由意志. 北京：北京大学出版社，2008：16.
② 朱连增. 行动者因与主体对基本动机的自由执取. 世界哲学，2022（6）.

原因，意志过程在情绪的引导下展开，并最终使情绪得以终结，这一过程中包含了观念和情感的变化。意志行为包括两种类型：一种是由情绪引发的内部意志行为，这种行为仅涉及观念和情感的变化，而不伴随外部行为的改变；另一种是由一系列观念和情感触发，并使情绪得以终止的外部意志行为，这种行为表现为身体动作。进一步探究意志的起源和发展的根本条件时，冯特指出意志源于人格的深层——性格，而动机则是推动意志发展以及区分各种意志行为的关键因素。根据引发动机的观念和情感的数量，冯特区分了简单意志和复杂意志。简单意志是由单一动机决定的，它引发冲动行为；复杂意志则是在多种动机相互作用后形成的统一动机所引发的，它产生随意行为。随意行为中包含选择行为，即行为者在统一动机形成之前能够清晰地意识到多种不同动机之间的冲突。当复杂意志行为多次重复时，感知到的动机冲突会逐渐减弱，意志过程也会相应简化和缩短。原本复杂的选择行为会转变为冲动行为，甚至演化为自动化的动作。基于这一观察，冯特认为冲动行为是所有意志行为发展的起点，人类由此逐渐发展出了多种复杂的意志行为。从这一角度来看，冯特的心理学实质上就是意志论心理学。他的心理学体系是其意志论哲学的具体体现。基于实验研究，冯特的关于个体心理学领域的情绪论、动机论和意志论得到了进一步拓展，呈现出由个体心理学向民族、社会、文化等方向延伸的开放图景。①

　　人本主义心理学思想的发展经历了明显的转变，前期主要强调自我潜能的发现和展示，而后期则更追求个人设计和自由选择。在这一领域中，马斯洛和罗杰斯作为自我实现论的代表人物，他们认为自我实现不仅体现了人性本善的基质，更是人的潜能的最高展现，同时也是人的自由意志的归宿。他们将自我实现视为推动人类成长和进步的基本动力。随着人本主义心理学的发展，罗洛·梅作为后期的重要建立者，他支持自我选择论，并坚信自由选择是个体存在与生活的基础，对心理健康而言也是不可或缺的条件。罗洛·梅的观点与奥尔波特相一致，他们都认为心理上有多种选择的人比选择有限的人更自由。例如，如果一个人只掌握一种技巧或只知道一个答案，那他的自由选择就受到了限制；相反，如果一个人的经验丰富，知道多种解答方法，那他就必然拥有更多的自由选择。1969年，罗洛·梅出版了《爱与意志》一书，在这本书中，他在原始生命力、爱与意志的概念和框架内提出了现代人所面临的"意志危机与意志瘫痪"问题。他认为，爱和意志都是个人与世界建立联系的方式，通过我们所渴求的他人的关心和

---

①　舒跃育.作为意志论的冯特心理学体系.西南民族大学学报（人文社科版），2017（11）.

爱，我们期望能从外部世界引发相应的反应。因此，爱和意志可以被看作个体发射力量影响他人，并同时受到他人影响的人际经验。然而，如果爱与意志之间没有建立适当的关系来联系，它们将无法有效发挥作用，甚至可能相互阻碍，而这两者之间的结合则完全依赖于意识的发展。①

二、现代心理学中的意志概念

《心理学大辞典》将意志定义为个体自觉地确定目的，并根据这一目的调节和支配自身行动，以克服困难并实现预定目标的心理过程。②在心理学的研究领域中，意志是与认知、情绪并列的基本心理过程之一。然而，相较于认知和情绪，意志心理过程的研究基础尚显薄弱，其研究空间有待进一步深入开拓。目前，该领域的研究正呈现出崛起和蓄势待发之势，主要关注的内容包括意志的特征及其神经生理基础、意志品质的培养，以及意志行动中遇到的挫折及其应对策略等。

（一）意志的特征及其神经基础

人类意志的神经心理学研究建立在自主行为的直观概念之上。通过观察大脑损伤或疾病对一般行为模式的影响，研究者们试图区分健康人群、神经疾病患者和精神病患者的意志行为。然而，神经心理学研究在探讨意志时往往使用较为笼统的概念，很少为意志提供具体的操作性定义。尽管研究中提及了某些脑区与认知功能的关系，但并未深入分析和提取意志中所包含的具体认知成分。由于意志的准确定义缺失，关于意志的神经科学和脑机制研究常因研究范围的不确定而受到批评。为了解决这个问题，研究者们通过对比由外部刺激引发的行为与被试的自主行为，以期获得与意志直接相关因素的操作性定义。

意志是一个高度社会性的神经认知加工过程，它具备生成性、主观性和目的性这三个核心特征。意志行为的特点在于其内生性，这意味着它能够激发关于是否采取行动、采取何种行动，以及何时采取行动等多方面的内部信息。此外，内生性还体现在行为的变化源自个体的内部。尽管内部和外部事件都可能引发反射性或强迫性行为，但由这些内生事件所引发的行为并不都是由意志所驱动的。例

---

① 罗洛·梅. 爱与意志. 蔡伸章，译. 兰州：甘肃人民出版社，1987：9.
② 林崇德，杨治良，黄希庭. 心理学大辞典（上）. 上海：上海教育出版社，2003：12.

如，当腹部突然感到疼痛时，人们会不自觉地抱紧腹部，这种行为虽然看似是内生的，但并非出于意志。同样地，口渴时想要喝水也不是一种意志行为。因此，我们可以得出结论：某些内生性行为，如决策，属于意志行为；其他一些由更直接的内部事件所引发的行为则不属于意志行为。意志的主要特征及其可能的神经解剖学基质如表 7-1 所示。

表 7-1 意志的主要特征及其可能的神经解剖学基质

意志的主要特征	神经解剖学基质
引起运动	与运动区联系紧密
无外部诱因	与感觉区联系微弱
原因或反应性	与效价和奖赏回路联系紧密
结果或目标导向	与计划和监控脑区联系紧密
自发性或创新性	与皮层下习惯性回路无关
意识参与	与额叶和顶叶皮层相连（有争议）

传统观点认为，意识是意志的必要组成部分，只有主体意识到自己的行动，该行动才能被视为自主的。在意志行为中，个体必须能够意识到自己正在进行的行为，并且意识到这一行为是由自己引发的。例如，梦游的人在梦游时并没有意识到自己的行为，也没有想要梦游的意图。当一个人打喷嚏时，他能够意识到自己正在打喷嚏，但也知道这并不是他想要做的行为。因此，意志行为与机体的非自主运动是有区别的。维特根斯坦曾以讽刺的口吻提问："如果从我举起胳膊这一行为中去除'我的胳膊向上'这一动作，那么还剩下什么？"答案其实很简单，就是主观感受。根据戴维森的哲学观点，自主行为源于意图，而意图则被视为有意识的思想或建议。然而，现代神经科学认为，行动是自主运动路径中因果链的结果，路径中的神经活动可能会引发意识体验。这意味着不同的神经活动会引发不同的意识体验，而不是不同的意识体验引发神经活动。

意志具有明确的目的性，其行动的目的是达成特定的目标状态。有时，这个目标状态在时间和空间上都相对遥远，此时的行为便是由内部动机所驱动的。它基于对目标状态的内部表征，而非仅仅是对外部目标刺激的反应。要实现目标导向的行为，大脑需要完成三个关键的加工过程：首先是行为选择机制，负责选择那些可能实现目标的行为；其次是运动输出机制，负责执行所选定的行为；最后是监控机制，负责确认是否已成功达成目标。在这三个过程中，监控机制的重要性尤为突出。此外，强化机制也在引导个体的行为选择方面发挥着重要作用。有学者通过将意图捆绑与概率反转学习任务相结合，研究了在有奖赏和无奖赏条件下被试的涉入感。他们发现，只有在行为与结果之间的联系相对稳定的情况下，才会出现偏移现象。例如，当被试能够学习到选择何种行为时，研究结果便支持了意志具有目的性的观点。[①]主体的涉入感取决于个体通过自身行为改变外部世界的动机，以及目标是否能够实现。

（二）意志行动中的挫折与挫折心理研究

当个体的意志行为遭遇无法克服的干扰或阻碍，导致预定目标无法实现时，便形成了挫折。在挫折的产生过程中，个体通常具有特定的动机或目标，并为之付出努力。然而，当行为结果在数量或质量上未能达到预期时，便会引发个体在认知、情绪、自我以及行为等多个方面的心理反应，例如自我怀疑、消极情绪以及放弃行为等。在研究进展方面，研究者们对挫折心理的认识已经历了从"个体对挫折的容忍和被动适应"到"个体积极、主动地与挫折作斗争"的转变。在这一过程中，研究者提出了抗逆力、耐挫心理以及抗挫折能力等心理构念，以更深入地探讨和理解个体在面对挫折时的心理反应和应对策略。

目前，抗逆力是研究最为丰富的领域，并且近年来一直是积极心理学研究的热点课题。resilience，在中文中有多种译法，包括"心理韧性"、"心理弹性"、"心理承受力"、"抗逆力"和"复原力"等。它指的是个人在面对生活逆境、创伤、悲剧、威胁或其他重大生活压力时所表现出的良好适应能力。这可以被理解为面对生活压力和挫折的"反弹能力"。在具体情境下，研究者们更倾向于将"resilience"译为"心理弹性"，因为这一译法更具有普适性。该领域的研究已经历了四十多年的发展，并经历了三个主要的研究浪潮。在这三个阶段中，研究的重点不断深化：第一阶段主要关注哪些人属于心理韧性者，以及如何评判他们。这一阶段揭示了心理弹性的三种形态（即克服化解危机的能力、耐受压力和良好适应的能力，以及从创伤中复原的能力）和三种运作模式（免疫、补偿、挑战）。第二阶段则强调了个人与环境交互作用的动态过程，并建立了一些韧性机制模型，其中包括理查德森在 2002 年提出的身体心灵动态平衡模型和库普弗在1999 年提出的个人-过程-环境心理弹性框架。随着积极心理学思潮的兴起，第三阶段的研究开始关注心理弹性的能量来源，以及韧性特质的培养和积极干预。尽管心理弹性研究领域已经取得了丰富的成果，但也存在一些不足之处。有研究者

---

① Di Costa S，Théro H，Chambon V，et al. Try and try again：Post-error boost of an implicit measure of agency. Quarterly Journal of Experimental Psychology，2018（7）.

指出，目前国内的心理弹性研究大多遵循以变量为中心的研究路径，这可能会割裂个体的整体性，使得难以准确描绘心理韧性者的心理-行为特征及规律。此外，研究对象多为高危群体，而针对正常人群和日常生活情景的弹性研究则相对较少，这导致研究结果的应用范围受限，缺乏普适性。①

"耐挫心理"是一个相对较新的概念，它的提出是基于中国学生健全人格发展的背景。这一概念旨在培养学生坚韧乐观的品质，使他们能够调节和管理自己的情绪，并具备抗挫折的能力。耐挫心理的本质在于个体在战胜失败并取得成功的过程中所展现出的能力。白学军等通过采用质性和量化相结合的研究方法，探讨了耐挫心理的结构。研究结果表明，耐挫心理由坚信、乐观、可控和醒悟四个因素共同构成。②在个体的成长过程中，耐挫心理的发展可能会经历两个阶段。首先是冲突-成型阶段（初高中时期），在这一阶段，坚信和醒悟两个因素会飞速发展，随后趋于稳定；而乐观和可控的发展则会显著下降，之后也趋于稳定。其次是平稳-波动阶段（大学、研究生时期），在这一阶段，乐观和醒悟的发展会呈现出一定的波动，但总体的发展趋势仍然是平稳的。相关的脑机制研究表明，默认网络的静息态活动参与了对耐挫心理的调节过程。③同时，颞上回、枕上回、额中回、楔前叶等脑区的灰质体积变化也与耐挫心理有关。都旭对耐挫心理与心理弹性进行了区分，他认为这两者在本质、适应范围和结果上存在差异。④具体来说，心理弹性是对压力事件的积极或消极适应，但未必会带来积极的结果；相比之下，耐挫心理更强调对挫折的主动、积极的调整和应对，并最终能够获得积极的结果。

三、多元学科视野下的自由意志问题

人类的自由意志是哲学中一个古老而深刻的议题。在当代，随着多学科之间的交流互鉴，自由意志问题再次展现出其独特的魅力和活力，引发了广泛的思考与讨论。在哲学领域，关于决定论与自由意志论、相容论与不相容论的经典辩论持续进行；伦理学家和法学家则深入探讨自由意志作为人能够成为道德主体的关键，以及道德责任的承担问题；认知神经科学家致力于在大脑神经活动中探寻人

---

① 吕梦思，席居哲，罗一睿. 不同心理弹性者的日常情绪特征：结合体验采样研究的证据. 心理学报，2017（7）.

② 白学军，都旭，牛宏伟，等. 耐挫心理结构的探索：基于大学生群体的测量. 心理行为研究，2020（5）.

③ 都旭. 学生耐挫心理的发展特点和神经基础. 天津师范大学，2021.

④ 都旭. 学生耐挫心理的发展特点和神经基础. 天津师范大学，2021.

类自由意志的生理基础；心理学领域则关注意识与潜意识、意志错误归因等方面的研究。近年来，实验哲学和心理学领域呈现一股新的研究趋势，即将科学实证方法应用于研究日常生活中人们实实在在持有的朴素自由意志观念。这种观念体现在人们相信自己可以选择、能够胜任，实现自身价值，并决定自身命运。研究者们致力于探索普罗大众自由意志信念的形成机制、影响因素及其作用等。纵观多学科领域下关于自由意志问题的讨论和研究成果，我们可以发现，自由意志问题仍然处于尚无定论的状态，并且很可能会继续引发持久的争论。

（一）实验哲学和心理学的热点——自由意志信念

通常，"自由意志"被视为一个复杂且抽象的哲学概念。然而，当代的实验哲学家和心理学家却不约而同地尝试将"自由意志"作为元假设，专注于探究日常生活中人们对自由意志的看法，这就是常识心理学视角下的自由意志。当人们在有意识地思考或反思，当他们在努力克服外部的阻碍和压力或实现目标、获得成功时，他们更可能深切地感受到自己拥有自由意志，或者说，正在行使自由意志的力量。深入的研究进一步揭示，大众心中的自由意志信念与选择紧密相连。相信自由意志，往往意味着相信自己能够摆脱内部和外部的束缚，自由地做出选择。心理学家将自由意志信念定义为人们相信自己能够无拘无束地做出符合自身期望的选择，其中，自由选择构成了这种信念的核心。同时，自由意志信念也被看作一种主观感受，即个体感到自己能够超越内外条件的限制，自由地做出选择、掌控自己的行为和决定。值得注意的是，"自由意志信念"是一个独特且重要的概念，它与自我效能感、控制点、自尊、自我控制、自主性、意向性等科学概念存在显著区分。①

在自由意志信念的实证研究中，目前通常采用的方法主要有三种：量表法、情景故事法和实验启动法。其中，较为常用的量表包括拉克斯等在 2008 年开发的自由意志和决定论量表（Free Will and Determinism Scale，FWD）、保卢斯和卡瑞在 2011 年编制的自由意志与决定论量表（Free Will and Determinism Scale，FAD-Plus），以及纳德尔霍夫等开发的自由意志清单（Free Will Inventory，FWI）。总体来看，目前应用最广泛的量表是保卢斯和卡瑞的 FAD-Plus。尼克尔斯和诺布则率先采用情境故事法来研究自由意志信念。在他们的研究中，被试会先听到两个不同世界的描述：世界 A 是决定论的，即现在发生的事情都是由过去

① Feldman G. Making sense of agency: Belief in free will as a unique and important construct. Social and Personality Psychology Compass，2017（1）.

的事件所决定；世界 B 则是非决定论的，即现在发生的事情并不完全由过去的事件所决定。被试需要想象自己身处这两个世界中的某一个，并据此回答问题。这种方法主要用于探究被试的自由意志信念与决定论的相容性问题，以及自由意志信念与道德责任判断之间的关系。另外，有研究者在 2008 年首次使用实验启动法来研究自由意志信念对欺骗行为的影响。在他们的实验中，被试会被随机分配到高、中、低三个组别，并通过阅读不同的材料来暂时形成相应水平的自由意志信念状态。研究结果表明，这种启动操作是有效的，因此该方法被广泛应用于自由意志信念的实证研究中，并已成为一种较为成熟的研究范式。①

自由意志信念的相关研究结果显示，自由意志信念可能受到诸如年龄、情景以及惩罚动机等多种因素的影响。同时，这种信念也对人们的自我概念、生活满意度、生命意义感、幸福感、道德责任判断、道德行为以及亲社会行为等方面产生着深远影响。具体来说，自由意志信念不仅影响着个体自我概念的形成，还关乎个体与他人的相处方式，甚至在更宏观的群体层面上也发挥着其独特的作用。

首先，自由意志信念与自尊、自主性、控制点、自我效能感、自我控制等自我相关概念和人格特质之间存在着紧密的联系。研究发现，自由意志信念与自尊、自我效能感、自我控制等呈显著正相关，这表明自由意志信念对塑造积极的核心自我概念具有重要的促进作用。②同时，自由意志信念也与大五人格中的外向性、开放性、宜人性、尽责性呈正相关，与神经质则呈负相关。关于自由意志信念与控制点之间的关系，研究结果存在一定的不一致性。有些研究发现自由意志信念与内控制点正相关，另一些研究则发现两者呈负相关。自由意志信念还对个体的自我控制产生深远影响。研究者发现，自由意志信念不仅影响自我控制的基本认知加工过程，而且决定了个体最终是否会采取自我控制行为。③

其次，自由意志信念与感恩、生活满意、工作满意、积极情绪、生命意义体验以及幸福感等方面均存在紧密联系。④研究者深入分析了自由意志信念与感恩之间的关系，并发现当人们意识到他人本可以不提供帮助，但实际上却伸出了援

① 转引自 Vohs K D, Schooler J W. The value of believing in free will: Encouraging a belief in determinism increases cheating. Psychological Science, 2008 (1).

② Crescioni A W, Baumeister R F, Ainsworth S E, et al. Subjective correlates and consequences of belief in free will. Philosophical Psychology, 2016 (1).

③ Goto T, Ishibashi Y, Kajimura S, et al. Belief in free will indirectly contributes to the strategic transition through sympathetic arousal. Personality and Individual Differences, 2018 (128).

④ Crescioni A W, Baumeister R F, Ainsworth S E, et al. Subjective correlates and consequences of belief in free will. Philosophical Psychology, 2016 (1).

手时，这种具有反事实性质的感受会激发更强烈的感恩情绪。同时，相信他人有做其他选择的自由，也会促使个体产生更多的感恩情绪；相反，不相信人们拥有自由意志则会导致感恩情绪的减少。研究者还发现，自由意志信念与生活满意、工作满意、积极情绪、学业表现以及较低的生活压力等方面均存在显著的正相关关系。具体来说，那些对自由意志信念持有更强烈态度的人们，更频繁地体验到积极情绪，感受到更高水平的生活满意和工作满意。同时，他们感知到的生活压力也低于那些相信决定论的人们，并且在学业上表现出更优异的成绩。

最后，自由意志信念还对道德责任判断、道德行为、亲社会行为、合作行为以及从众行为产生深远影响。一项研究指出，相较于不自由的行为，人们更倾向于认为个体应对其自由选择的行为负责。实证研究进一步表明，自由意志信念与道德责任之间存在显著的正相关关系。那些持有较高自由意志信念的个体，往往拥有更为严格的道德标准，更倾向于责备犯错者，并表现出更为严厉的惩罚态度。克拉克等对此进行了深入分析，他们发现惩罚他人可能会使惩罚者感到不安，而自由意志信念则能够在一定程度上缓解这种心理不安。[①]自由意志信念对道德的影响并不仅限于道德态度和道德责任判断，它还具体体现在个体的道德行为上。关于自由意志信念对欺骗行为的影响的研究结果显示，较低的自由意志信念往往预示着更多的欺骗行为，而较高的自由意志信念则可以预测较少的欺骗行为。[②]此外，研究者还发现，高水平的自由意志信念对较少的侵犯行为、较多的帮助行为、较多的合作行为以及较少的从众行为都具有显著的预测作用。[③]这表明自由意志信念在塑造个体行为方面扮演着重要角色。

总体来说，自由意志问题的理论和实证研究目前尚处于初步阶段。在概念界定方面，仍存在不清晰和缺乏可操作性的问题。同时，实验方法中所使用的研究材料的可理解性，以及自我报告方法的主观性等因素，都使得研究结果的有效性和可推广性存在一定的疑虑。此外，尽管已经有一定的理论和相关研究基础，但在探索因果关系和内在机制方面，目前的研究仍显得较为不足。另外，有针对性的跨文化研究以及跨年龄段的被试群体研究也相对缺乏。

---

① Clark C J，Baumeister R F，Ditto P H. Making punishment palatable：Belief in free will alleviate punitive distress. Consciousness and Cognition，2017（51）.

② Vohs K D，Schooler J W. The value of believing in free will：Encouraging a belief in determinism increases cheating. Psychological Science，2008（1）.

③ Baumeister R F，Masicampo E，DeWall C N. Prosocial benefits of feeling free：Disbelief in free will increases aggression and reduces helpfulness. Personality & Social Psychology Bulletin，2009（2）.

（二）多学科视域下的自由意志问题、困境与启示

在众多学科中，自由意志受到了最强烈的冲击，这一冲击主要来自神经科学领域。1983 年，利贝特利用脑电技术记录了被试在自主动手指过程中大脑神经活动的变化。[①]他发现，在被试产生动手指的意图前 300ms、真正移动手指动作前500ms，大脑的相关脑区就已经开始活动。而被试对于动手指意图活动的报告，仅仅比实际行动提前了 150ms。2007 年，布拉斯等利用脑成像技术记录了被试在执行任务时的大脑活动。[②]在其实验中，志愿者坐在桌子旁，桌上有一个按钮，他们被要求每隔 10s 按一次按钮。有些时候，他要求某些志愿者做出按下按钮的决定，但却要在最后时刻阻止自己按下按钮。当志愿者成功阻止了行动时，涌向背侧额叶皮层和另外两个与人类自我控制能力相关的脑部区域的血流量就会增加。2008 年，苏恩等通过 fMRI（功能性磁共振成像仪器）技术采集了被试在进行任务时的大脑神经变化。[③]被试自由地决定用左手还是右手食指进行按键反应，并同时指出屏幕上一串连续变化的字母来报告他们做出有意识反应的时间。这一研究的结果支持了利贝特的研究发现，并进一步拉大了无意识自发性神经活动和决定之间的时间间隔。尽管上述研究似乎一致地认为，人类意识是由先发的神经活动所决定的，人类行为也先于其本身对行为的自我意识，然而，这样的结论是否真的冲击了自由意志，是否可以作为自由意志存在或不存在的判决性实验，研究者们对此持否定态度。他们认为，神经科学本身并不能给出自由意志是否存在的答案，并对相关研究进行了多种分析和批判。例如，从技术层面来看，以 EEG 为基础的实验被认为缺乏精确性，而以 fMRI 为工具的研究在事物定时方面也缺乏准确性。此外，对于自由意志概念和理论层面的分析也指出，认知神经科学研究往往忽视了神经生理基础和意识活动之间存在的解释鸿沟，并且观察梯度的混沌不明也导致了自由意志的"一阶欲望"与"二阶意志"的混淆。这使得自由意志的解释时常陷入概念性错位以及自然主义谬误之中，从而产生了诸如"自由意志被神经基础决定"或"自由意志被消解"等引发争议的论断。[④]

人工智能科学和生物技术等领域的进步，不仅动摇了自由意志的根基，同时

① Libet B. Unconscious cerebral initiative and the role of conscious will in voluntary action. Behavioral and Brain Sciences，1985（4）.

② Brass M，Haggard P. To do or not to do: the neural signature of self-control. The Journal of Neuroscience，2007（34）.

③ Soon C S，Brass M，Heinze H J，et al. Unconscious determinants of free decisions in the human brain. Nature Neuroscience，2008（11）.

④ 隋婷婷. 神经科学视阈下自由意志的二阶梯度. 中国人民大学学报，2023（2）.

也正在重塑自由意志的外部环境。人工智能、脑-机接口、基因工程生物技术的涌现与应用，激起了关于自由意志问题的热烈探讨。自由意志被视作人类的核心特质，以及人类社会规范的基石和前提。然而，人工智能的迅猛发展，对人类的独特性提出了挑战，迫使我们不得不正面回应自由意志的问题。有研究表明，人工智能实体可能引发机器人认同威胁，即个体感受到的对人类自身独特性的威胁。这种感知到的威胁，进一步影响了人际交往和职场中的物化现象。尽管当前人工智能的发展水平似乎仍处于"理解人的意识，理解人的认知、情感、意志以促进人工智能开发"的阶段，但其强力推进和广泛应用已经对人们的心理、行为以及现实社会生活产生了深远而广泛的影响。其中一个备受关注的议题是，人工智能实体作为新型存在物的道德责任问题。例如，在无人驾驶系统、人工智能医疗诊断系统、人工智能招聘算法系统等场景中，当人工智能出现判断错误时，究竟应由谁来承担责任。此外，脑机接口、生物技术如脑起搏器、人工耳蜗、临床情感增强技术等，在一定程度上改变了人的生物基础的性质和结构，使人成为生物部分与人工部分共同运作的生命体。神经科学试图在生物基础上探寻自由意志的根源，然而人工智能和生物技术的崛起对这一基础提出了挑战。随着自由意志的物理基础逐渐发生变化，不再局限于纯粹的生物体，而是可能基于生物体与非生物体的复合体，我们不禁要问：自由意志、人类将走向何方？

　　科学心理学诞生以来，实体理论一直处于学术成果和技术方法丰富多彩的研究前沿，为该领域的发展做出了重要贡献。现代心理学在探讨人类的认知、情感、意志和行为方面，已经积累了大量具有高度科学性的中介理论和微观实体性理论。这些理论为我们深入认识和理解人的心理奥秘以及指导人们的生活实践，提供了科学的工具。

第八章

积极心理学及其理论创新

20世纪90年代末期以来，西方心理学界掀起了一股研究积极情绪和主观幸福感的热潮。这一研究趋势旨在打破以"问题导向"为主、过度关注心理障碍的传统心理学模式，转而重视挖掘人类的积极力量和品质，关注人类的幸福与发展。这一转变标志着研究范式从消极被动向积极主动的转变。积极心理学曾以其独特的研究视角吸引全球关注，被誉为"理论心理学研究的一个新的重要方向"[①]。然而，由于各种因素的限制，积极心理学也面临着诸多发展困境和挑战。现代人面临着物质生活极大丰富而精神生活逐渐边缘化的悖论困扰，积极心理学的创始人塞利格曼将这种现象称为21世纪的幸福感困惑，即尽管经济发展日益繁荣，但社会焦虑、抑郁等情绪问题却未能得到解决，反而有愈演愈烈之势。为何更多的财富并未带来更大的幸福？这是我们不得不面对且真实存在的问题。近年来，西方一些学者开始探索如何突破积极心理学的瓶颈性因素，以期打造积极心理学2.0时代版本。他们的目标是推动积极心理学理论探索和实证研究的可持续发展及升级换代。

---

① Macharis C，Kerret D. The 5E model of environmental engagement：Bringing sustainability change to higher education through positive psychology. Sustainability，2019（1）.

第一节　积极心理学运动的兴起

一、积极心理学运动的兴起

当代心理学有两个被学者公认的最新进展，其中之一便是由 20 世纪 90 年代积极心理学的创始人塞利格曼所提出的个体积极心理，这也成为了心理学治疗的重心。积极心理学鼓励个体以相对积极的心态来重新构建自身的心理活动，包括面对心理问题。它致力于寻找和发掘个体与生俱来的美德与力量，以及个体潜在的和现实的内容，并运用乐观、心理一致感、意义发现、压力管理、文化差异研究等理论，为身体康复提供理论层面的支持。在健康领域，积极心理学自诞生之初便与其紧密相连。《积极心理健康的当代理解》首次对"积极"的概念进行了深入分析。该书围绕自我的积极态度、自我全面发展与实现、准确的现实感知能力、心理一致感整合能力、环境控制能力以及自我能力发挥六个方面，对健康概念进行了全面诠释。这一观点被广泛接受，并得到了大量的推广和引用。

此外，人本主义心理学派的代表人物马斯洛也为积极心理学的发展倾注了全力。他提出了自我实现的人类心理发展阶段论，为人类的潜力、美德以及可能达到的心理高度提供了新的关注视角。可以说，积极心理学是在美国当代著名心理学家塞利格曼的大力倡导下发展起来的。尤其是当塞利格曼在 1996 年当选为美国心理学会主席后，他将积极心理学的创建视为自己 APA 主席生涯中最重要的使命之一。从 20 世纪 90 年代后半期开始，当代心理学的发展过程中出现了一种积极的倾向，即积极心理学运动的兴起。塞利格曼曾明确指出，20 世纪心理学发展的一个不足之处是过度关注心理疾病的治疗，而忽视了人类自身所具有的积极品质。他强调，未来的研究应该更加注重积极心理学这一领域。这也是心理学历史上第一次在正式场合使用"积极心理学"（positive psychology）一词，尽管当时心理学界的绝大多数人对于积极心理学的确切含义还并不十分清楚。

积极心理学是什么？谢尔顿等给出的定义深刻揭示了其本质特点：积极心理学是一门致力于研究人的发展潜力和美德等积极品质的科学。[①]塞利格曼进一步阐释道：积极心理学的主要目的是测量、了解并加强人类的优点和公民的美德。显然，积极心理学将重点放在研究个体的积极因素上，它提倡用一种积极的心态和发展的眼光来解读人的心理现象和问题，从而充分挖掘个体的潜力，并最终助其获得幸福的生活。[②]积极心理学在指导人类构建积极的应对模式方面具有显著的实践意义。

二、积极心理学面临的主要问题与挑战

积极心理学的兴起无疑为心理学界带来了一股清新之风。在理论层面，它为心理学研究提供了一种富有建设性的研究视域；在实践领域，其也为人们提供了关于生活和工作的明确启发。美国心理学会前任主席塞利格曼指出，积极心理学的目标不仅在于修复生活中可能遇到的问题，更在于催化生命中的美好品质。他认为，积极心理学用一种科学的方法告诉你，在好坏之间，生活中什么才是真正值得的。[③]积极心理学主要围绕"一个中心三个支撑点"展开研究，即以主观幸福感为中心，以积极体验、积极人格、积极社会支持系统为三个支撑点，旨在启发人们避免关注自身的不足与劣势，而更专注于探索、理解、开发和培养人类自身所具备的潜在优势。[④]

与传统经典文化和宗教所倡导的弃恶扬善教义相比，积极心理学并非一种理论式的宣传，而是基于科学方法对人类成功生活与工作经验的总结。它高度重视通过科学实证研究来深入挖掘人类的积极特质，并关注个体的内在感受及存在价值。积极心理学致力于探索正常人的心理活动机制，并倡导将主动权交还给个体，实施积极干预，以此促进个人、组织与社会的良性发展。这一转变不仅体现了科学研究对人类命运的深切关怀，更构建了一种全新的人文主义关怀精神。相较于传统心理学，积极心理学展现出递进式的多重意义：首先，调整了前期过度集中于心理问题研究的消极被动状态；其次，倡导心理学应研究人类的积极心理

---

① 任俊. 积极心理学. 上海：上海教育出版社，2006：3.

② Seligman M，Csikszentmihalyi M. Positive psychology：An introduction. New York：Springer，2014：29.

③ Seligman M E P. Positive psychology，positive prevention，and positive therapy. In C. R. Snyder & S. J. Lopez（Eds.）. Handbook of Positive Psychology . Oxford：Oxford University Press，2019：73.

④ 孟维杰，马甜语. 积极心理学思潮兴起：心理学研究视域转换与当代价值. 哲学动态，2010（11）.

内容；最后，强调以积极的方式应对心理问题，并从中获得积极意义。①可以说，积极心理学的兴起不仅拓展了心理学的研究领域与范围，更在企业、教育等实践领域得到了广泛应用。2012 年联合国大会将每年的 3 月 20 日定为"国际幸福日"，便是对积极心理学所带来的里程碑式贡献的最佳诠释。

诚然，积极心理学具有其固有的优势和不可忽视的影响力，但在其发展过程中所面临的问题与挑战同样不容忽视。在积极心理学风靡全球的同时，它也难免受到来自各方面的怀疑与批评。尤其是由于缺乏现实方法的支撑，其"理想主义情怀"也给积极心理学的可持续发展带来了诸多障碍。

首先，过度的积极心理确实存在容易脱离现实的问题。作为心理学的一个新思潮，积极心理学以实证方法作为自身的科学立足点，非常重视实验法和测量法等研究手段，努力为其思想理论奠定坚实的基础。尽管积极心理学已经开展了许多实证性研究，如"失助性、积极情绪效应、幸福感的神经基础"等，并积累了一定的科学证据，但任何事物都应有度的限制，否则便会出现"过犹不及"的现象。由于过度强调积极向上情感的力量，大力倡导积极体验，并过分夸大积极品质的作用，人们感觉"积极"仿佛成为一种能够包治百病的"万能药"。然而，这种对积极因素的过度夸大实际上是一种非理性的反映，明显体现出理想浪漫主义的情怀，这与人类心理活动的实际情况并不相符，从而可能引发另一种形而上学的极端心理现象。

其次，积极心理学的理论与研究方法仍需进一步完善。从当前的研究现状来看，积极心理学在研究内容上存在偏颇和不完善之处。例如，在"幸福感"这一研究热点中，虽然对"情绪机制"的研究已积累了丰富的素材，但对"认知机制"与"行动策略"的探讨相对较少。这种不平衡的研究架构直接影响了积极心理学理论基础的构建。在研究对象上，积极心理学主要关注普通成年人，而较少从纵向维度研究不同年龄阶段群体的积极心理现象与行为特征，这限制了研究成果的应用与推广。此外，积极心理学的原理方法主要适用于轻度和中度人群，对于严重疾病患者则基本不适用。从论证方法上来看，积极心理学的许多研究可重复性较低。积极与消极的效果并非简单的"好与坏"关系，其中可能存在潜在的建设性冲突机遇。因此，从积极与消极的比较中难以得出因果性的构成性要素或规律总结。影响个体成功的因素异常复杂，许多所谓积极的后果多是概率性事件，而非因果性事件。将概率性事件视为因果性事件显然失去了普遍的适用性。

---

① 孟维杰，马甜语.积极心理学思潮兴起：心理学研究视域转换与当代价值.哲学动态，2010（11）.

例如，有研究发现乐观主义者的平均寿命比悲观主义者长 11%—15%。[①]但也有研究发现盲目乐观的人更容易出现冒险冲动，对他们的身体甚至生命构成极大危害。因此，积极心理学在论证方法上容易出现以点代面、以偏概全的问题。[②]

再次，追求积极的过程中存在着"悖论"问题。自积极心理学运动开展以来，研究者主要从积极特质、情绪等方面对人类幸福问题进行探索，挖掘正向的品质能量，这无疑对提升人的主观幸福感具有积极的现实意义。针对积极情绪情感的特定功能与作用，弗莱德里克森提出了"扩展-建构理论"，认为积极的情绪情感（如快乐、兴趣、满意、自豪和爱等）具有扩展个体短期思维行动的功能，尽管它们可能呈现出不同的外部表现。[③]然而，近几年的研究也显示，人们在追求"积极"时，常会在某些情境下遭遇"追求积极的悖论"，即越是努力追求幸福，反而可能越难体验到幸福。[④]造成这种积极悖论的原因可归结为三点：一是个体在追求积极心理时设定了过高的快乐标准，往往难以实现；二是试图通过不恰当的活动来获得快乐，对身体生理健康造成不良影响甚至危害；三是频繁地监控自我情绪，干扰了积极心态的正常发展。这些不恰当的认知与行为方式不仅会降低人们的主观幸福感与生活满意度，还会对人们的身心健康产生不利影响（图8-1）。

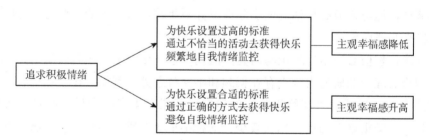

图 8-1　追求积极情绪可能引发消极后果的心理机制

资料来源：Ford B Q，Mauss I B. The paradoxical effects of pursuing positive emotion：When and why wanting to feel happy backfires//Positive Emotion：Integrating the Light Sides and Dark Sides. Oxford：Oxford University Press，2014：363-381.

① Lee L O，James P，Zevon E S，et al. Optimism is associated with exceptional longevity in 2 epidemiologic cohorts of men and women. Proceedings of the National Academy of Sciences of the United States of America，2019（37）.

② Weinstein N D，Marcus S E，Moser R P Smokers' unrealistic optimism about their risk. Tobacco Control，2005（1）.

③ Fredrickson B L，Branigan C. Positive emotions broaden the scope of attention and thought-action repertoires. Cognition & Emotion，2005（3）.

④ Mauss I B，Savino N S，Anderson C L，et al. The pursuit of happiness can be lonely. Emotion，2012（5）.

上述问题和争议在一定程度上构成了积极心理学发展道路上的主要障碍,这表明积极心理学仍需不断地进化与升级,以便最终成为一种能够指导人们生活实践的真正成熟的理论学说。

三、积极心理学升级换代的新趋向

如何形成科学客观的思维方式,并创造出更为全面的研究范式,对积极心理学当前和未来的发展具有十分重要的意义与作用。有学者指出,尽管塞利格曼对早期的积极心理学理论进行了一定程度的革新,并为其赋予了新时代的社会意义,但仍存在许多不完善之处。加拿大学者在撰文中提出,塞利格曼等的研究属于积极心理学的 1.0 时代。[①]然而,随着社会的不断发展和人们需求的变化,1.0 时代的积极心理学思想已经难以适应当前的社会潮流,因此需要升级换代为 2.0 版本。这个新版本主要展现出以下几个新的趋向。

一是积极心理学的 2.0 版本汲取了传统文明中的正向能量,将"美德、意义、韧性、幸福"确立为自己的四大支柱。

当代人在社会生活和工作中所面临的最大问题已不再是温饱与安全问题,而是不确定性带来的烦恼和焦虑。如何为人们提供确定性的归属感,以及如何在不确定性中为他们寻求稳定的锚定点,无疑是当前积极心理学研究者最为紧迫的任务。为此,2.0 时代的积极心理学汲取了传统文明中的正能量,将"美德、意义、韧性和幸福"确立为自己的四大支柱。这四个支柱全面涵盖了人类生存和发展所需的必要元素,并各自承担着不同的角色。

第一支柱为美德。美德是新的积极心理学所强调的一个重要支撑点。在一些积极心理学研究者看来,美德为人们提供了理想地图的引领,使人们能够更好地生活。美德并非像"好"一样价值中立。弗沃尔认为,美德在很大程度上取决于个人观念中认为最好、最令人钦佩和崇高的目标,但一个好的观念并不完全基于固有的美德和价值以及个人主观标记的价值。[②]迈克勒等将美德定义为一个人的任何心理过程,始终能使其产生对自己和社会有益的想法和行动。[③]关于什么是

---

① Wong P T P. Positive psychology 2.0: Towards a balanced interactive model of the good life. Psychologie Canadienne,2011(2).

② Fowers B J. An Aristotelian framework for the human good. Journal of Theoretical and Philosophical Psychology,2012(1).

③ Mccullough M E,Snyder C R. Classical sources of human strength: Revisiting an old home and building a new one. Journal of Social and Clinical Psychology,2000(1).

好的，这取决于它的用途。

第二支柱是意义。意义是一种超越了故事、神话和文化的科学探索。一些积极心理学家认为，快乐或美好的生活必然包含"意义"的成分。他们确定了意义的主要来源，包括快乐、成就、亲密、关系、自我超越、自我接纳和公平等，并认为意义的功能结构包含目的、理解、行动和享受四个部分，这些部分共同作用于自我调节过程。[①]其中，目的如同灯塔一般，为日常生活提供导航，与生活的方向、目标和核心价值紧密相连。意义与幸福感息息相关，在整合人类需求和功能方面发挥着无可比拟的重要作用。

第三支柱是韧性，也被称为心理弹性或复原力。韧性是积极心理学研究的一个亮点。韧性不仅仅是对痛苦、挫折或磨难的忍受能力，更重要的是心理的反弹和恢复能力，即人们需要在逆境中学会成长。韧性帮助人们从生活的消极面中获得积极的成长力量，也就是学会如何正确面对负面状态，恢复心理水平并从中变得更坚强和成熟。换言之，韧性是一种将消极的情境转化为积极情境的心理能力。因此，在新的积极心理学中，心理复原力是一个不可或缺的支柱。这为科学理性地评估工作、学习压力以及未来成长成才的规律提供了许多内生性的发展线索。

第四支柱为幸福。幸福是积极心理学自诞生以来的核心研究焦点。有学者指出，幸福并非虚幻的概念，也非简单的满足。[②]它不仅仅是有钱就能拥有，也不是靠他人就能给予。幸福更不是独善其身，而是一种有意义的快乐。每个人都渴望追求幸福，它体现了健康的功能与内心的愉悦，并包含主观与客观两方面的评估。积极心理学 2.0 认为，对幸福的研究不应仅限于积极的情感，还应深入探讨幸福背后的风险以及痛苦的益处。幸福并非仅是没有负面影响的状态，而是在积极中融入消极要素的复杂体验。2.0 时代的积极心理学将幸福视为其发展的基石，并以此为基础开拓更多的研究方向与领域。卡兰塔里等（2016）继承了塞利格曼的观点，从多变量角度为幸福构建了幸福的假设模型（图 8-2）。通过数据分析验证，发现该模型与数据的适配度良好。在此模型中，情绪智力、生活品质、精神幸福感以及心理幸福感这四个变量对人们的幸福均有不同程度的直接贡献，并在相互作用中对幸福产生影响，存在中介与调节效应。例如，心理幸福感和生

---

① Wong P T P. Positive psychology 2.0: towards a balanced interactive model of the good life. Psychologie Canadienne, 2011（2）.

② Ryff C D, Singer B H. Know thyself and become what you are: A eudaimonic approach to psychological well-being. Journal of Happiness Studies, 2008（1）.

活品质在情绪智力与幸福之间发挥着中介与调节作用。①

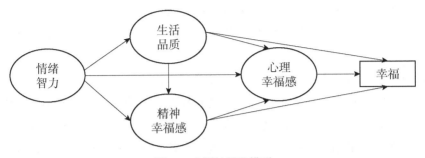

图 8-2 幸福的假设模型

二是以辩证的视角寻求积极与消极的互动平衡。早期的积极心理学曾一度走向极端，完全脱离了传统观念模式，只关注人的积极品质而忽视消极因素。然而，近年来积极心理学呈现出新的发展趋势，即不仅关注积极的潜能，还研究如何从消极中获得积极的潜力，以动态平衡的方式来理解积极与消极的共生关系。人的心理具有二重性，不存在绝对的积极和消极之分。事物都是在矛盾运动中不断发展和前进的，心理的发展变化也遵循这一规律。从进化的角度来看，消极并非全然有害，它在人类适应社会生存方面也具有重要的现实意义。例如，适度的悲虑和焦虑有助于人们增强积极性、管理消极情绪，并化解身心困扰。同样地，积极也并非完美无缺，过度的积极乐观也可能导致消极后果，对人们的身心健康造成危害。②因此，在积极心理学视野下研究积极乐观问题时，并不提倡盲目乐观，而是强调建立在个体对危机源刺激进行客观评估基础上的有限度、现实的乐观。关注人们在和平繁荣时期的美好只是故事的一半，理解处于黑暗时期个体的经历是故事的另一半。在建立美好世界的同时消除破坏性事物，正是 2.0 时代积极心理学所应承担的责任与义务。

三是为积极心理品质探寻神经机制的支撑。当代认知神经科学的出现，为心理学各领域的研究提供了科学客观的实证依据。利用认知神经科学的前沿技术来探寻积极心理学的物质机制，已成为其未来发展的重要趋势。目前，国内外学者在幸福感的神经机制、快乐情绪的产生器、快乐传递和编码的脑机制等方面已积累了丰富的证据。有研究发现，幸福感的体验与边缘扣带皮质的激活密切相

① Sajjadian P，Kalantari M，Abedi M R，et al. Predictive model of happiness on the basis of positive psychology constructs. Review of European Studies，2016（4）.

② Sinclair E，Hart R，Lomas T. Can positivity be counterproductive when suffering domestic abuse?：A narrative review. International Journal of Wellbeing，2020（1）.

关。[1]同时，脑成像研究也显示，在幸福状态下，伏隔核、腹侧苍白球、黑质和腹侧等特定脑区会被激活。近期还有研究表明，脑电数据的平均值可以有效地对积极情绪进行分类。[2]这些研究成果标志着积极心理学在神经机制的探索方面取得了可喜的进展。

四是从情绪情感迈向积极的认知与行动。积极的情绪态度需通过正确的认知和有效的行动来体现。研究指出，无论是积极的情绪情感还是消极的情绪情感，都构成幸福感的情绪机制，对人类追求幸福具有建设性意义。有学者基于塞利格曼的幸福理论，采用"三件美好事物"或"九件美好事物"的方法，探究了积极干预对提升个体心理幸福感和减轻抑郁症状的影响。结果发现，积极的心理干预不仅能增强人的心理幸福感，还能有效减少抑郁症状。[3]可以说，2.0 时代的积极心理学正在从情绪情感领域向积极的认知与行为领域拓展。在国内，积极心理学的实践研究已在健康、教育和企业组织管理等领域得到应用。第四届中国国际积极心理学大会以"健康中国，积极教育，面向 21 世纪的可持续幸福工程"为主题，深入探讨了积极教育对人类幸福工程的重要性。

四、积极心理学理论价值的评价

变革与发展中的积极心理学自然会面临诸多问题。面对人类精神心理困境这一世界性的普遍难题，其科学化和实务化必将经历漫长的过程。当前，全球范围内积极心理学的科学化仍需新的探索。从这个意义上讲，以 2.0 版本为代表的积极心理学新趋向的出现值得关注。积极心理学作为近期在西方兴起的一种思潮，持续创新、不断前行，并以更加开放的态度致力于构建更加完善的积极心理学理论和技术方法。[4]这值得我们中国学者学习和借鉴。因为积极心理学的大方向是正确的，在物质生活极大丰富而人们精神追求日趋低迷的时代背景下，积极心理

---

① Vytal K，Hamann S. Neuroimaging support for discrete neural correlates of basic emotions：A voxel-based meta-analysis. Journal of Cognitive Neuroscience，2010（12）.

② Hu X，Yu J W，Song M，et al. EEG correlates of ten positive emotions. Frontiers in Human Neuroscience，2017（11）.

③ Gander F，Proyer R T，Ruch W. Positive psychology interventions addressing pleasure，engagement，meaning，positive relationships，and accomplishment increase well-being and ameliorate depressive symptoms：A randomized，placebo-controlled online study. Frontiers in Psychology，2017（7）.

④ Lomas T，Waters L，Williams P，et al. Third wave positive psychology：Broadening towards complexity. Journal of Positive Psychology，2021（5）.

学具有不可否认的优越性。迈向 2.0 时代的积极心理学肩负着新时代的使命与责任，展现出良好的发展前景。

第一，积极心理学的新发展更具科学性与辩证性，这种积极努力值得肯定。实证性是 1.0 版本积极心理学的亮点。在此基础上，2.0 版本的积极心理学不仅继承了以往对实证性的重视，同时更注重辩证地看待和处理积极与消极之间的关系。因为任何科学都必须建立在实证性和辩证性的理论基础之上。只有同时体现实证性和辩证性的积极心理学，才是真正科学的积极心理学。国外有学者认为，2.0 时代最显著的特点是积极与消极的平衡，因为生命的黑与白是共存的，幸福的本质也在于黑白之间的平衡，而非单一的存在。[①]科学的发展归功于两种看似矛盾对立的态度之间的张力。积极心理学研究者主张，人类幸福的真谛不仅是对绝对美好的歌颂，辩证地欣赏生活中的消极也是一种幸福。例如，从消极视角研究心理复原力的积极作用，就是对这种品质的辩证应用。有学者提出了"防御性悲观"概念，指出悲观不一定会引发消极反应，消极思考也可能带来积极反应。"防御性悲观"可被视为人类适应社会的一种积极应对策略。[②]无疑，这种对科学性与辩证性统一的重视，为积极心理学的健康发展奠定了更坚实的理论基础。

第二，2.0 时代的积极心理学更加注重操作性与实务性，这契合了当前人文社会科学向实践化、技术化发展的趋势。科学研究的最终落脚点应在于具体的操作与实践应用。随着现代自然科学技术的巨大成功，当代人文社会科学也掀起了技术化与实践循证化的浪潮。具有人文社会科学特色的积极心理学也高度重视将研究理论具体化与技术化，以便能够更好地满足人类真实生活的需求。最显著的表现是，目前在心理咨询与治疗领域，叙事疗法、焦点短期治疗方法等策略不断涌现，这些方法成功地体现了积极心理学的原理和技术优势。以焦点短期治疗为例，它从具体方面入手，通过正向的、不断朝向小目标的积极态度来促使患者心态的调整与改变，从而产生"骨牌效应"，即重视小改变的发生与积累，进而推动大改变的飞跃发展。[③]幸福干预也是目前积极心理学中操作性最强的领域之一，运用幸福理论来引导和培养人们的心理幸福感，并减少抑郁症状的方法和干预技术已经融入人类的日常生活。大量研究表明，幸福能带来诸多内外部益处，包括提升身心健康水平。在我国，2019 年成立的"清华大学幸福科技实验室"表

---

①　Lomas T，Ivtzan I. Second wave positive psychology: Exploring the positive-negative dialectics of wellbeing. Journal of Happiness Studies，2016（4）.

②　Cantor N，Norem J K. Defensive pessimism and stress and coping. Social Cognition，1989（2）.

③　戴艳，高翔，郑日昌.焦点解决短期治疗（SFBT）的理论述评.心理科学，2004（6）.

明，追求幸福不再是一种遥不可及的遐想，而是有可能实现技术化和实践操作化的目标。积极心理学作为一门指导人类如何追求幸福、探寻生活意义的学科，如果能够转化为具体可操作的技术，必将获得更广泛的认同。

第三，新的积极心理学更加强调积极的个人、积极的组织、积极的社会建设三者之间的关联互动，这必将不断丰富和深化该领域的研究内涵与行动策略。在积极心理学发展的早期，研究主要集中于个人的积极特质，但随着研究的深入，对群体和组织的建设性探讨也日益受到重视。毫无疑问，积极的个人离不开家庭、人际关系、社会组织、文化教育等实际因素的支持。一些研究者指出，积极心理学的社会组织实施需要三个层次的良性配合：首先是某种核心性理念转化为强劲的物质性力量；其次是选择积极的行动性框架；最后是采取技术性的行动策略。积极的组织和积极的社会建设对于员工的身心健康至关重要。在现代社会，生活与工作是人们生活的两大核心，而工作压力已成为 21 世纪的"流感"和"杀手"。在无法规避工作压力的现实下，如何缓解和弱化压力对员工和组织的影响成为建设健康组织的关键。员工的心理健康不仅是个人的事，也关乎组织和社会。积极心理学研究者致力于将幸福教育引入现代社会发展中，通过幸福理论的指导来增强自我心理幸福感，这具有非常强的现实针对性和紧迫性。

现代社会的急剧变革与竞争既推动了社会经济的繁荣进步，也导致了人们的极度焦虑不安与消极情绪的蔓延。适度的消极情绪、焦虑、抑郁对动物和人类的生存具有重要意义，也是维持正常生活节奏所必需的。然而，过度或不适当的消极情绪则会严重干扰个体的身心健康。近 20 年来，仅在美国，就有约 18%的人曾受到一种或多种焦虑障碍的困扰。焦虑对社会生活和国民经济产生了不可轻视的影响，美国每年因焦虑障碍造成的经济损失高达 400 亿美元以上。在我国，有60%—70%的成年人一生中会经历不同程度的抑郁、焦虑等情绪问题，抑郁病人超过 2600 万，抑郁发病率和自杀率目前均呈上升趋势。[①]因此，在预防与治疗焦虑症、抑郁症等世界性疑难疾病问题上，如何从消极被动中解脱出来，化被动为主动、变消极因素为积极因素，加强以积极为核心的个人品质教育与建设事业，便成为一项十分重要和紧迫的社会实务性工作。

可以说，积极心理学研究的不断深入推进，不仅在理论上加深了人们对积极本质的理解，明确提出了以积极的建设性态度和方法解决问题，揭示了个体走向成功和幸福的真谛，同时在实践应用领域也加强了促进与干预方法的策略总结。

---

① 罗跃嘉，吴婷婷，古若雷. 情绪与认知的脑机制研究进展. 中国科学院院刊，2012（S1）.

当今积极心理学的全球化发展趋势更凸显出积极品质是个体成功与社会文明进步的核心构成要素和源源不断的内生性动力源泉。

第二节 我国传统文化中的积极乐观心理思想

我国古代文化中蕴含着丰富的乐观心理思想，儒家和道家思想是其中的主要代表。儒家倡导一种有为型的理性、入世、乐在其中的乐观态度，体现为"仁者不忧"，即闻道尽识，忧国忧民，无论穷达都能泰然处之，安于困境的乐观精神。道家则主张以内乐外、安时处顺的快乐之道，强调无为型的"至乐无乐"，即顺应自然、不妄为的生活方式。通过弘扬中国古代乐观心理思想中的积极要素，汲取其中对"道"的遵循与体悟的科学精神，继承持续进取、化忧为乐的精神，并摒弃"安贫乐道，随遇而安"等不适应时代发展的消极因素，我们可以帮助人们克服悲观性的社会认知方式，维护和改善心理健康，进而提升整个社会的幸福感。

关于乐观的含义，国内《心理学大辞典》界定为"个体对人、事、物持积极态度，主观上形成的精神愉快、对前途充满信心的精神状态或先进观念"[①]。在国外，泰格的定义较具代表性，他认为乐观是对人、事、物及其未来持积极的看法，并伴随着愉悦的情绪。[②]乐观作为一种积极的心态，包含认知、情感和行为倾向，其中情感是乐观的基本动力。乐观是各民族文化价值观念中普遍重视的品质，被视为推动人类文明进步的文化机制。有学者认为，乐观可能是一个高度有利的心理特征，与好的心情、坚持不懈、成就和身体健康紧密相关。[③]同时，也有学者提出乐观的另一种作用是作为自我控制策略，使人们预测未来，为达成目标克服障碍，追求预期结果。还有研究表明，衡量社会经济状态是否健康，应首先调查人们的心理和社会资源的健康，如乐观信念和社会支持度。[④]当前我国正处于社会转型变革时期，人们的精神心理与行为方式正面临深刻变化及挑战。如果物质"饱和"与精神"空疏"之间存在巨大落差，就可能导致郁闷、悲观等情

① 林崇德，杨治良，黄希庭. 心理学大辞典（下）. 上海：上海教育出版社，2003：372.

② Tiger L. Optimism: The Biology of Hope. New York: Simon and Schuster，1979.

③ Carver C S，Scheier M F. Dispositional optimism. Trends in Cognitive Sciences，2014（6）.

④ Schöllgen I，Huxhold O，Schüz B. Resources for health: Differential effects of optimistic self-beliefs and social support according to socioeconomic status. Health Psychology，2011（3）.

绪蔓延。正如梭罗所言，现代社会大部分人生活在"寂静的绝望"中，这对人们的幸福生活造成了极大伤害。因此，如何发掘中国古代文化中的乐观心理思想价值，强化人们内在精神生活根基，成为时代迫切而重要的社会发展任务。积极弘扬传统文化中的乐观向上心理思想，汲取持续进取、化忧为乐的精神，摒弃"安贫乐道，随遇而安"等消极元素，有助于培育自尊自信、理性平和、积极向上的社会心态，克服部分人的悲观性社会认知方式，维护和改善人们的心理健康。

一、儒家的乐观心理思想

儒道互补是中国传统文化思想的一条基本主线，也是中国古代乐观心理思想的重要特征。在乐观心理思想方面，儒道两家也有着明显的区别。中国传统文化中许多关于乐观心态的言论，如"乐天知命，故不忧"（《周易·系辞》）、"知足不辱"（《老子》）以及"塞翁失马，焉知非福"（《淮南子·人间训》）等记述，无不体现出儒道互补的"乐观"心理思维模式的丰富内涵。

（一）对"心"与"乐"的认识

"心"在中国本土传统心理学中占据重要地位，儒家文化始终强调"心"具有超越性本质，且心、性、情三者紧密相连。儒家先贤很早就洞察到"乐"与"心"之间的内在联系。例如，郭店竹简《性自命出》中提到："喜怒哀悲之气，性也。性自命出，命自天降。道始于情，情生于性。"孔子将学习视为人间至高无上的快乐，而学习的终极目的在于领悟"道"。孟子不仅继承了孔子的"乐道"思想，还进一步将其发扬光大。《孟子·尽心上》有云："尽心知性知天。"荀子亦认为，"乐道"唯君子所能："君子难说（悦），说之不以道，不说也"（《荀子·大略》），明确指出君子之乐的核心在于得"道"。"乐天知命，通上下之言也。圣人乐天，则不须言知命，知命者，知有命而信之者尔，不知命无以为君子。"（《河南程氏遗书》）宋代理学家程颢和程颐更进一步提出，要不怨天、不尤人，顺应天理。"顺乎理，即乐天；安其分，即知命。顺理安分，自然无忧。"（《二程集》）王阳明则主张万物皆源于心，提出"心即理""心外无物"的观点。他认为，"乐"是心之本体，真正的"乐"并非来自外物，而是源于内心。这种由内心生发的"乐"才是真正的"乐"。这也是王阳明对孔子和颜回"人不堪其忧，回也不改其乐"（《论语·雍也》）的"乐"之真谛的领悟。在王阳明看来，

"本体之乐"的最大特征是"心安","心安"则"乐",不安之"乐"乃"非乐"。当外在行为与内在本心的是非标准相符时,个体内心便会平和安畅,从而体验到"乐";反之,则会感到内心不安且不乐。这种"心安"之乐实则是人生的智慧,需要对世界和人生的各种问题有全面、深刻的觉悟和理解。从某种意义上说,它也是一个人心性超脱世俗、脱胎换骨的表现。这种"心安"的来源正是"理得",即所作所为都合乎"道理"。

（二）乐之实质

关于何为快乐的问题,儒家创始人孔子既强调日常生活中的现实主义快乐,又倡导追求道的理想主义快乐。孔子曾说:"有朋自远方来,不亦乐乎?人不知而不愠,不亦君子乎?"(《论语·学而》)"父母健在是一乐,兄弟和睦是二乐,得天下英才而教育之是三乐。"这体现了孔子的现实主义感性乐观。同时,孔子也提到"益者三乐,损者三乐。乐节礼乐、乐道人之善、乐多贤友,益矣;乐骄乐、乐佚游、乐宴乐,损矣"(《论语·季氏》)。然而,儒家所追求和主张的"乐"总体上是以仁为核心。孔子首次将整体道德规范集于一体,形成了以"仁"为核心的伦理思想结构,提出"仁者不忧",即具备"仁"的品格的人不会忧愁。[1]因此,儒家的快乐观强调的是君子的品格,是修德行仁的快乐。儒家的"仁"包含人际关心和宇宙关怀的实际内容。[2]

现代哲学家贺麟认为,人类最高尚、最纯洁、最普遍且与快乐最紧密相关的情感是"爱"或"仁爱",也可称作同情心或恻隐之心。[3]因此,人生真正的乐观应是基于"仁爱观"或"同情观"。以同情的了解和仁爱的态度观察人生、欣赏事物的人,才是真正的乐观者。所谓"为善最乐",亦可理解为仁者最乐,仁爱乃快乐之本。"仁者不忧"也蕴含着不悲观的意义。拥有仁爱之心的人可以化恶为善、化险为夷,看到人性中光明的一面,从而培养乐观的心态。因此,乐观与仁爱密不可分,至圣至仁之人即是乐观之人,不仁之人无法成为真正的乐观论者。贺麟实际上揭示了儒家仁学的审美意蕴。自孔子始,儒家便把追求"仁"的理想的艰苦努力过程审美化,倡导以苦为乐的审美趣味。"内省不疚,夫何忧何惧?"若自问内心无愧疚,便无忧愁和恐惧可言。有道德修养的人方能享有真正的快乐。由此可见,儒家对乐观实质的理解包含认知、情感、意志三种要素。

---

① 黄怀信.《论语》中的"仁"与孔子仁学的内涵.齐鲁学刊,2007（1）.

② 彭彦琴,叶浩生.人格:中国传统审美心理学的解读.西南大学学报（人文社会科学版）,2006（1）.

③ 贺麟.贺麟选集.张学智,编.长春:吉林人民出版社,2005.

（三）乐的境界

"孔颜乐处"是儒家乐之境界的典型写照。在常人眼中，这或许是一种忧虑，甚至难以承受；然而对孔子和颜回来说，其中却蕴含着乐趣。当孔子在匡地受困时，这看似是性命攸关的忧患，但他却洞察到这只是外来的"患"，并从中领悟到"天之未丧斯文也"。由此可见，颜回的快乐源于学习中的满足，使他忘却了物质生活的艰辛；而孔子所感受到的，则是传道、授业、解惑之乐，远超个人困境。这种重视精神需求满足所带来的快乐，超越了物质匮乏或艰难处境，正是孔颜能够化解外界忧虑、安于贫困的根源。安贫源于乐道，而乐道又使安贫成为可能。这种将忧虑转化为快乐的体悟，彰显了理性之乐的精神。

宋代二程对乐的境界提出了新见解，认为孔颜之乐实质上是一种"中和之乐"。因为"颜子的快乐并非仅仅源于对道的领悟，更在于他内心本然的中和之乐。""中和，若仅从人的角度来看，是指喜怒哀乐未发或已发的状态。若能达到中和，便是通达天理，从而洞察到天尊地卑、万物化育之道。"因此，"中和之乐"代表了一种状态，这种状态即是"天下之大本"，是一种达到"中和"的乐观心境。"喜怒哀乐未发时称为中。中，就是寂然不动的状态，因此被称为天下之大本。当情感发出且符合节度时称为和。和，是指感情能够感通无碍，因此被称为天下之远道。"（《二程集》）儒家的"乐道"就是念念不忘地修德。由于道体至大无尽，德也无止境，因此修德的开始便意味着在走向得道的路上。

（四）儒家的"乐"与"忧"转化观

乐观与悲观，即"乐"与"忧"，是情感与心态的矛盾体现，二者常并行存在。不依"道"的盲目乐观或转瞬间沦为悲观，脱离实际的乐观可能成为悲剧的开端。在解决乐与忧的矛盾冲突上，儒家先哲提出了诸多引人深思的见解。《周易》有言："一阴一阳之谓道，继之者善也，成之者性也。仁者见之谓之仁，智者见之谓之智，百姓日用而不知，故君子之道鲜矣。"又云："《易》有太极，是生两仪，两仪生四象，四象生八卦。"万事万物皆具阴阳两面，且始终处于动态之中，阴中含阳，阳中含阴。它们的对立、统一、互补、转换，在心理学中构成了"忧""患"与"乐"这两种相对的情绪状态。

"乐"与"忧"的理想结合，体现了儒家的人格追求。"穷则独善其身，达则兼善天下"。孔子的自白深入浅出地阐述了这一点："发愤忘食，乐以忘忧，不知老之将至"（《论语·述而》）。首句"发愤忘食"表现的是忧，次句"乐以忘忧"

则为乐，而末句既可理解为因"忘食"而激发的忘年壮志，亦可视为因"忘忧"而不觉时光流逝的自得之情。或许，这两种情感已融为一体，随心所欲而无往不适。由此可见，"乐"与"忧"相互对立、相互渗透，"乐"中有"忧"，"忧"中有"乐"。二者在一定条件下可相互转化。

孔子高度重视"不忧"与"不惧"的价值，视前者为"仁者"的基本品质，后者为"勇者"的基本品质，并主张君子应不忧不惧。[①]然而，古人的乐观理念中常蕴含"忧""患"意识。孟子曰："君子有终身之忧，无一朝之患"（《孟子·离娄》）。他又言："老吾老以及人之老，幼吾幼以及人之幼，以仁人之心忧天下苍生"，"舜为法于天下，可传于后世，我犹未免为乡人也"（《孟子·离娄下》）。这种忧惧成为鞭策自己的力量，"忧"中蕴含着人生责任。忧国忧民之心即为反身而诚之情。

郑玄注解"贫而乐"时指出："乐谓志于道，不以贫而忧苦。"泰州学派人物亦言："君子终身忧之也；是其忧也，乃所以为其乐也"（《明儒学案》卷三十二）。忧患意识是儒家文化的重要组成部分。不论如何界定其内涵，"忧患意识"总是一种"意识"。在心理学中，意识指个人通过感觉、知觉、思考、记忆等心理活动对自己的身心状态及环境中人、事、物变化的综合觉察与认识。[②]忧患意识意味着努力克服困难和磨难以实现理想并深知自己的责任所在。"生于忧患而死于安乐"和"居安思危"的感言便是获取持久之乐的智慧体现。

（五）儒家关于乐观的实现途径与养成机制

有关乐观的实现途径和养成机制问题，儒家主要有以下几种主张。

一是"安贫乐道"（《论语·雍也》）。这种乐观显然超越了功、名、利、禄，展现出超凡脱俗、顺其自然的特质。在这种态度的引领下，万物皆变得有趣、可爱，值得我们去学习和探究。例如，孔子曾说："三人行，必有我师焉"（《论语·述而》）。秉持这种态度，人们便能将贫穷困苦的环境视为一种磨炼，教会我们如何妥善应对困境，在困境中砥砺自我，进而促成自身的完善。这恰如孟子所言："天将降大任于是人也，必先苦其心志，劳其筋骨，饿其体肤，空乏其身，行拂乱其所为，所以动心忍性，曾益其所不能"（《孟子·告子》）。孔子亦曾道："饭疏食，饮水，曲肱而枕之，乐亦在其中矣！不义而富且贵，于我如浮云"

①　高觉敷. 中国心理学史. 2 版. 北京：人民教育出版社，2005：19.
②　张春兴. 现代心理学：现代人研究自身问题的科学. 上海：上海人民出版社，2001：13.

（《论语·述而》）。这正是对孔子自觉追求快乐、安贫乐道、不因生活匮乏而改变其精神愉悦的生动描绘。

二是"发愤忘食，乐以忘忧"（《论语·述而》）。这积极进取的态度源于对生命和生活的热爱，它汇聚了信心、希望、乐观、勇气等诸多正面元素。孔子所倡导的"天行健，君子自强不息"的精神，彰显了对未来美好的憧憬，并强调了个人努力的重要性，体现了生有所为的价值追求。这一思想深深影响了中国古代的众多文人，他们怀抱安时处顺、积极入世的心态，主张"达则兼济天下，穷则独善其身"（《孟子·尽心上》），"济苍生，安黎元"（《书情题蔡舍人雄》），并追求"不以物喜，不以己悲"（《岳阳楼记》）的豁达境界。

三是"修己以敬，为人以仁"（《论语·宪问》）。在探讨如何获得快乐的问题上，儒家注重修身与为人，即对自己和对他人的态度与行为。这两个方面都需遵循"道"的原则，因此，"乐道"成为其核心理念，意味着以"得道"和"行道"为乐。修己以敬指的是如何修炼自身以得道；为人以仁则是指如何以仁德之行来实践道。修身强调的是提升自身的道德修养。孔子认为，提高道德修养是一件令人愉悦的事，故有"学而时习之，不亦说乎"之说。追求快乐是中国人的人生理想，但对于快乐的定义和实现方式，人们看法各异。明末傅山在解析"十六字格言"时指出，"乐"字难以言传，"般乐饮酒，非类群嬉，岂可谓乐？此字只在闭门读书里面。读《论语》首章自见。"从先秦至清代，主导的快乐观融合了儒家的"君子乐道"理论与道家的"以游安（乐）道"学说，认为"乐"即得"道"。那么，如何修炼、体悟并保有、享受道呢？儒家传统强调以"敬"为主要手段。敬，表现为对所学习对象的遵从、驯服和敬畏。《论语·为政》中，季康子问："如何使民众敬忠并受到鼓励？"孔子答："以庄重临民则敬，以孝慈待民则忠，选拔善人并教导无能者则受到鼓励。"孔子视仁为人的品德核心，而仁与敬相辅相成。《论语·子路》中，樊迟问仁，孔子答："平时态度庄重，工作时敬业，与人相处忠诚，即使到了夷狄之地，这些美德也不可舍弃。"《论语·宪问》中，子路问何为君子，孔子答："修炼自身，保持恭敬。"这就是以主敬作为修身、修德的起点。

二、道家乐观心理思想

（一）道家对"乐"的认识

道家认为，世间万物各有其本性，皆依自身而存在。物与物之间天生就是统一的，即"道统为一"。然而，人心不断滋生仁义与礼乐，却反使人心逐渐迷失。唯有达到忘我之境，方是人生至乐。若能将物我等同、人我合一，消除自我与外物、他人间的矛盾，便可能达到物我齐一、超越自我的境界。《逍遥游》有言："至人无己，神人无功，圣人无名"。《人世间》亦云："一若志，无听之以耳，而听之以心。无听之以心，而听之以气。听止于耳，心止于符。气也者，虚而待物者也。唯道集虚。虚者，心斋也。"这主张人的快乐建立在虚、静、无我之上，实现"独与天地精神往来，上与造物者游，而下与外生死无始终者为友"①的境界。

道家普遍强调，快乐源于心境，与物质财富、感官享乐无涉。老子早就告诫人们，不能心随外物，还从反面指出不知足所带来的严重后果："金玉满堂，莫之能守；富贵而骄，自遗其咎"（《老子·第九章》）。因此，他主张节制欲望，"少私寡欲"，认为这是"深根固柢，长生久视之道"（《老子·第五十九章》）。

汉代黄老道家思想的代表作《淮南子》将人们获得快乐的方式分为"以内乐外"和"以外乐内"两类。以外乐内是依赖外在物质享乐寻求快乐，而以内乐外则是通过内在精神修养、平和心态去感受外在事物的美好而获得快乐。《淮南子》提出，"吾所谓乐者，人得其得者也。是故有以自得之也，乔木之下，空穴之中，足以适情"。认为真正的快乐不在于物质的丰富或感官的享乐，而在于自得其性、自得其乐。

魏晋时期的嵇康，深受道家思想影响，也指出人生的真正快乐在于内心的充实："有主于中，以内乐外，虽无钟鼓，乐已具矣。"他深刻地阐明了精神快乐高于物质满足和感官享乐，只有内心充实才能获得真正的愉悦。

关于人世间是否存在真正的快乐，《庄子·至乐》篇有一段专门的讨论："天下有至乐无有哉？有可以活身者无有哉？今奚为奚据？奚避奚处？奚就奚去？奚乐奚恶？"从中可以看出，庄子认为由外物、世俗之情所引发的"乐"并非终极之乐。"乐"的终极应该是摆脱世俗之"乐"，顺应自然、重生活身、适合本性。而这种适合本性之"乐"的最高境界就是清静无为，即庄子所主张的"至乐无乐"。世人往往只关注身体的享受，而庄子则更重视精神的恬适与心灵的放达，认为这才是人生快乐与幸福的真谛。

（二）乐之实质

道家主张"道"为万物之本源。老子提出，世间万事万物的根源在于道，他

---

① 庞朴."一阴一阳"解.清华大学学报（哲学社会科学版），2004（1）.

描述道："有物混成，先天地生？……吾不知其名，字之曰道。"(《老子·二十五章》)"道者万物之奥"(《道德经》第四十二章)，意味着道是万物深邃的所在。进一步，老子强调"道"遵循自然法则而运动变化，即"道法自然"，并主张"无为而治""惟道是从"的治理方式。庄子则继承了老子的思想，认为"道"既统摄一切，又内在于一切之中；万物皆是"道"的体现，也是"道"的彰显。他表述为"天地与我并生，而万物与我为一"(《庄子·内篇·齐物论》)。通过忘却世俗与物质，超越生死界限，达到大彻大悟的境界，便能实现与道的合一。

(三)乐的境界

以庄子为代表的道家，提出了乐的三个境界：首先是"齐物"，其次是"坐忘"，最后是"丧我"或"无己"。庄子所强调的"至乐无乐"，实际上是一种不妄为、顺应自然、与天合一的生活方式。这种"至乐无乐"(即清静无为)的境界具有几个重要特征：一是其"乐"的感受超越了日常的喜怒哀乐，如《庄子·养生主》所述："适来，夫子时也；适去，夫子顺也。安时而处顺，哀乐不能入也。"二是这种"乐"并非由外物引发，而是源于内心的清静无为，它表现为一种与外物和谐共存、互不干扰的心理状态；三是这种"乐"主要来自对"道"的感知、领悟和遵循，是从内心澄明中自然流露出的情感。"天人合一"是儒、道两家共同追求的理想人格特征。[①]由于"天"被视为"乐"的源泉，因此乐观的人生态度在主观心理上便体现为"天人合一"，即追求与天之乐合为一体。"同天之乐"是个体对尽善尽美的最高追求，它象征着完美与自由的理想状态。在追求"天人合一"的过程中，人们实现了对幸福的追求。所谓"无乐"，并非真的指没有任何快乐，而是指从世俗的角度看来，可能无法体察到这种深层次的快乐。

庄子认为，天虽无为却清虚自然，地虽无为却宁静洒脱，天地无为而相互融合，于是万物得以变化生长。他理想中的"至人、真人、神人"能够顺应自然，从精神上超越生死和梦醒的界限，通过对"道"的深刻领悟，达到一种理想状态：对人生采取审美的态度，不计利害、是非功过，忘却物我之分，与天地宇宙合而为一。正如他所说，"天地有大美而不言"(《庄子·知北游》)。这种理想人格在审美上实现了对人生的超越，"从容以天地为春秋，虽南面王乐，不能过也"(《庄子·至乐》)，这种审美体验本身就是"至乐"的体现。庄子主张人们应像

---

① 曾红，郭斯萍."乐"——中国人的主观幸福感与传统文化中的幸福观. 心理学报，2012(7).

天、地一样无为处世，如此才能保全生命，获得至乐。从庄子关于乐观的论述中可以看出，他并未否定人性的欲望，而是消解了世俗社会中对功、名、利、禄等外在欲望的过度追求，将人的欲望引导到尊重生命、顺应自然的"乐"之中。①

（四）乐的实现途径和养成方式

关于乐观的实现途径和养成方式，道家提出了以下几种主张：

首先，"不囿于物"而寻求"自得"。道家追求的是自得其乐，即不依赖外物的快乐。为此，必须修身养性，摆脱外物的束缚，返璞归真，清静无为。庄子曾指出："知士无思虑之变则不乐，辩士无谈说之序则不乐，察士无凌谇之事则不乐，皆囿于物者也。"这意味着，智者的快乐受限于思虑的变化，辩者的快乐依赖于议论的条理，机警之人的快乐则与责骂他人相关。换言之，他们的快乐总是被外物所限制，一旦所依赖的"外物"消失，他们的快乐也随之消失。

其次，"安时处顺"而顺其自然，避免"妄为"。这是道家获取乐观态度的重要途径之一。道家认为，万物的大小久暂、人生的祸福寿夭、言论的是非美恶，都是自然而然的状态，即"性"如此，"天"使其然，"道"在其中。这是道家乐观态度的主要实现方式和养成机制。"安时处顺"中的"安时"是指安于当前的现实，没有非分之想；"处顺"则是指顺应事物的自然变化。正如《庄子·大宗师》所说："且夫得者时也，失者顺也，安时而处顺，哀乐不能也。"这意味着要客观地对待得失，顺其自然，从而摆脱哀乐情绪的困扰。而得道则是获得心灵宁静的关键，即"有人之形，无人之情。有人之形，故群于人，无人之情，故是非不得于身"（《庄子》）。

最后，"以天合天"之乐——美乐。庄子力倡的无为逍遥之乐，本质上而言属于"摆脱了构成妨碍条件 x 而选择做了事情 y"②，即摆脱妨碍条件后的自由选择之乐，可简称为安乐。然而，庄子的乐观观念并不仅限于此，他还推崇一种"以天合天"之乐。这种乐的本质是顺性、顺势而为，以自然天成的法则来治理万物，由此产生的和谐美、韵律美所引发的身心愉悦感受，就是"以天合天"之乐，可简称为美乐。当然，道家也告诫人们要知足常乐，避免无限制地追逐功名、利禄、财富，以免招致灾祸和不幸。这种"知足常乐，安时处顺"的乐观理想主张，在很大程度上塑造了传统中国人安身立命、逆来顺受的人格特征。然

① 李泽厚.实用理性与乐感文化.北京：生活·读书·新知三联书店，2005：217.

② 赵汀阳.被自由误导的自由.世界哲学，2008（6）.

而，这显然是一种与现代竞争机制相悖的保守人生哲学。

三、儒道关于积极乐观思想的异同比较

中国传统文化具有"实用理性与乐感文化"的特点[①]，这一精神的传统基源无疑来自儒道互补的乐观心理模式。儒道两家的乐观心理思想既有许多差异，又有不少共同之处。

（一）儒道两家均认为，"乐"是一种境界和状态

"乐观"这一现代术语，与古人所谈的"乐"有着深厚的联系，尤其与快乐和幸福紧密相连。[②]它涵盖快乐、愉悦、喜欢、享乐等情绪体验，这是感性的一面；同时包含乐观、乐观主义等情感操守，这更多体现了人生态度和价值理念[③]，理性成分较重。从更深层的意义来说，儒道两家所阐述的乐观，更多地是指人内在精神的自然流露，它是境界提升后的一种内心情感体验状态。这种状态对他人有着强烈的吸引力，能引发共鸣，进而形成一种超越心灵的境地。这既涉及认知层面，也包含情感体验和实践修养的元素。

儒家将"自然"与"仁"视为最高境界，认为乐者既是智者、勇者，更是仁者。儒家经典《论语》中强调，"仁者不忧"，乐天知命，顺理安分，故能无忧。通过乐天的努力，自然能达到"孔颜之乐"的境界。道家则以"道"即"自然"为最高追求，认为通过内心的"体道"，人们必然能体验到"至乐"。儒道两家的哲人们都认为，"乐"应是一种超越层面的情感、情操或气象，如郑玄所言："乐谓志于道，不以贫为忧苦"。这种对"乐"与"境界"或"道"的相生相成的理解方式，与西方心理学以"实体观"来探讨乐观和幸福感的发展思路截然不同。

（二）在乐观的指向方面，儒家和道家普遍以现实的当下的生活中寻求快乐

孔子重视普通日常生活的真实价值，他提出"子不语怪力乱神"（《论语·述而》）、"未知生，焉知死"（《论语·先进》），并通过君子"三乐"的见解，为我

① 李泽厚. 实用理性与乐感文化. 北京：生活·读书·新知三联书店，2005：3.

② Lu L，Gilmour R. Culture and conceptions of happiness：Individual oriented and social oriented SWB. Journal of Happiness Studies，2004（3）.

③ Glatzer W. Happiness：Classic theory in the light of current research. Journal of Happiness Studies，2000（4）.

们描绘了一幅现实生活中的幸福画面。以老庄为代表的道家乐观心理思想，并未陷入因果报应、赎罪式的宗教解释，也未将目光投向虚无缥缈之地或幻想之中。相反，他们从天地万物的自然法则出发，审视人生的苦乐境遇，倡导对现实生活的超越。这种思想显然秉持了一种无神论、理性或科学的立场。儒道两家的哲人都反对自暴自弃、怨天尤人的消极行为，因为他们深知过度的悲观对个人和社会都只有百害而无一益。诸如"君子坦荡荡，小人长戚戚"（《论语·述而》）这样的言论，正是对悲观绝望危害的深刻理性认识。

（三）在乐观的实现机制方面，儒道两家共同主张"以内乐外"的生活方式和处世态度

孔子和老庄都认为，"乐"是一种需要不断自我超越后才能获得的情感享受。他们主张人与自然的关系并非对立，而是和谐统一的，甚至是万物一体、内外合一的。他们倡导"以内乐外"的方式来寻求愉悦，即强调个体在向内承担各种义务和责任的过程中感受快乐与幸福。这与西方人"以外乐内"，通过占有外部世界来强化乐观感受的方式截然不同。儒家的快乐观着重于君子之道，强调德行的快乐，或者说是君子所特有的快乐境界。以道、释为辅助的中国传统乐观思想，则提倡将苦难转化为快乐，节制欲望，顺应自然，与天合一，视此为人生的极致欢乐之道。

道家认为，尽管人们无法改变个人的不幸和社会的困境，但可以通过转化和提升自身的精神境界来化忧为乐。这种超越性的心理境界不仅能帮助人忘却现实的苦难，更能使人享受到精神上的乐趣。此外，儒家和道家都强调培育"理性中和"的乐观心态。儒家所倡导的"中庸""孔颜之乐"，实质上就是一种"中和之乐"。道家则追求圣人的乐天知命，他们所向往的"至和""逍遥之乐"也在于超越现实束缚的自由感觉，而非满足现实的欲望。

庄子认为"将现实之苦提升为逍遥之乐的关键，在于心灵的宁静。而心灵的宁静，又在于避免对苦难作出狭隘的、个人的目的性解释"①。因此，"理性中和"无疑是儒道两家共同推崇的一种良好心态。

（四）儒道的乐观思想更有相异之处

在乐观的实质上，儒家和道家都重视乐观的情感体验，但两者有所侧重。儒

---

① 刘笑敢.庄子之苦乐观及其现代启示.社会科学，2008（7）.

家从感性和理性双重角度出发，推崇积极入世的乐观态度，这主要体现在其伦理型特征上；道家则倾向于避世主义的乐观，其本质更多体现为本体型体验，倡导超越现实的态度。在乐的具体内容上，儒家更注重道德层面的快乐，而道家则更看重精神自由所带来的愉悦。这两种不同的乐境界导致其在乐观心理生成机制和践行方式上的差异。儒家展现出以积极进取为特征的"入世"乐观精神，而道家则秉持以静虚为特质的"顺时安处"的乐观态度。

作为中国传统文化的主流思想，儒、道乐观思想在历史上发挥了诸多积极作用。儒家乐观思想塑造了中国人专一的精神追求和无穷的应对能力。"天行健，君子以自强不息；地势坤，君子以厚德载物"（《周易》）不仅传达了一种哲学信念，更提供了一种行为典范。儒家冷静的乐观精神和崇高的责任感通过这种方式深植于我们民族的每个人心中。"不忧不惧""心平气和"（《论语》），以及"穷且益坚，不坠青云之志"（《滕王阁序》）、"先天下之忧而忧，后天下之乐而乐"（《岳阳楼记》）等，这些激动人心的民族之声，都源于儒家冷静理性的乐观精神和崇高的责任感。这种积极的进取精神与当今积极心理学的主张有许多相似之处。儒家不仅谈论"孔颜乐处"等理性之乐，也强调"父母俱存，兄弟无故"（《孟子·尽心上》）的感性之乐，这种感性之乐对中国普通民众产生了深远影响，构成了中国民间幸福感的重要心理基础。同时，传统文化倡导节制欲望，促使人们形成知足常乐的思想。

道家作为儒家思想的补充，老子谈论祸福相依，庄子描述无忧之乡，从另一角度帮助人们在艰难世事和困顿人生中保持乐观豁达的心态。道家的独特之处在于，尽管其具有避世主义乐观，但并未放弃对现实社会的关怀，在"经世""为政""养生"方面为中华民族的传统文化做出了显著贡献。道家在天人贯通的哲理思辨、人的存在定位与精神超越，以及理想治世的规划等方面都达到了中华文化的高峰，对中国社会政治、哲学、文学艺术、医学等多个领域的发展产生了深远的影响。

现代意义上的乐观是理性认知与感性体验的结合体，是调控主体心理的重要手段和方式。中国古代哲人通过儒道两种不同类型的乐观思想相辅相成，帮助中国人既获得社会认可和规范的社会情感，又能享受精神自由、回归本真的个体情趣。正是这一儒道互补的模式使乐观的心理调适作用在中国人的心理生活中得以充分发挥。随着人类生活空间结构的历史变迁，乐观和幸福感也发生了变化。中国古代的乐观心理思想在现代需要进行转换。在传统儒道思想中，乐观主要侧重于精神感受相对于身体享受和感官之乐的重要性。然而在现代社会中追求享受、及时行乐和消费刺激的趋势下这种传统乐观观念并不完全契合。但无论如何追求感官享乐和物质消费如果没有心灵或精神的满足人们仍然不会感到真正的快乐和幸福。因此儒道关于精神满足的思想和观点仍然具有现实启发意义。儒道互补的乐观心理模式不仅有益于现代人的心理健康还有助于个体机能的恢复和增强。①

　　在当今中国全面建设社会主义现代化国家的背景下，国民物质生活条件不断改善，精神追求却有待进一步增强。烦恼、痛苦和抑郁等心态成为现代人常常面临的困境。这一困境的克服无疑需要依赖积极的智慧。虽然传统文化不能解决现代生活中的所有问题，但它能为人的心灵世界注入清泉让人生活得安宁。在当下培育自尊自信、理性平和、积极向上的社会心态的精神文明建设中，儒道互补的中国传统乐观文化心理模式无疑将在现代人类社会的演进中发挥积极的正能量。

---

① 刘笑敢.庄子之苦乐观及其现代启示.社会科学，2008（7）.

第 九 章

能力、智力与动机问题

实体理论是科学心理学诞生以来取得学术成果和技术方法最为丰富多彩的研究领域。在探讨人类的知、情、意、行方面，现代心理学已经积累了大量具有高度科学性的中介理论和微观实体性理论，这些理论为我们深入认识和理解人的心理奥秘，以及指导人们的生活实践提供了科学的工具。本章将择要探讨其中的一些热点理论和实践问题。

第一节　能力、智力的提高问题

现代社会越来越显现出对"能力"和"智力"的重视。能力与智力这一既古老又常新的研究课题，在近 20 年的心理学研究中取得了许多积极成果。其中，通过生物途径和文化途径来阐释智力的本质问题，已成为一股新的研究潮流。然而，关于能力与智力的实质、发展，以及与文化、动态实践性之间复杂而深刻的关系问题，我们仍需要在已有学术成果的基础上，进一步探索发展路径。

一、能力与智力的实质和结构

（一）能力、智力的实质问题

能力，作为社会主体的人所必须具备的内在本质力量，能够表现和确证自身的存在价值，同时也是人的主体地位得以确立的基本条件。因此，长久以来，培养和发展能力一直是许多社会发展的优先选择原则，更是科学心理学 100 多年来取得最多成就的重要论域。

能力及智力的定义虽尚不十分明确，但它们无疑是体现人与人之间差异性的重要方面。在日常生活中，能力常被理解为个人的聪明才智、知识技能、天赋特长等品质。在日本，能力甚至被完全看作个人的实际"努力"。在欧美国家，人们往往将能力与"解决问题"模型（problem-based learning，PBL）或"实力"等同，即指通过专业训练所获得的技能。在哲学领域，能力则是指作为主体的人为满足自身社会需要，在一定社会关系中从事对象性活动所具备的内在可能性，它是在人的自然素质基础上形成的社会力量和潜能。马克思也曾强调人的本质力量的确证，认为人是"对象性的存在物"，具有"强烈追求自己对象的本质力量"。[①]

----

① 马克思，恩格斯. 马克思恩格斯选集（第 3 卷）. 中共中央马克思恩格斯列宁斯大林著作编译局编译. 北京：人民出版社，1995：169.

在心理学上，能力（ability）这个术语常与智力等同。实际上，能力的含义相当广泛，它在多个方面都有所体现。这包括肢体或动作方面的能力、人际关系中的交际能力，以及处理事物的才能等。总体而言，能力是指人们成功完成某种活动所必需的个性心理特征，其表现形式多样；智力则主要体现在人的认知学习方面。能力包含两层含义：一是指个体当前实际"所能为者"，即一个人的实际能力，这是基于先天遗传和后天环境努力学习的综合结果；二是指个体未来"可能为者"，即一个人的潜在能力，它并非指已经展现出来的实际能力，而是指在各种条件适宜时个体可能发展的潜在能力。

关于智力（intelligence）的定义，心理学家各执己见，至今尚未达成完全一致的看法。为了更好地理解和把握智力的概念，心理学家们在 1921 年和 1986 年分别举行了两次著名的研讨会，专门探讨智力的本质属性。这两次研讨会的主题相同，即"你认为智力是什么"。第一次研讨会主要邀请了教育心理学家和心理测验专家参与，而第二次研讨会则汇聚了心理学各分支学科（如认知心理学、教育心理学、发展心理学、心理测验等）以及其他相关学科（如行为遗传学和人工智能）中研究智力的权威学者。表 9-1 对两次研讨会的结果进行了综合整理。

表 9-1 1921 年和 1986 年关于智力属性的研讨结果

1986 年属性占比	1921 年属性占比	智力的属性
50%	59%	高级认知过程（如推理、问题解决和决策等）
29%	0%	具有文化价值
25%	7%	执行控制过程
21%	21%	低级认知过程（如感觉、知觉和注意等）
21%	21%	对新的情况作出有效的反应
21%	7%	知识
17%	29%	学习能力
17%	14%	一般能力（解决所有领域问题的能力）
17%	14%	不易定义，不是一个结构
17%	7%	元认知过程（处理信息过程的监控）
17%	7%	特殊能力（如空间能力、言语能力和听觉能力等）
13%	29%	适应环境需求的能力
13%	14%	心理加工速度
8%	29%	生理机制

资料来源：Sternberg R J，French P A. Intelligence and cognition. In Eysenck M W（ed）. Cognitive Psychology: An International Review. Chichester：John Wiley & Sons Ltd，1990：30-42.

从表 9-1 中可以看出，心理学家们从多个不同角度对智力进行了定义。例如，有的认为智力是抽象思维能力；有的认为智力是个人为适应环境而进行学习的能力；还有的认为智力是从真理和事实的角度出发，通过正确反应所获得的能力，智力是受到各种复杂刺激影响后产生统一结果的生物学机制，或者是获得知识的能力；等等。

总的来说，多数心理学家都倾向于认为智力是人类的一种综合认知能力，其中包括学习能力、适应能力、意念表达能力以及抽象推理能力等。这种能力是个体在遗传的基础上，通过受到外部环境的影响而逐渐形成的，并在人们吸收、存储和运用知识经验以适应外部环境的过程中得到体现。

在探讨能力和智力的实质问题时，达尔文提出它们涉及人的动物性能力、心理能力以及精神能力。[①] 皮亚杰则认为，能力和智力的本质就是适应。[②] 潘菽先生则指出，我们应该避免两种片面的观点：一种是遗传先验论的观点，例如遗传基因决定论、早期决定论以及学校教育决定能力论等，这些都是错误的；另一种是能力万能论的观点。[③] 实际上，人的能力是有限的，人的智力发展提高受到生物因素、个人因素和社会因素的共同限制。与此同时，人的能力和智力也蕴含着巨大的潜力。

（二）能力与智力的结构问题

在能力的结构理论中，最为流行的是英国学者斯皮尔曼的理论。他在 20 世纪初率先对智力问题进行了深入探讨。斯皮尔曼的二因素结构理论包括一般能力和特殊能力。其中，一般能力也被称为普通能力，它是指大多数活动所共同需要的能力，是人所共有的最基本的能力。这种能力适用于广泛的活动范围，符合多种活动的要求，并能保证人们比较容易和有效地掌握知识。一般能力与认识活动紧密相连。斯皮尔曼发现，几乎所有心理能力测验之间都存在正相关关系。他提出，这种在各种心理任务上的普遍相关性是由一个非常一般性的心理能力因素，即 g 因素所决定的。在所有心理任务中，都包含一般因素（g 因素）和某个特殊因素（或称 s 因素）。g 因素是人类一切智力活动的共同基础，而 s 因素则只与特定的智力活动相关。一个人在各种测验结果上所表现出来的正相关，是由于它们都包含共同的 g 因素；而它们之间的不完全相同，则是由于每个测验包含

---

① 墨菲，柯瓦奇. 近代心理学历史导引. 林方，王景和，译. 北京：商务印书馆，1980：186.
② 王志东，孙铁，肖凤. 一般智力的认知发展神经机制及其干预. 心理学探新，2023（6）.
③ 潘菽. 潘菽心理学文选. 南京：江苏教育出版社，1987：103-218.

着不同的 s 因素。斯皮尔曼认为，g 因素即是智力，它无法直接通过任何一个单一的测验题目来衡量，但可以通过许多不同测验题目的平均成绩来进行近似的估计。

20 世纪中期以后，卡特尔进一步提出了流体智力和晶体智力的理论。他认为，一般智力或 g 因素可以细分为流体智力和晶体智力两种。流体智力是指一般的学习和行为能力，它通过速度、能量以及快速适应新环境的测验来衡量，例如逻辑推理测验、记忆广度测验、解决抽象问题和信息加工速度测验等。而晶体智力则是指已经获得的知识和技能，它通过词汇、社会推理以及问题解决等测验来衡量。20 世纪 80 年代，进一步的研究发现，随着年龄的增长，流体智力和晶体智力会经历不同的发展过程。与生物学方面的其他能力相似，流体智力随着生理成长曲线的变化而变化，通常在 20 岁左右达到顶峰，在成年期维持一段时间后开始逐渐下降。相比之下，晶体智力在成年期不仅不会下降，反而会在随后的过程中有所增长。

此外，瑟斯顿对芝加哥大学的学生进行了 56 项能力测验。他发现某些能力测验之间存在较高的相关性，而与其他测验的相关性则较低。[①]这些测验可以归纳为 7 个不同的测验群：字词流畅性、语词理解、空间能力、知觉速度、计数能力、归纳推理能力和记忆能力。瑟斯顿认为斯皮尔曼的二因素理论无法很好地解释这些结果，并且过分强调 g 因素也无法达到有效区分个体差异的目的。因此他提出了智力由上述 7 种基本心理能力构成的理论，并认为这些基本能力之间是相互独立的。这是一种多因素论的观点。基于这种思想瑟斯顿编制了基本心理能力测验。然而进一步的研究结果表明这 7 种基本能力之间都存在不同程度的正相关关系，似乎仍然可以从中抽象出更高级别的心理因素，即 g 因素。

吉尔福特的智力结构理论享誉国际。他主张将智力活动分解为三个维度：内容、操作和产物，这些维度组合成一个三维结构模型。具体来说，智力活动的内容涵盖听觉、视觉（涉及所听到、看到的具体材料，例如大小、形状、位置、颜色）、符号（如字母、数字等）、语义（即语言的意义概念）和行为（涉及自己及他人的行为）。这些内容构成了智力活动的对象或基础材料。而智力操作则是指这些对象所引发的智力活动过程，包括认知、记忆、发散思维、聚合思维以及评价等环节。智力活动的产物，即运用这些智力操作所得到的结果，它们可以是单元计算、分类处理，也可以呈现为关系、转换、系统或应用。基于这三个维度，

---

① Thurstone L L，Thurstone T G. Primary Mental Abilities（Vol. 119）. Chicago：University of Chicago Press，1938：270-275.

吉尔福特理论上将人的智力划分为 5×5×6=150 种不同的类型。

另一方面，多元智力理论由美国心理学家加德纳提出。他认为智力的内涵并非单一，而是由七种相对独立的智力成分组成，包括言语-语言智力、逻辑-数学智力、视觉-空间智力、音乐-节奏智力、身体-动觉智力、交往-交流智力和自知-内省智力。这些智力成分各自作为一个独立的功能系统存在，并能相互作用，从而产生外在可观察的智力行为。

20 世纪 80 年代，美国耶鲁大学的斯滕伯格则尝试从更广泛的角度阐释智力行为，进而提出了智力三元理论。他认为，一个完整的智力理论应该涵盖智力的内部结构、这些智力成分与经验之间的关系，以及智力成分的外部作用。在斯滕伯格的理论中，智力的内部结构包含三种思维成分：元成分、操作成分和知识获得成分。元成分负责规划、策略和监控行为表现及知识获取过程；操作成分则涉及接收刺激、信息处理、比较和判断等过程；知识获得成分则专注于新信息的编码和存储。

近年来，内隐智力观理论也备受关注。有研究发现，持不同内隐智力观的个体在学习投入上存在差异。[①]相较于智力实体论者，增长论者更倾向于在学习中投入更多精力和时间。这一发现表明，智力增长论的观点可能更有利于人的能力提升和智力开发。

二、智力的个体差异与早期决定论问题

由于每个人在先天遗传、后天生长环境以及所接受的教育等方面都各不相同，因此人与人之间在智力上也存在显著的差异。这种智力的个别差异主要体现在两个方面：智力水平和智力结构。首先，就智力发展水平而言，不同个体所能达到的最高点差异极大。相关研究表明，整个人群的智力差异呈现出从低到高的多个层次。人类的智力分布大致遵循正态分布模式，即两头小、中间大（表 9-2）。[②]在一个具有广泛代表性的人群中，接近一半的人的智商集中在 90—110，而智力超常和智力低下的个体在总人口中所占比例相对较小。

---

① Heyman G D，Dweck C S. Children's thinking about traits: Implications for judgments of the self and others. Child Development，1998（2）.

② 菲利普·津巴多，罗伯特·约翰逊，安·韦伯.津巴多普通心理学.王佳艺，译.北京：中国人民大学出版社，2008：298.

表 9-2 人类的智力分布

IQ	名称	百分比（%）
140 以上	极优等	1.30
120—139	优异	11.30
110—119	中上	18.10
90—109	中才	46.30
80—89	中下	14.50
70—79	临界	5.60
70 以下	智力落后	2.90

在人的一生中，智力水平会随着年龄的增长而发生变化。通常来说，智力的发展可以分为三个阶段：增长阶段、稳定阶段和衰退阶段。从出生到大约 15 岁，智力的发展与年龄的增长几乎是等速的，之后智力的增长速度会逐渐减慢，呈现出负加速的增长模式。

智力发展的高峰通常出现在 18—25 岁。在成年期，智力会进入一个较长时间的稳定期，这个稳定期可以持续到大约 60 岁。然而，进入老年阶段（65 岁以后），智力水平会开始迅速下降，进入明显的衰退期（图 9-1）。[1][2]

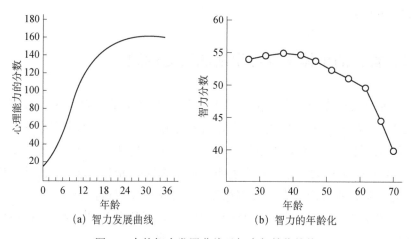

(a) 智力发展曲线　　　　(b) 智力的年龄化

图 9-1 个体智力发展曲线及智力年龄化趋势

智力是由众多不同成分组成的，而这些成分的发展路径、达到顶峰的年龄，

---

① Bayley N. Behavioral correlates of mental growth：Birth to thirty-six years. American Psychologist，1968（1）.

② Schaie K W，Strother C R. A cross-sequential study of age changes in cognitive behavior. Psychological Bulletin，1968（6）.

以及增长与衰退的过程都各有差异。在 1956 年的研究中指出，如果以 17 岁时的智力水平为 100% 作为基准，那么儿童在 4 岁时就已经拥有了 50% 的智力。4—8 岁，智力增长 30%；8—17 岁，智力增长 20%。[①]20 世纪 90 年代，布鲁姆进行了一项长达 5 年的研究，研究对象包括杰出学者、艺术家和运动员。他选取了各领域中最顶尖的 20 位人物进行匿名访谈，涵盖了著名钢琴家、网球选手、奥林匹克游泳冠军、数学家以及精神病学家等。[②]为了获取更深入的信息，他还对这些成功人士进行了补充访谈。研究结果显示，这些原本普通的人之所以能够取得非凡成就，并不是因为天赋异禀，而是因为他们养成了坚韧不拔的好习惯，即能够勇敢面对挫折与失败，并在实践中持续追求和完善自我。

这一理论挑战了认为个别差异具有先天性和不变性的观点。在学校教育中，许多教师常常根据学生的学习成绩将他们划分为不同的等级，并将这种划分作为衡量学生优劣的长期、稳定的依据，这种做法可能会对学生的整个学习生涯产生影响。然而，布鲁姆倡导教师应对每个学生的发展潜力充满信心，并为每个学生提供理想的教学环境和均等的学习机会。对于需要帮助的学生，教师应提供充足的时间和支持，以确保每个学生都能获得适合自己的、理想的教学，并促进他们的全面发展。这种乐观的、面向全体学生的教育观念对当前教育教学改革中的学生能力观创新具有深远的意义。

综上所述，近半个世纪以来，世界众多国家相继发起了以"开发智力，培养英才"为核心的教育改革运动。然而，美国和苏联等发达国家长期以来推行的智育竞赛战略并未达到预期效果，美苏等国教育改革普遍失败的事实迫使教育改革家们重新思考人的智力开发问题。他们旨在纠正布鲁纳、赞科夫等在指导教学改革过程中出现的"智育观念偏差"和"智育教育策略方面的失误"。针对智力开发教育改革中暴露出的诸多弊端，他们提出了一系列新的智力开发观点，主要体现在以下几个方面。

第一，智力发展的观念已经从强调早期智力决定论转变为强调促进个体智力的终生发展。过去，"智力开发越早越好"和"儿童的智力和学习能力优于成人"等观念是布鲁纳等进行教育改革的重要理论依据。然而，早期智力决定论对美国中小学教育造成了严重的负面影响，过早的智力强化训练扰乱了青少年智力

① Anderson L W, Benjamin S. Bloom: His life, his works, and his legacy//Educational Psychology. Lodon: Routledge, 2014: 367-390.

② Kiewra K A, Creswell J W. Conversations with three highly productive educational psychologists: Richard Anderson, Richard Mayer, and Michael Pressley. Educational Psychology Review, 2000（1）.

成熟的自然周期，也破坏了基础教育的秩序。经过长期的纵向智力测试研究，许多心理学家发现，早期智力决定论和守恒论并不符合个体智力发展的实际规律。儿童时期的学业成绩和智商难以预测其成年后的智能水平和社会成就。大多数关键性的智力因子，尤其是社会智慧，实际上是在成年后获得的。有些学者甚至提出了"从十七八岁到 60 岁仍是智力发展的活跃时期"的新观点，并积极倡导社会和教育应致力于为"促进人的终生智力发展服务"。①日本学者高度赞扬这一成果，认为它打破了智力终生不变的传统观念，是近十年来心理学对社会的重要贡献。这一观念转变为世界各国蓬勃发展的成人教育和终身教育运动提供了坚实的理论基础。

第二，智力结构的观念正在从强调多因素论向强调多维结构理论转变。过去，许多教育改革家为了找到有效促进学生智力发展的方法，往往对人的智力结构内容进行了数量上的简化规定和解释，却忽视了那些普遍的智力技能的训练，也没有注意到要综合发展学生的各种能力，以达到适当的平衡。因此，越来越多的国内外心理学家意识到，仅仅运用多因素观点仍然无法充分描述人类智力的多样性和复杂性。正因如此，过去在国外教育界较少受到关注的智力三维结构理论和层次结构模型现在受到了广泛的欢迎。许多学者认为，斯滕伯格的智力三元理论全面而系统地揭示了人类智力活动的本质，这不仅在理论上有助于教育决策者更深入地理解培养学生能力的复杂性和艰巨性，而且对进一步研究学习、记忆、解决问题以及创造性思维具有重要的指导意义。同时，在教育实践中，它也有助于纠正过分偏重智育的倾向。

第三，智力教育内容从强调知识结构、能力教育向强调基础文化知识教育、通识教育和专长教育相结合方向转变。20 世纪 50 年代后期，布鲁纳等受"知识爆炸"、信息激增现象的启迪，主张中小学教育内容应以传授知识结构、培养能力为核心目标，实施高难度、高速度的教学计划，试图全面提升学生的智力水平。然而，这种做法却适得其反，加速了美国中小学教学质量的显著下降。鉴于此，许多教育心理学家重新审视了布鲁纳、赞科夫等的智力开发教改思想，并指出他们提出的知识结构教学原则和高难度教学原则尚不成熟。他们认为，"知识爆炸"主要指的是应用知识技术领域的快速发展，而基础知识并没有出现爆炸式增长。因此，中小学教育改革在课程教材内容上必须保持相对的稳定性，以基础文化知识教育为主，重点学习人类世世代代积累的人文科学和自然科学精华。教

---

① Slomski A. Lifetime intellectual Enrichment delays cognitive impairment. JAMA，2014（8）.

育改革应在"回归基础教育"的方向进行，避免过早的专业化训练。这一观点对美国近年来推行的"回归基础""通识教育"与"专长教育"相结合的改革运动产生了深远的影响。

第四，智力开发机制由强调能力及智力因素问题向强调非智力因素问题转变。在研究如何激发学生的智力发展动力机制问题上，国外教育科学界目前一方面加强对学生的基础文化知识教育和智力技能训练，另一方面则非常重视对学生非智力因素品质的培养。他们认为，在一般智力中，非智力因素也起着重要作用，并且开发智力不能与其他个性因素相割裂。非能力因素观点的盛行对国外教育改革从能力教育向素质教育转变起到了一定的推动作用。目前，从"能力本位运动"向"标准本位运动"和"效能本位运动"的发展趋势在国外教育学和心理学界仍处于探索阶段，这些新变化在现代教育改革运动中将发挥何种作用，还有待教育实践的进一步检验。其中出现的各种偏差，应引起我们中国心理科学和教育科学工作者的高度重视。

三、文化与智力研究的新成就

现代社会越来越展现出"文化智力"（cultural intelligence）的特征。在人类丰富多彩的智慧品质中，文化与智力之间的内在联系日益凸显。然而，传统的科学心理学研究往往将文化视为一个外在的自变量，与心理学研究的核心内容相脱节。当代心理学则不再仅仅将文化看作是影响人的智力活动品质的一个外在因素，而是深入地将其融入人与环境的相互作用之中，认为智力是文化的一种产物。尽管心理学领域内关于文化与智力关系的研究内容纷繁复杂，许多重要问题仍未得到明确和解决，但已经取得了一些值得关注的积极成果。

（一）文化智力新概念的问世

2003 年，美国心理学者爱尔勒等首次提出了"文化智力"概念，旨在揭示人们在跨文化环境中如何收集和处理信息，做出判断，并采取一定措施以适应新的文化。在他们看来，文化智力比较高的人更能理解不同文化的细微差别，因而能在陌生情境中应对自如，也更容易化解由文化差异所引发的冲突。他们指出，"在一种文化背景下看似聪明的行为，在另一种背景下可能是愚蠢的。举例来说，诚实而开放地阐述自己的政治观点，可能会使一个人赢得顶级的政治职位

（譬如总统），而在另一种文化下可能会使他上了断头台"①。"文化智力"的概念一经提出便受到学术界和社会公众的关注。研究者普遍认为这是一个既有意义又富有挑战性的研究领域，不但包含重要的理论价值，而且对提高跨文化环境的预测效度，探索限制个人能力发挥的情境因素，甚至对全球化的跨文化工作团队建设也具有深刻的实践意义。当今虽然经济全球化导致现代人所生活的世界在不断"变小"和"变平"，然而不断深化的文化差异给人们带来了更大的挑战，使得世界"不那么平静"。②

近年来，随着跨国企业的崛起，企业外派人员的数量不断增加。这引发了一个有趣的现象：一些在本国表现优秀的员工，在被派往国外后，由于无法适应新环境，其业绩受到了严重影响；而另一些员工却能迅速融入当地文化，在新的工作环境中游刃有余。那么，究竟是什么原因导致这两种截然不同的结果呢？哪些人更适合担任外派工作，或者说更容易适应不同的文化环境呢？这些问题是现代企业亟待解决的。同时，为了在工作环境中尽量避免由文化差异引发的问题，管理者和外派人员必须具备与来自不同文化背景的人员进行开放性交流的能力，而"文化智力"则可以为他们提供一个科学的认识框架。

鉴于此，众多心理学家对文化智力的结构与测量进行了深入研究。爱尔勒等人将文化智力划分为认知性、动机性和行为性三个维度。其中，认知性维度涵盖宣告式、类推性、程序性、外部扫描、模式认知和自我觉醒等因素；动机性维度则包括目标设定、坚持性、效能感、价值质疑的增强和综合能力；行为性维度主要涉及惯例与规则、技能、习惯以及新知识获取能力。在此基础之上，他们对文化智力的结构进行了更为形象化的阐释，即头脑（head）、心劲（heart）和身体（body）。"头脑"代表认知，体现在个体能否理解其他文化情境中的事件，并形成应对新文化环境的策略；"心劲"对应动机，反映在个体是否有采取行动以适应新文化的动机，以及对自己适应新文化环境能力的信心程度；"身体"则喻指行为，指个体在面对新文化环境时能否做出有效的反应。③

这一文化智力结构学说与著名的智力三元理论相似，它从元认知、认知、动

---

① Earley P C，Ang S. Cultural Intelligence：Individual Interactions. New York：Stanford University Press，2003：68.

② Earley P C，Ang S. Cultural Intelligence：Individual Interactions. New York：Stanford University Press，2003：73.

③ Chen A S Y，Lin Y C，Sawangpattanakul A. The relationship between cultural intelligence and performance with the mediating effect of culture shock：A case from Philippine laborers in Taiwan. International Journal of Intercultural Relations，2011（2）.

机和行为四个维度延续了斯滕伯格的智力结构框架，其中元认知文化智力和认知文化智力被统称为精神性文化智力。所谓元认知文化智力，指的是个体在与来自不同文化的人交往时所展现的知觉和意识。一个人的元认知文化智力越高，其思维方式就越具策略性，越愿意去了解跨文化交往中所需的规则，并努力使这些规则系统化，以减少陌生文化环境带来的不确定性。认知文化智力则反映了个体对新文化环境的规范、行为和风俗习惯的熟悉程度。动机文化智力是推动个体适应不同文化的动力。行为文化智力则体现在个体与不同文化背景的人交往时所使用的语言和非语言行为的适当性。具有高行为文化智力的人能够根据不同文化情境灵活调整自己的语言和行为，在任何场合都表现得得体且适宜，同时也更可能主动采取行动来预防因文化差异引发的冲突。目前，文化智力的四维结构已经得到了验证。研究发现，文化智力对解释外派人员的工作绩效和适应能力的变异性，已经远远超出人口统计学变量和一般认知能力的解释范围。[1]研究还表明，精神性文化智力能够显著预测个体对文化的判断、在新文化环境中的决策制定，以及在跨文化环境下的任务绩效。动机文化智力则能够显著预测个体在不同文化环境中的普遍适应能力。同时，行为文化智力也与跨文化环境中的任务绩效和适应能力相关。[2]安格等已经开发出专门的文化智力量表（Cultural Intelligence Scale，CQS），并对美国和新加坡两种文化背景的样本进行了测试。这一文化智力的四维结构框架已成为文化智力研究中最常用的模型。

（二）生物与文化途径建构智力理论的热潮

智力理论的建构热潮是当代心理学发展的一个重要特点，其中生物途径与文化途径均取得了令人瞩目的成果。有学者指出，"近20年来，认知神经科学的蓬勃发展使人们更为深入和准确地了解自身认知的特点。同时，作为心理学中最为聚讼纷纭的领域之一——智力，人们对它已历经百年的探寻，并形成了多种各具特色的智力理论。但由于受制于人们对人类智能的本质以及意识的起源等根本问题迄今尚缺乏成熟的技术和研究范式，因此，它们至今没有得到清晰的解释，人们对智力概念也尚未达成共识。在当今认知神经科学研究不断深入的发展背景下，不少智力研究的学者将视角几乎不约而同地指向了生物学"[3]。

生物途径的智力研究主要围绕三方面的问题展开：一是从脑机制上寻找人类

---

① 高中华，李超平.文化智力研究评述与展望.心理科学进展，2009（1）.
② 高中华，李超平.文化智力研究评述与展望.心理科学进展，2009（1）.
③ 蔡丹，李其维.简评认知神经科学取向的智力观.心理学探新，2009（6）.

智力存在的个体差异的原因；二是通过分析被试完成不同任务时大脑的激活状态，建构或验证智力的结构；三是探索遗传基因与环境对大脑的影响，进而更为准确地揭示遗传、环境、大脑与智力之间的关系。

随着认知神经科学与生物技术日新月异地发展，许多智力理论的构建明显受其影响，像格里克提出的神经可塑性模型、戴斯等根据神经模型建立的智力PASS模型、考夫曼儿童智力评估测验（Kaufman assessment battery for children，K-ABC，也称考夫曼儿童成套评价测验），以及皮克斯等建构的真智力理论学说，均直接将认知神经生物学的某些研究成果融合于其理论模型之中，反映出认知神经科学取向对智力研究的深度渗透程度。当前认知神经科学进一步融合了心理学、认知科学、计算机科学和神经科学等领域的研究成果，从基因-脑-行为-认知角度来阐明智力活动的脑机制。这些研究主要表现在宏观和微观两个层次：在宏观层次，包括对脑损伤病人进行神经心理学临床研究和对正常人进行脑功能成像研究；在微观层次，采用分子生物学的方法，对不同机能进化水平的动物进行分子、细胞、基因等多层次的神经生物学研究。目前，这两个领域均取得了显著进展，对传统智力心理学的研究范式产生了深远影响。其中，基因-文化协同进化理论的建立尤为引人瞩目。

该理论主张，文化是一种生物现象，人类获取、保存和使用知识的神经机制对文化施加压力，推动其发展。同时，文化也反作用于人类的神经机制，促进其发展和进化。"生物进化与文化进化之间的联系是一个巨大的未知的进化过程：一个错综复杂而又颇具魅力的相互作用，其中文化是由生物学上需要而产生形成的，同时，生物特征又因对文化历史作出反应被遗传进化加以改变。我们建议这个过程可以称之为基因—文化协同进化模式。"[①]文化被视为一种快速突变的因子，在此理论中发挥着重要作用。该理论巧妙地将最外在的、宏观且复杂的行为模式与最内在的、微观且精细的基因分子活动相融合，从而深化了人们对文化、社会学习和智力等概念的理解。同时，它也为智力心理学的研究领域提供了新的视角和内容。值得一提的是，从文化到基因的反馈被看作人类一种独特的进化过程，其中个体间的差异使得借助更高的智能和文化来显著提升自然选择和遗传进化的潜力成为可能。

著名学者布鲁纳提出的以"生物性的限制-文化建构-置身于实践"这样一个三维模型理论，也充分反映了文化智力研究的内在魅力。按照布鲁纳的观点，智

---

① Sternberg R J. Culture and intelligence. American Psychologist，2004（5）.

力首先具有生物性。人的机体是生物性的物质载体，是一个生理过程与心理过程相互联系，相互作用，并与外界环境（社会）进行物质、能量和信息交换的整体。生物性对人类的智力具有限制作用，并与心灵的文化属性相关联，延伸出文化神经科学等新兴学科。①研究社会文化和神经生物学之间的相互关系对了解人性本质而言是必不可少的，这对智力与文化研究有很大的启示意义。

（三）智力结构中的文化元素与测量中的文化公平问题受到重视

早期智力结构理论缺少文化维度。传统的以心理测量学理论为基础的智力观是一种单维的智力结构论。这种智力研究只注重量的差异，即将智力局限在一个狭窄的范围内。直到 20 世纪后期文化心理学和多元文化理论的兴起，研究者才将兴趣转向智力的文化和亚文化领域，于是多维智力理论随之涌现。如今智力的研究者愈发注重在具体情境中对特定问题进行具体分析，而非一味追求普遍性的结论或建立大而无当的宏观理论。贝瑞等率先质疑了用西方主流心理学标准来度量不同文化群体的智力这一传统做法。他们认为，西方心理学家对智商的定义不具备跨文化的普遍性，对非西方的文化群体成员并不适用。如果强行将针对某一文化群体成员所设计的智力测验套用于其他文化群体之上，就必然导致对后者的歧视。而对处于不利社会地位或者非主流文化中的个体，这种缺陷则表现得更为明显。②斯滕伯格以智力维度和智力测量工具的异同为参照提出了文化和智力关系模型，认为即使一种智力测验测量的是同样的基础认知过程，在从一种文化转换至另一种文化的应用过程中也需要进行适应新文化情境的修改。他以成功智力理论为导向，提出智力成分和加工过程具有跨文化的普遍性，但是测量智力的工具应该来源于所研究的文化本身，而不能游离于文化之外。斯滕伯格以问卷调查的形式研究了 476 名普通美国公民的内隐智力观，整合出 3 个主要的内隐智力结构，表现为言语能力、社交能力和解决实际问题的能力。③随后他们又以中国台湾台北和高雄的普通人为对象，使用行为特征词表对他们的内隐智力观进行了研究，发现他们眼中的智力包括一般智力因素、人际间智力、人际内智力、对智力的自我主张和对智力的自我规避。斯滕伯格认为这两种结构可能与中国道教传统有关。道教传统认为，有智慧的人懂得在何时表达，在何时沉默，不受刻板的判断标准的影响。另外一些学者的研究进一步证明，脱离文化背景研究智力只能得

① Bruner J. Culture and mind: Their fruitful incommensurability. Ethos，2008（1）.

② 张常洁. 智力理论的新进展及其教育涵义. 心理科学，2003（4）.

③ Sternberg R J. Culture and intelligence. American Psychologist，2004（5）.

到一个关于智力的虚妄结构。①

智力是一种客观存在。现代心理学的重要贡献之一是发明了智力测验工具，用于实践操作。最早的比纳智力测验的发展揭示了智力测验对文化的依赖性。由法国人所编制的这项测验能够客观地衡量法国人的智力，但已被证实并不适用于美国公民。比纳智力测验随后经历了斯坦福-比纳尺度（或称美国尺度）的修订，通过对原题目进行必要的删减和适应性调整，才成为具有公信力的美国智力测验量表。同样地，比纳测验在传入中国时也经历了必要的文化适应性修订。由于每个国家的智力测试都不可避免地受到本国文化的影响，因此这些测验的标准是不可替代的。各国的文化规范和教育体系都会对本国国民的智力产生影响。智力测验为人们提供了一个平台，用于展示自身文化所塑造的技能、行为典范以及有效且可适应的元素。现代心理学家已经认识到，智力测验不能脱离人们所生存和发展的环境。无论是编制还是实施过程，智力测验都必须基于特定的文化视角来完成。只有深入理解不同文化情境下人们的行为，并以特异性的视角对其行为进行预测，我们才能从根本上改善文化不公平现象，并创造出能够适应不同文化的智力测验评估工具。

（四）文化与智力研究中需要解决的几个理论问题

文化，作为一种与智力紧密相关的维度，虽非全新的智力认知形式，但已经成为西方智力心理学研究的核心词汇之一。这充分彰显了当前心理学研究的进步，已从过去仅关注实验室中的个体，拓展至探究复杂社会和文化背景下的人。历经近 20 年的演进，文化智力的基本理论架构已初见端倪，且其操作性评估工具也日益精进，预示着未来一个完整的智力文化理论图景将逐渐形成。然而，对这一领域的理解仍需一个不断清晰与深化的过程。我们必须清醒地认识到，目前文化与智力的研究尚处于初创阶段，其背后蕴含着深层的理论挑战。这主要体现在三个层面：首先，文化与智力研究在理论层面经常出现概念或问题的逻辑混淆；其次，关于智力结构和测量的文化争议难以通过实证研究得出定论；最后，文化智力适应群体的多样性导致适应机制难以统一解释。同时，影响个体文化适应的诸多因素尚未得到有效整合，缺乏一个关于智力实践的完整理论框架，导致研究者往往仅从各自局限的角度或层面进行论述。为了攻克这些错综复杂的问题，当代智力心理学的文化研究亟需在智力与文化的关系、普遍性与特殊性、神

---

① 欧阳谦.当代哲学的"文化转向".社会科学战线，2015（1）.

经生理学证据以及实践动态性评估等方面取得新突破，从而开辟文化智力研究的新天地。

1. 文化与智力的内在关系有待澄清

如何通过心理学的科学范式更深入地理解文化与智力之间复杂而深刻的关系呢？我们应当看到，以文化智力学说为代表的智力心理学研究正在致力于构建智力的文化图景，这种学术努力无疑是值得赞赏的。智力的文化研究已经推动人类对文化与智力的认识进入了一个新的阶段，有助于纠正我们过去的一些片面理解。当前，智力心理学研究对文化重要性的认识正在不断提高，这不仅有助于克服长期盛行的"生物定命论"智力观，而且为智力心理学的实践应用带来了新的活力。从文化与智力的相互关系来看，文化智力学说在理论上将文化视为人类独有的一种普遍的主体性品格。正如著名文化人类学家格尔茨所言，当文化被视为一套控制行为的符号装置，以及超越肉体的信息资源时，它在人的天生变化能力和实际逐步变化之间架起了桥梁……若没有文化的构成作用，我们人类将成为不完整或未进化完全的动物，需要文化来完善自我。文化智力是"文化的建构"，它不再仅仅是人类智力的一种附属或寄生品，也不再是反映式或消极的智慧活动。它不仅是一种理想状态，更是一种现实力量。相反地，文化也表现为一种主动的建构性活动和实践性力量。从这个意义上讲，文化智力可以被视为对人的能力培养的新重视。"文化是观念形态，是价值和意义，属于内涵性的存在，不能目视，但文化可以通过物质载体对象化、客观化，从而为人们所感知、体悟、理解、接受。文化具有承载和传递文明的功能，并通过教育启蒙和知识传递，为人们认识和处理人与自然、人与社会的关系提供可资借鉴的思想资源，从而不断提升人的能力。"①

长期以来，心理学界普遍认为智力是个体大脑先天的处理能力，与基础认知能力如记忆、思维、想象和知觉等相关，且通常不受社会文化背景的限制。这种智力观主要关注个体自身的基础能力，而非社会性方面。然而，这种忽视后天努力的智力观念正面临诸多社会现实的挑战。从日常生活实践的角度看，虽然文化与智力不等同——文化是社会性的、外在的观念形态，而智力是个体内在的品质素养；但文化的内化，即当其转化为个体的内在内容时，便成为智力的一部分。我们常常观察到，有些人文化水平不高但智力出众，有些人文化水平高而智力平平。然而，这并不意味着我们可以否定或轻视文化的重要性。在知识经济迅速发

---

① 蒋京川. 智力与文化：一种新的视域融合. 自然辩证法通讯，2009（4）.

展、全球化竞争激烈的时代，学习和掌握文化知识是至关重要的。无知者难以拥有真正的智慧，缺乏文化则难以实现人的社会化。从这个角度看，文化与智力之间存在着本质性的内在联系。但另一方面，文化与智力并不在同一逻辑层次上，它们具有共性，但并非同一概念。目前在文化智力的研究中，常出现不同逻辑层次的概念混淆的情况。由于文化本身是一个充满歧义的概念，而智力也相对抽象且难以操作化，这使得文化与智力的研究面临诸多困难。此外，文化与智力之间的相互关系复杂且难以在心理学实验中进行控制，因此传统心理学研究往往忽视了文化差异的影响。这说明在探讨文化的影响时，必须选择一个恰当的角度。从最宽泛的意义上讲，文化即是人性化的自然。"凡是被人类染指的所有一切都是文化，文化包括了物质文化和精神文化。文化的运作机制是同样的，在大部分时间里，你感觉不到文化的存在，我们感觉一切都是理应如此的，但是文化却限制了你所思所想的范围，限制了你的视野中哪些有意义，哪些没意义。只有当你走出了特定了文化之后，你才感觉到了文化的存在。"①

国外的研究显示，将文化区分为集体主义文化和个体主义文化是一种较为合适的方式。然而，通过文化途径进行的智力研究在推动深入理解的同时，也可能埋下负面的，甚至是致命的种子。这种负面种子可能体现在对文化的"泛化"理解上。正如皮特森所讲："文化是心理学理论中最重要的，也是误解最深的一个概念。"②因此，智力与文化研究在缺乏实践层面的方法工具时，则更会加重这种泛化趋势。如果所有事物都可以冠以"文化"之名，那么包括智力心理学在内的所有文化研究都将面临失去科学意义的危险，同时也会损害文化智力研究的科学合法地位。因此，在智力和文化研究中，我们需要注重深化理解并克服泛化的问题。

2. 文化与智力的普遍性和特殊性的权衡问题

智力的文化研究面临的另一个重要难题是如何正确处理智力文化的普遍性与差异性关系。围绕智力文化的普遍性和差异性，以及不同文化共同体、不同国家民族之间的文化比较研究，一直是现代心理学的重要议题。然而，这一领域仍存在亟待解决的理论问题。因为在文化维度的智力研究中，常存在将普遍性与差异性割裂开来，片面强调一方面忽视甚至否认另一方的倾向。一方面，人与人之间的智力差异显著；另一方面，人与人之间的共性也很多。不同文化背景下的人们

① Hedden T, Ketay S, Aron A, et al. Cultural influences on neural substrates of attentional control. Psychological Science, 2008 (1).

② Peterson B. What Is Cultural Intelligence?. Milan: FrancoAngeli, 2010: 92.

拥有许多共同性。因此，传统智力理论强调文化的普遍性与共通性，具有一定的合理性。当前的文化智力研究则更注重文化的特殊性和差异性，主张使用对特定文化成员有意义的概念来描述行为，并考虑他们的价值观和熟悉的事物。

智力作为一种"非真空"的心理加工过程，不可避免地受到所属文化的制约，表现出文化约定的性质。多样性已成为描述文化的一种决定性特征。为了使文化智力研究具有意义，一些学者建议先进行文化内部的特殊性研究，再补充不同文化间的比较研究。然而，智力文化心理的普遍性和特殊性是紧密相连的，任何一方都不能脱离另一方面单独存在。智力的文化普遍性寓于差异性之中，人类的共同心理则蕴含在具体文化之中。否认特殊性就等同于否认普遍性；同样地，没有文化的普遍性也就无所谓特殊性。智力文化心理的特殊性是相对于具有文化共性的人类心理而言的。正如韦伯所言："目标越合理的行动因其最具一般性而最缺乏文化意义的独特性，因此也最容易理解。而渗透了多种价值情感和其他精神因素的行动则越富有文化意义，因此实际上也越难得到清晰的解释。"①智力文化研究在适应群体异质性时面临着量表普及性和跨文化性的挑战。过多的因素可能变得复杂甚至影响结果的普适性。不仅不同文化背景下的智力内涵不同，即使在同一文化内部，智力的内涵也可能随历史等外部因素而变化。

一些学者提出通过客位研究和主位研究来探讨智力理论的文化效度。客位研究致力于发展普遍适用的理论并测量其在不同文化群体中的普遍性；主位研究则更注重发展具有文化针对性的理论并找出使理论具有文化独特性的因素以提升现存理论的文化效度。②然而无论是单一的主位研究、客位研究，还是两者的综合研究在智力文化效度的理解、测试和优化上，都存在一定的局限性。智力文化的普遍性还表现在与其他人类普遍特征之间的共通性上。未来的研究需要在智力的特殊性与普遍性之间寻求平衡。

3. 文化与智力的神经生物性和动态实践性问题

人类的智力行为，从本质上说，是大脑高级神经活动的体现。因此，要深入了解人类智力的本质，必须将智力研究与神经科学，特别是脑科学紧密结合。当前，基于神经生理学构建智力发展框架已成为行业趋势，因为人与人之间的智力差异首先体现在生物层面。心理学研究的基础概念是物质，而更深入的探讨则属于神经生物学的范畴，这符合科学的共同准则。

---

① 马克斯·韦伯. 社会科学方法论. 韩水法，莫茜，译. 北京：中央编译出版社，1999：48.

② Agnello P, Ryan R, Yusko K P. Implications of modern intelligence research for assessing intelligence in the workplace. Human Resource Management Review, 2015（1）.

然而，物质结构概念在心理学研究中的应用存在局限性，例如，神经机制并不能完全解释记忆问题。功能范畴的引入推动了生物学的大发展。神经生物学研究发现，智慧和智力在脑区上具有共同的生物基础。麻省理工学院大脑研究所的一项研究显示，不同文化背景的人在解决简单的知觉问题时，大脑活动方式也不同，这为"东方大脑"和"西方大脑"的差异提供了证据。①这种差异根源在于不同文化提供的不同训练，导致不同文化背景的人在面对问题时采取不同的处理方式。这表明文化的影响已经超越了社会学的范畴，延伸到了更广泛的知觉领域。由此可见，价值观、信念、语言等文化属性可以塑造人类自我认识的神经表征，深刻地影响着人类大脑的功能。

尽管如此，也有学者反对将生物性作为智力发展研究的唯一依据。他们认为，文化环境因素能够促进人的心理成熟发展进程，其中语言这一文化要素对人的认知心理发展的影响尤为突出。例如，美国学者帕雷特等对文盲和受过教育的人的脑组织进行了神经影像学研究，发现这两组人在脑组织上并无差异，但在智力测验成绩上却存在显著差异。他们的研究结论认为，受过教育的人在智力测验方面之所以优于文盲被试，是因为他们在语言组织能力和口语论证能力方面较强，这主要属于元语言的能力。通过符号获取和传达的外露与内涵的行为方式，构成了人类集团各不相同的成就，这强调了语言符号学习的重要性，而非仅仅依赖生物潜能。②

可见，智力理论的生物途径，即神经还原论，并非不重要，而是还可以采用其他合理的语言来概括和解释心理现象。过分强调智力的生物性差异可能会导致先天定命论的倾向，这不利于行为的实践发展。而强调文化及后天主观实践努力的智力理论则是可以学习和模仿的。从这个角度来看，当前心理学界所热衷的"认知神经科学热"在某种程度上可能对社会产生了误导，它不仅可能将心理学转变为一门"脑理学"，而且不利于人的智力培养教育。

在这一点上，我们赞同认知心理学家的观点，即智力这种人类高级复杂的心理活动主要是功能性的，而非实体性的。我们完全可以从功能性机制层面来揭示智力的活动规律，而不必等到脑神经生理的微观机制完全搞清楚之后再进行智力问题的研究。因为从大脑的功能直接推断智力活动是不可能的。专家的大脑神经系统结构与普通人并无显著区别，其差异主要在于对信息和知识的组织以及解决

---

① Kitayama S，Uskul A K. Culture，mind，and the brain：Current evidence and future directions. Annual review of psychology，2011（62）.

② Earley P C，Mosakowski E. Cultural intelligence. Harvard Business Review，2004（10）.

问题的加工策略方式。研究清楚这些加工策略方式，也就相当于把握了人的智力加工机制和活动规律。

当前文化智力的测试结果也表明，个体最初的文化智力虽然受到先天因素的影响，但它并非一种人类生物学上的潜能，而是可以通过一定的激励、平衡以及与环境的交互作用来不断提高和改善的后天优势。同时，文化与智力的动态实践性问题也值得深入探讨。因为文化智力的动态实践性评估问题同样重要。智力既具有相对的稳定性，又具有变化动态的属性。

人类心理及行为既具有置身性，又被文化所界定，被物种所限定。因此，我们应当尝试以动态实践性来界定各种心理理论。文化在赋予智慧以实践品格的同时，又使实践获得了智慧的内容。因为"一种社会规律与心理规律同自然规律不同，社会规律之所为真，并不是由于其具有普遍意义的真，而是通过实践使其为真"①。换言之，成功是通过实践来实现的。在实践中不成功的智力并非真正意义上的智慧。因此，智力的生物性和文化性只能在具体的情境和实践中通过置身其中的方式来运作。智力与行动永远是具体的、置身于特定事物网络之中的。生物和文化两者都只能在具体的情境和实践中通过置身其中的方式来发挥作用。

当前文化与智力研究为探索人类发展开辟了新思路，推动研究界从更宏观、更整体的视角审视智力活动质量与发展结果的关系。而智力研究的文化途径更需要我们逐步整合现有学术成果，确立具有整合功能的主题，这已成为文化与智力研究领域的紧迫任务。我们认为，积极借鉴当代著名心理学家布鲁纳的文化理论，可以为智力与文化问题提供一个较为完整的解释框架。根据布鲁纳的理论，智力一直是并将继续是科学研究中既迷人又充满挑战的领域之一。智力无疑兼具生物性、文化性和实践性三重属性，它作为一个整合性的复杂过程，反映了生物演化、文化建构和实践活动三者之间的互动。文化和人类对意义的追求是塑造性的力量，而人类的生物性则构成限制性的力量。生物和文化因素只能在实践中相互作用。因此，智力理论的基本方向是通过探究这三者的互动来推断人类心理与行为的图谱（图9-2）。

这说明在对人类文化与智力进行研究时，我们不仅要掌握生物性和演化的因果原则，更需要在意义生成的诠释和实践行动的过程中来理解这些原则。这种强调实践性的观点将包括智力在内的整个心灵置于文化的意义系统中进行理解，并通过个体意义的形成过程，以不同理论层次的图景来深刻阐释智力的文化建构特

---

① 霍涌泉. 心理学研究的人文社会科学向度. 光明日报，2010-01-14.

征。这样做能够更好地凸显智力理论的文化效度和应用范围，从而更全面地理解智力在人类文化和社会发展中的重要作用。

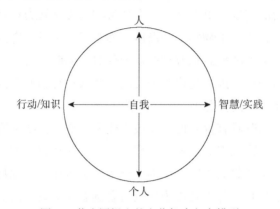

图 9-2 黄光国提出的文化智力包容模型
资料来源：Hwang K K. Reification of culture in indigenous psychologies：Merit or mistake？Social Epistemology，2011（2）.

第二节　成就需要动机与元认知研究

一、成就需要和成就动机研究的重要成就

需要和动机问题是心理学研究的重要领域之一，并且越来越受到广泛的关注。在"认知革命"取得巨大成就的同时，现代心理学也密切关注对需要动机心理的深入研究。强调动机与情感作用及其与认知关系的研究被誉为"热认知"思潮。其中，成就需要理论是国际心理学研究中极为成功的范例之一。它不仅具有具体的微观启发价值，还具有宏观和中观的导向意义。长期以来，西方国家普遍将刺激人的自我成就需要作为调动国民进取心的杠杆，并建立了相应的具体制度。这种做法在文化上塑造了崇尚个人成功的社会风气，强化和提高了民众追求成就的社会心理能力。注重对个人成就需要的激励和保护，已经成为他们的一项重要的文化国策。

（一）成就需要、成就动机的概念及实质

在西方心理学中，"成就动机"（achievement motivation）这一概念，从广义

上讲"是指个体对事、对物、对人所认为重要或是有价值的目标，去从事和完善，并欲达到某种优异水平的一种内在推动力"①；从狭义而言，则指"围绕工作目标取向而朝着与优异标准竞争的行为倾向，是一种稳定的人格特征"②，即我们通常所讲的事业心、自我实现的需要、威信性动机、进取精神。

实质上，欧美国家的心理学者将人的成就动机视为人类最高层级的需要。许多研究者认为，在日新月异的物质精神生活领域里，个人的成就需要和动机正发挥着越来越重要的作用。从社会意义上讲，成就动机是工业化生产方式运转到人的日常生活工作中的心理反响，它以商品经济为主体，是促进国民经济不断增长的重要变量，也是激发广大民众积极性和创造力的触发机制和社会杠杆。随着现代化程度的不断加深，一国人民的成就动机水平与经济增长、财富积累、技术进步一同被视为衡量现代化社会繁荣进步的几个重要指标。从个人生活角度来看，成就动机是现代人最主要、最迫切需要满足的欲望，是激励自我成就感和上进心的心理机制，更是决定一个人事业成功与否的关键因素。正如美国心理学家斯皮森所说："朝向优异成就标准的雄心抱负，已被看作个人获得成功的决定性因素，受教育程度、能力、社会背景和机遇不论在什么情况下都是保证人们赢得成就的重要条件，但即便是这些条件十分相似的人，他们最终所取得的成绩仍有显著的差别。如果我们要回答为何有些人较之于另外一些人能获得更大的成就，我们就必须归咎于他们本人的人格实质——一种与成就有关的强烈的动机倾向性。"③正是成就动机激励着人们在各行各业中朝着理想的目标努力奋斗，不断追求进步。因此，研究和探讨人的成就动机心理发生、发展和变化的模式和规律，成为了西方心理学家最为关注的问题之一。

（二）成就动机理论模型研究发展历程

西方心理学对成就动机的研究开始于 20 世纪 40 年代，兴盛于 20 世纪六七十年代。在长达半个世纪的时间里，许多著名学者，如勒温、莫瑞、托尔曼、麦克利兰（McClelland）、阿特金森（Atkinson）等，从各个角度和层面对成就动机进行了富有成效的研究。他们对成就动机的概念、结构、起源本质、理论模型以及研究方法进行了深入的探讨。目前，相关研究文献已超过 2500 种，被试对象

① Fyans L J. Achievement Motivation：Recent Trends in Theory and Research. New York：Plenum Press，1980：34.

② Atkinson J W. An Introduction to Motivation. Princeton：Van Nostrand，1964：47.

③ Dreikurus F E. The American Journal of Psychology. Champaign：University of Illinois Press，1984：62.

遍布美国、英国、德国、中国、澳大利亚、巴西、阿根廷、伊朗、以色列、印度等 30 多个国家和地区，得出了许多引人注目的结论。[①]

关于西方成就动机研究的发展历程可以划分为以下几个阶段。

1. 从早期对个人的临床研究到情境实验操纵行为的测量时期（1938—1953 年）

对成就动机的研究最早始于 1938 年。哈佛大学的莫瑞在其著作《人格探讨》中首次提出了成就需要和成就动机的概念。受弗洛伊德潜意识观点的影响，莫瑞认为成就需要同样具有潜意识的性质，可以通过投射技术来测定人格中隐含的、真实的成就动机，从而评估个人的成就需要水平。1948 年，美国心理学者阿特金森和麦克利兰提出，应通过实验方法来研究人类动机。他们采纳并拓展了莫瑞的成就动机概念，并对主题统觉测验（thematic apperception test，TAT）测量技术进行了改进。[②]最初，他们以饥饿需要为切入点，在海军潜艇基地选择了受试者，并对他们进行了不同时间的食物剥夺实验，禁食时间分别为 1 小时、4 小时和 8 小时。随后，他们使用 TAT 主题统觉测验或实验设计的画片呈现给受试者，并要求他们根据图片编一个故事。结果发现，故事中所表现的"食物需求"量与食物剥夺时间的长短存在明显关联。饥饿的受试者在所编的故事内容中，总是无意识地与食物想象或希望得到食物联系在一起。禁食时间越长，饥饿的需要就越强烈。这一发现启发了他们，个体的所有潜在需要都会投射到他们自己的创造性幻想内容中，因此人的成就动机也完全可以通过这种方法来评估。与饥饿动机的研究方法类似，麦克莱德及其同事将临床方法和实验方法紧密结合，以测量成就需要的强度。这一时期的研究中心问题包括确定成就动机的研究方法、探究成就需要和动机在人格中的作用、分析成就动机的个体差异，以及探讨成就动机的起源。最具代表性的著作是《成就动机》（*The Achievement Motive*），由麦克利兰、阿特金森、克拉克、劳维尔于 1953 年合著。这本著作的问世标志着成就动机理论的形成。

2. 对成就动机方法和模型理论建构阶段（20 世纪六七十年代）

在这一时期，研究者评估了人类动机的投射方法，检验并扩展了对实验结果

---

① Atkinson J W，Feather N T. A Theory of Achievement Motivation. Hoboken：John Wiley and Sons，Inc.，1966：65.

② Atkinson J W，McClelland D C. The projective expression of needs：The effect of different intensities of the hunger drive on thematic apperception. Journal of Experimental Psychology，1948（6）.

的分析，同时探讨了其他重要的社会动机及其社会起源和结果。1957年，阿特金森（Atkinson）深入研究了成就动机的结构，确定了影响成就动机的各种变量，并在实验基础上提出了经典的成就动机理论，也称期望-价值理论。基于这一理论，他展开了一系列研究，如成就与成就动机的关系、成就动机与焦虑的关系、成就动机与抱负水平的关系以及冒险行为等，旨在解释个体成就活动的因果关系。此时，密歇根大学成为这一领域的研究中心，标志着成就动机理论研究达到了鼎盛时期。

此外，研究者还关注成就动机的社会起源和社会效果、成就需要与企业家的关系，以及一国人民成就水平高低与国民经济增长的关系等内容。哈佛大学的麦克利兰（McClelland）等学者花了20多年的时间，研究评估了50多个国家的人民的成就动机。[①]他们从历史的角度，探讨了从古希腊、罗马到中世纪宗教改革，再到近代的西班牙、意大利、英国、美国、印度、阿根廷等地区，乃至澳大利亚某些原始部落氏族成员的成就动机。通过作品分析法和跨文化研究，他们深入探讨了成就动机与社会经济发展的关系。例如，他们通过分析不同时期的文学作品中每百字包含的"竞争、努力、勤奋、志气、劳动、奋斗、克服困难"等成就动机字眼的数量，来衡量国民的成就动机高低，并将其与相应时期的经济指数如煤炭产量、发电量等进行比较。经过定量研究，他们指出，"成就动机是决定发展中国家和发达国家经济命运的一个重要变量"。[②]同时，他们还发现成就动机是在父母对子女的教养训练中习得的，这一观点已被西方许多教科书所采用，并在经济学和社会学界产生了深远的影响。

1961年，麦克利兰进一步研究了企业家的成就需要，提出了著名的成就需要理论，在企业管理理论中占据了重要地位。其代表著作有《成就社会》（1961）、《意识之根》（1964）等，这些作品标志着成就动机心理学开始关注社会问题和行为问题。[③]

3. 成就动机修正发展和应用研究时期（20世纪80年代初到90年代）

阿特金森于1963年将麦克利兰的成就动机理论进一步深化，提出了具有广泛影响的成就动机模型。20世纪70年代中期，它引起了许多人的研究兴趣。对

---

① McClelland D. Achievement motivation theory//Organizational Behavior 6. London：Routledge，2015：47-54.

② McClelland D C. The achievement motive in economic growth//The Gap Between Rich and Poor. London：Routledge，2019：53-69.

③ Atkinson J W. Motives in Fantasy，Action，and Society：A Method of Assessment and Study. Princeton：D. Van Nostrand Company，Inc.，1966：168.

成就动机研究越来越细，越来越具体，使模型得到了不断检验和应用。著名的有奥纳对女性成就的研究、麦何宾提出期望－获得价值学说、罗扬的未来定向概念的建立评估焦虑和否定动机和韦纳倡导的成就动机归因理论等。计算机在心理学得到了广泛的应用之后，科纳等于 1972 年用计算机模拟 TAT 技术，进一步检验了经典模型，证实了期望－价值学说的有效性。同时注重以成就动机理论指导实际工作，加强成就动机的应用研究。①如 1968 年麦克利兰在美国印度等地培养训练低成就动机人员的高成就感取得了令人瞩目的成就。1978 年 4 月，美国教育学会在美国和加拿大等地举行了动机在教育中的应用会议。目前成就动机理论在管理、教育方面得到了广泛的应用，成为新的管理理论、教育理论基础之一。

同时，韦纳的成就动机归因理论将认知因素引入成就动机体系中，进一步发展和完善了之前的成就动机理论。研究表明，人们对成功和失败的不同原因和维度的归因，会对个体今后从事成就任务的态度和行为产生积极或消极的影响。通过归因训练，改变学生的归因方式，以促进其学习行为，这已成为在课堂教学中对成就动机训练的主要方法。20 世纪 80 年代初，班杜拉的自我效能理论，提出自我效能感是个体在行动前对自身完成该活动有效性的一种主观评估，这种预先的估计对后续的行为会多方面地发生影响，这是成败归因之外的另一影响成就动机的认知因素。进入 20 世纪 90 年代，德韦克的成就目标理论从动机的能力意识上，即主体是实体观或能力观，提出学习目标和成绩目标。成就动机方法训练推广工作在学校教育中十分普遍。

（三）成就动机的结构变量与测量

在成就动机结构变量方面，阿特金森于 1957 年首次提出了影响深远的期望－价值成就动机理论模型。该模型认为某些行为的动机被认为是需要、对行为目标的主观期望概率以及取得成就之后的诱因价值三种因素的积函数，$M_{动机}=f$（需要×期望×诱因价值）。按照期望-价值理论，成就动机由三个部分组成。

1. 成就需要越高，动机水平较高

成就需要是一种要达到满足愉快感的倾向。阿特金森认为这是一种人在早期生活中所获得的潜在而又稳定普遍的人格特质。成就需要由两部分内容即渴望成功（Ms）和避免失败（Maf）组成。一个人成就需要感的高低，要用 TAT 技术评

---

① Furlong A D. A Test of the Relationship Between Personality and Risk Preference Predicted in Atkinson's Theory of Achievement Motivation. Iowa：The University of Iowa，1980.

定。Maf 是指避免失败的倾向，主要表现为减少痛苦的需要或躲避性行为，避免失败的差异经常采用焦虑问卷量表测定。上述两种需要倾向是同时进行的，在每个人身上都会反映出相反的潜能，即每一个人都有渴望成功的需求，也都有对困难和失败的恐惧。但是由于个人生活经验的不同，因而在不同的人身上 Ms 和 Maf 的强度有着显著的差异，有的人行为总是反映出 Ms > Maf 的人格特质，有的人形成了 Maf > Ms 的个性特征。前一种人的行为受成就需要（Ms）支配，后一种人的行为被害怕失败的焦虑情绪所左右。①

2. 焦虑水平适度

焦虑水平是影响成就动机的一个重要机制，适度的焦虑水平有利于维系动机状态和坚持行为，然而焦虑水平过高或过低均不利于成就动机水平的发挥。作为个体在早期经验中获得的一种稳定的人格倾向，与避免失败的需要倾向同时出现。动机的结果就是希望成功与害怕失败的动机趋向之间的代数和。成就行为是在一系列交互作用中实现的，是激励它的动机力量推动的结果。

3. 目标任务难度

成功概率（P）为决定趋向成功的期望抱负水准，是一种渴望从事这种成就性活动成功或失败的主观估计概率，即 P_s 或 P_f。因为成功或失败的结果是随机性的，因而成功概率也是随机性的。成功概率与失败概率的总和为 1，即 $P_s+P_f=1$。在一系列任务当中，当工作难度适中时，成就动机的趋向最强。成功概率也可以说是由工作任务的性质难度决定的。成功概率为 0.5 时，激发的动机力量最强。成功概率过高或过低，都会阻碍成就动机。成功的经验会成为激发个体去进一步追求成就的动力，失败的经验会减弱人的成就动机。个体总是根据自己的成败经验调整其抱负水准。

进入 20 世纪 80 年代，"成就掌握目标模式"（Mastery Goal Orientation）学说的出现极大地推动了成就动机理论的发展。1982 年，尼科尔斯（Nicholls）和艾姆斯（Ames）等学者提出，成就目标掌握模式已成为成就需要动机研究的另一个重要变量。他们认为，成就目标是成就行为的目的，是由能力信念、成败归因和情感三者整合而成的。成就动机和目标的认知过程涉及认知、情感和行为结果的综合反应。基于个体对"能力的有无差异感"的问题，他们区分了两种成就目标模式：掌握模式和失助模式。掌握模式指的是，个体在面对成就情境时，会对自

---

① 周国韬.国外成就动机的概念、测量与培养述评.教育科学，1989（4）.

己的能力水平形成一种或高或低的判断。持有这种感觉的个体将追求高能力作为自己的行为目标,并将完成任务视为展现能力的手段。他们关注如何尽快提升自己的能力,对成败进行努力和策略归因,在情感上能够坦然面对失败,保持适中的焦虑程度,勇于接受挑战性的任务,并对困难表现出高度的坚持。相比之下,失助模式的个体则更加关心自己的能力是否足够,并重视对自己的能力评价结果。他们倾向于对成败进行能力归因,对失败感到高度焦虑,往往回避挑战性的任务,并在面对困难时表现出较低的坚持性。①

关于成就动机的测量研究方法,早期是 TAT。成就动机的图片一共有 4 张幻灯片:第一张为两个男人一起注视一部机器或在机器旁工作;第二张为一个年轻人坐在翻开的书前,眼望上空;第三张为老年人与年轻人说话;第四张是一个男孩正接受外科手术的背影。研究者鼓励被试根据图片展开想象并用 5 分钟写一个有声有色的故事,故事的内容则能够暗示在某方面有某种程度的成就动机。另外,还有研究者将追求成功和避免失败的需求分数高低不同的被试置于不同的实验情境,让被试从事解决问题的活动如玩纸牌、钉钉板、掷铁圈、打垒球等任务,进而比较高低两组被试的行为活动特点。很多成就动机量表在 20 世纪七八十年代被开发出来,其中使用广泛的有成就动机量表(Achievement Motivation Scale,AMS)、社会取向成就动机量表(Society-Oriented Achievement Motivation Scale,SSOAM)和个人取向成就动机量表(Individual-Oriented Achievement Motivation Scale,SIOAM)。AMS 是由挪威奥斯陆大学心理学家耶斯默(Gjesme)和尼加德(Nygard)于 1970 年编制的,共 30 题,分为追求成功的动机和避免失败的动机两个维度。

（四）我国心理学对成就动机的研究及发展

中国学者在成就动机的文化差异、教育心理学、大学生成就动机与职业适应等方面作出了有影响的成果,近 30 年来国内有关成就动机的研究成果也十分丰硕。总体来讲,在 20 世纪 80 年代后期国内研究处于起步阶段,大多是对国外成就动机理论的评述和研究进展的介绍,随后的研究主要集中于教育心理学和发展心理学特别是中学生与大学生群体。在 20 世纪 90 年代成为研究的高潮时期,主要是从微观角度探讨学校环境对成就动机及其各种影响因素的作用。研究对象主要是中小学生,研究内容包括对成就动机理论模型的探讨,重视对成就动机量表

---

① 宋剑辉,郭德俊. 成就动机、成就目标与学业冒险行为关系的研究. 心理发展与教育,1998（3）.

的本土化编制，探讨其与学业成绩等的关系。①有研究者认为成就动机受到文化差异等的影响，提倡从社会心理学的角度对成就动机进行研究。②随着认知心理学的发展，认知决定行为的观点受到广泛支持，因此从认知观点探讨成就动机的发展是现代成就动机发展研究的一个主要趋势。同时，对成就动机的研究更多围绕着归因、自我效能、习得性无助等动机中的认知成分，韦纳的归因理论和班杜拉自我效能理论得到很好的验证，德韦克的成就目标理论，也成为了成就动机研究的一种新亮点，成就目标成为成就动机的一种测量方法。也有研究者基于霍纳的理论进行了性别差异研究。同国外研究结果相似的是，成就动机的作用机制是成就需要的强烈状态和水平。不追求成就目标的人或有目标而不付诸行动的人，"一点也不会保证其避免失败。虽然不工作，几乎也会产生，甚至是很强的抑制性动机，以至比那些 Maf < Ms 的人的焦虑情绪还严重"③，既无成功的欲望动机也无害怕失败动机的个体，也会诱发起阻碍企求成功欲望的自我防御心理。

在研究方法手段上，起初的研究大部分采用的是自编量表，随后开始使用国外的成就动机测量表。在成就动机工具开发方面，我国学者的自编量表，包括初中生学业成就动机量表，由外部行为表现和内部心理因素两个分量表构成。行为表现分量表包括主动性、行为策略和坚持性三个子量表，心理因素分量表包括能力、兴趣、目的、知识价值观四个子量表。成就动机量表（JPAM），包括成就抱负水平、成就竞争性、对成就环境影响的敏感性、成就自我估计、成就内归控性等五个维度。④适应性学习模型问卷，学生中存在两种动机模型，一种是适应性动机模型，另一种是非适应性动机模型。⑤城乡学生学习动机调查问卷，以学业行为的三种内驱力（认知内驱力、自我提高内驱力、附属内驱力）和归因理论为基础，将成就动机概括为成就性动机、认知性动机、威信性动机和附属性动机等。学习动机诊断测验（Motivational Academic Adaptation Test，MAAT），主要用于测定和分析学生学习活动的内在动机，包括成功动机、考试焦虑、自己责任性和期望水平四个分量表。⑥

21 世纪以来，国内关于成就动机研究进入一个相对沉寂的阶段，虽然这一领域有了一个比较统一的理论基础，但理论创新力度不大。有关成就动机的应用型

① 周爱保，金生弘.影响中学生成就动机的因素分析.心理科学，1997（2）.
② 车丽萍.大学生成就动机、性格特征、控制点与自信关系的研究.应用心理学，2003（2）.
③ 谢晓非，李育辉.风险情景中的机会与威胁认知.心理学报，2002（3）.
④ 景怀斌.中国人成就动机性别差异研究.心理科学，1995（3）
⑤ 车丽萍.大学生自信与成就动机、综合测评成绩的相关研究.心理科学，2004（1）.
⑥ 李炳全，陈灿锐.中学生的孝道与成就动机相关研究.心理学探新，2007（3）.

研究（尤其是促进成就动机的激发或训练方面的研究）比较多。当前关注本土化的研究已成为一个新趋势，例如，从中国的孝道出发，探讨孝道与成就动机的关系；从实际出发，探讨留守儿童或贫困地区学生的动机问题。我国学者在积极引进吸收国外成功经验的基础上，为建设具有中国特色的成就动机心理研究作出了积极的理论和实践贡献。①

值得一提的是，我国台湾学者在成就动机研究上取得了不少积极成果。著名的有余安邦、杨国枢建立的"个我-社会"取向成就动机理论。他们认为中国人与西方人的成就动机在本质上是不同的，中国人追求成就主要是为达到他人或团体的期望，主要是一种社会取向的成就动机。西方人是为了达到自己的目标，满足个人的成就感而追求成就，主要是一种个我取向的成就动机，因此也进行了很多成就动机的跨文化研究。同时，杨国枢也指出，西方成就动机模式内容不完全适合于中国人和日本人的成就值标准，中国人的成就动机多以他人社会取向为多，往往缺乏自我成就标准，而以外在的、别人的和社会的意志为转移；不是为抵达自己的理想期望目标展开竞争，而是要符合父母、老师或其他权威人士团体组织所订立的标准行动。社会取向成就动机量表、个人取向成就动机量表是由台湾著名学者余安邦、杨国枢两人于 1987 年提出，在考虑社会文化的基础上进行研究。②

（五）国内外成就需要动机研究和理论建构的积极价值启示

关于成就动机研究的评价问题，日本营销学者占部都美指出，阿特金森奠基的期望-价值理论，克服了传统关于需要决定动机的片面假设，处在现代管理理论的延长线上。③美国普汶认为，成就动机是社会科学的发展中比较大胆的探索之一，有关成就动机的研究代表心理学上突破性的进展，是实验的严谨与临床的敏感相结合，也是大理论与实际研究的集合。④阿伯齐指出，成就动机的研究实现了传统心理学由注重简单问题向复杂问题的转变。⑤麦克利兰和阿特金森等对成就动机所做的创造性研究，是向传统心理学发出的严峻挑战，他们所提出的成

---

① 景怀斌. 中国人成就动机性别差异研究. 心理科学，1995（3）.

② 余安邦，杨国枢. 社会取向成就动机与个我取向成就动机：概念分析与实证研究. "中央研究院" 民族学研究所集刊，1987（1）.

③ 陈从新. 占部都美的《现代管理论》. 外国经济与管理，1985（12）.

④ Pervin L A. Goal Concepts in Personality and Social Psychology. Hove：Psychology Press，2015.

⑤ Williams H G. Longueville Jones and Welsh education：The neglected case of a Victorian HMI. Welsh History Review. Cylchgrawn Hanes Cymru，1990（1）.

就动机模型及有关实验结论，已被三十多个国家和地区的心理学教科书、经济管理著作引用，现已成为管理学、行为科学、社会心理学、教育学、心理学动机学说的重要理论支柱，在很多领域得到了广泛的应用，引起了很多人的关注。我们认为，其主要有以下重要价值启示。

（1）成就动机研究是社会需要与个人需要相结合的研究范例，符合工业化社会商品经济发展的客观需要。

建构成就动机理论模型已成为西方心理学家努力完成的课题。那么，西方心理学家为什么特别重视对成就动机理论模型的建构呢？我们认为这种理论架构的出现和勃兴绝不是偶然的，而与西方社会需要和时代精神密切联系。西方成就动机理论模型，既是由它自己的社会经济历史条件中发展出来的，也是在西方传统文化价值背景和当代科学思潮中应运而生的。欧美的社会历史条件和文化价值观在相当程度上左右了成就动机模型的内容范例、体系结构、研究方法及发展方向。

当代社会经济增长有一个显著的特点，就是随着资本的积累、技术的进步，人们的经济行为（即人们追求成就的行为）日益成为决定社会经济繁荣的主要因素。美国社会心理学家、管理学家麦克利兰曾用 20 多年的时间，研究了各国社会国民自我成就需要与经济增长之间的关系，得出了"成就需要是文明的经济基础或升或降的主要因素"的著名定理。他用作品分析法研究发现，不同时期西班牙、英国、意大利、德意志联邦共和国、美国、日本等国的人民成就需要的高低，可以预测经济发展的趋势，国民成就需要和动机的改变比经济变化早 30—50 年。他指出，1925 年，英国经济发展速度很快，主要是因为当时英国拥有大量高度成就需要的民众，在 25 个国家的调查中名列第五位。二战以后，英国经济开始走下坡路，在 1950 年的调查材料中，英国国民成就动机水准在 39 个国家中仅排在第 27 位。而同期的美国、日本、德意志联邦共和国经济增长幅度很大，这些国家民众的成就需要水平在世界名列前茅，如在经济大萧条时期出生的一代美国人，他们普遍具有"为经济稳定牺牲个人利益"的价值观念，为美国经济黄金时代的创造做出了贡献。[①]正因为成就需要在社会经济发展中如此重要，所以受到了经济学家的高度关注。经济学家就指出，如果环境和社会刺激是绝对正确的话，那么国民的成就动机便成了推动社会经济发展的决定性条件。[②]现代化问题研究专家穆尔也指出，实现经济现代化必须在个人动机上培养有创造精神的个

① 王朝晖. 人的需要与社会发展的辩证关系. 郑州大学，2007.

② Bénabou R，Tirole J. Intrinsic and extrinsic motivation. The Review of Economic Studies，2003（3）.

性、业绩主义志向、乐观进取的积极性以及对教育的渴求热情。①今天，一国人民成就需要的高水准与物质财富的积累、技术的先进、政治的民主化，一同被视为现代文明的主要指标。这是西方重视成就需要的根本原因。

同时，就成就动机理论而言，它也是延续西方文化传统发展的需要。提倡个人奋斗，崇尚自我成就，是西方文化的一贯精神。从广泛的文化背景来看，成就是西方的一个重要价值观念，它的历史根源可以追溯到传统的宗教信仰，如耶稣的伦理道德中就讲，辛勤劳作是一种有益的精神奖励，可以使人达到"至善"，只有辛勤劳动才能拯救自己的灵魂。17世纪，美国移民和西部开发过程对人成就需要心理的塑造也很大，移民大多是深受宗教迫害处于逆境的人或个性很强的人，否则不会离开故土、远走他乡。从近代西方文化价值体系来看，西方流行的个人主义思想、机会均等观念、乐观主义信念、经济效率观念、自我意识、竞争意识，实质上就是鼓励人的自我成就需要。这是欧美注重自我成就需要社会价值的文化原因。

从哲学角度来看，自我成就的需要本质上讲的是劳动动机和工作动机。麦克利兰认为，利益需要或劳动这个马克思主义者和西方经济学家之间相似的一个元素，细究之下更接近成就需要。人的成就需要内容，一方面包括工作、物质待遇、晋级加薪等经济性诱因，另一方面也包括尊重、威信、荣誉等非经济诱因。成就需要是人的劳动与贡献的统一，是主体的创造成果与客体的评估价值的统一，是"人的价值在于贡献"伦理命题的具体化，因而宣传自我成就需要更易为大众所接纳。这是西方重视的社会心理原因。如果说，西方经济政治体制使民众为了谋求物质利益而触发了获取成就欲望的话，那么西方崇尚自我成功的文化价值观念则使人形成了期求个人荣誉等非金钱性目标的意识，甚至荣誉声望在当前西方各国比经济更有吸引力。

从心理学角度讲，自我成就需要是商品经济运转到人的生活领域中的心理反响，是现代亟待满足的基本需要之一，更是人们普遍关心的热点。一项调查显示，在美国大学生中事业成功的需要占81%；研究生为78%（1956年）。美国民意测验委员会调查发现，50%以上的职工认为满意工作的首要条件是能提供成就感，把有意义的工作列为自己需要的第一位（1972年）。1986年国际民意调查中心做了一项大规模研究，结果表明，日本、美国、德意志联邦共和国、巴西、瑞典等国的80%的青年几乎都认为要晋级加薪，首先是事业成功，然后才是资

---

① 赵曙明. 人力资源管理研究. 北京：中国人民大学出版社，2001.

历。因此，个人成功成为现代西方国民的根本性愿望。①满足人的这种需要比满足生理、安全、爱情等需要更能激发人的潜能，同样人们对事业成就的期待较之于对经济、享受的追求社会更为有利。因此，成就动机研究可以说是大理论与小理论相结合的突出代表。

西方心理学者重视对成就动机动力模型的建构，还与心理学科本身对人格动机问题的关心分不开。当前心理学摒弃了传统的研究简单问题的习惯做法，日益对人的高级心理活动重视了起来，最显著的就是对人的个性差异和动机的研究已经成为主要趋势。对动机问题的执着已是当代心理学学科发展的一个新取向。动机领域本来是心理学的中心问题，但是心理学对之的探讨却经历了一番十分曲折的道路。20 世纪五六十年代崛起的美国心理学的第三种力量——人本主义心理学就此做过纵深探讨。马斯洛的需要层次论和动机论成为当代管理、工业、教育、训练工作的理论基础，风靡欧美国家、日本和东南亚各国，近些年也在我国引起了极大反响。认知心理学也对动机问题比较关心。1966 年，鲍维尔（Bower）主编了《学习心理学和动机研究》（*Psychology of Learning and Motivation*），已被列为认知心理学史上的大事记之一。②许多认知心理学家从认识意义上对动机做了研究，深入了人们对动机的认识。如弗拉维斯（Flavius D. Raslau）就认为，动机的核心问题是个人对当时的情景有清楚的认识，从而能够控制动机，抛弃错误的动机。③动机是关于将来的行为目标的认识表象。这种观点与成就动机模型中的期望-价值理论是不谋而合的。许多学者还预测，动机是当前和今后心理学的研究方向之一。人们日益认识到，动机领域是心理学的中心问题。令人鼓舞的是，许多学习理论家对把动机问题作为学习的一个完整方面逐渐感兴趣，研究知觉和人格的那些心理学家，也正在认识到动机在他们这些研究领域起着决定因素的作用。1985 年美国杂志《交流》（*Exchange*）也指出认识动机是 20 世纪 80 年代心理学的努力方向，这就为成就动机研究奠定了心理学基础。只有在心理学科普遍重视并深入研究人格与动机问题的时代背景下，成就动机理论模型才有可能得以发展和壮大。这一点是由心理学学科自身内在的发展逻辑所决定的。

（2）成就动机理论模型是一个将实证研究与应用推广研究相结合的成功案例。该模型凭借新颖细致的实验设计、创新的观点和信息密集的架构，正逐步取

① 迈克尔·A. 希特，C. 切特·米勒，安瑞妮·科勒拉. 组织行为学：基于战略的方法. 冯云霞，笪鸿安，陈志宏，译. 北京：机械工业出版社，2008：9.

② Estes W K. Gordon H. Bower：His Life and Times，Memory and Mind. Hove：Psychology Press，2007：19-31.

③ Flavius R. In search of the scientific accounting of spirit and god's spirit：Recent critiques and new inspirations. Theology and Science，2022（3）.

代传统心理学中对需求的研究。成就动机理论的核心在于解答"人为何追求成功？为何害怕失败？"这一复杂而深奥的问题。为了回应这一挑战，我们有必要总结和概括人类成就行为的一般模式和类型。正如帕森所言，要解释人为何追求成就并避免失败，最佳途径就是回溯到成就动机的理论模型上。

　　成就动机理论模型的蓬勃发展，受到了当代科学研究模型方法的显著推动。当前科学思潮正朝着定量化、精密化和数学模式化的方向发展。自然科学和社会科学领域都广泛采用数学模型方法来描述和分析研究对象。诸如系统论、信息论、控制论、耗散结构论、协同学、计算机科学以及运筹学等横断研究领域，更是将模型方法视为研究的基本手段。在社会科学领域，模型工具也得到了大量应用，例如在经济科学领域，存在着数十万个各式各样的模型。模型是解决理论与实践之间辩证矛盾的重要途径之一。它能够将某一知识领域的事实、事物与关系以简明的方式反映到另一领域中。通过舍弃个别的非本质元素，模型成为理论的概括，呈现出一般性的、总结性的特征，并与其原型保持相同的类比关系。常见的模型包括一般性描述模型、数学模型、应用模型和计算机程序模型。与自然科学中的其他方法相比，模型方法具有集中性、简约性、预测性和可模拟性等诸多优点。正因为模型方法具有简单、明了、单一和集中的特点，所以在过去十年里，一系列现代科学领域日益广泛地应用了模型方法。许多社会科学理论通过转变为模型，克服了传统方法的缺陷，展现出了更为严谨的科学性。在现代心理学中，研究丰富的模型化现象变得十分普遍。韦纳在《心理学的发展》（1994）一书中曾指出，研究动机必须创建一种能够产生行为动力的数学模型，并确定在实验中如何测量行为的方法。在建立的模型基础上，从理论上预测动机的内容，收集数据资料，并通过实验结果来检验和比较所设计的基本模型，进而修正、接受和发展该模型。这种趋势对成就动机研究产生了深远的影响，为西方成就动机理论模型提供了方法论上的指导。[①]

　　关于成就动机的训练与培养，为了激发学生的学习动机，科尔布针对成绩较低的高中生采取了"暑期辅导班"的形式，并进行了为期6个星期的训练。在训练结束后的半年、8个月和一年时间点上，研究者进行了再次测量，结果显示学生的学习动机得到了显著提升。[②]

　　此外，美国和加拿大的学者在对中小学生进行成就动机训练时，将训练过程

---

① 毕重增，黄希庭.中学教师成就动机、离职意向与倦怠的关系.心理科学，2005（1）.

② Kolb D A. Achievement motivation training for underachieving high-school boys. Journal of Personality and Social Psychology，1965（6）.

划分为 5 个阶段。阶段一，意识化：通过与学生谈话讨论，使学生注意到与成就有关的行为体验化，让学生进行游戏或者其他活动，从中体验成功与失败、选择目标与成败的关系、成败与情感上的联系。阶段二，概念化：让学生在体验的基础上理解与成就有关的概念，如成功失败、能力、目标，其中最重要的是成就动机概念。阶段三，练习：前两个阶段的重复，不断加深体验和理解，将感性认识与理论认识结合起来。阶段四，迁移：将学到的行为策略应用到学习场合，评价自己体验成败。阶段五，内化：这时取得成就要求成为学生的自身需要，因此对成就更为关心，并能根据自己的实际情况去运用行为策略，对学困生效果最为明显。[1]

（3）对东西方人成就动机的跨文化研究丰富了成就范例的内容和类型，中国学者对世界性的成就动机做出了重要贡献。

经典的成就动机理论适合西方人的行为模式，但未必符合全人类的文化心理和行为选择。许多西方学者研究发现，成就动机的本质和接受成就的方式在各文化中是截然不同的，例如在墨西哥的塔哈姆民族中，竞争是不必要的。部落里开运动会男女老少都会参加，它不分孰先孰后，首先跑到终点者和最后到达者同样受尊重，整个民族中最有意思的是，所有的观众评价成就不是根据其能力，帮助"输者"完成好，才符合他们的民族习俗。这种非竞争性成就倾向与美国文化价值中崇尚竞争大相径庭。同时，一些跨文化的研究也逐步开展。关于成就动机的文化差异问题，杨国枢于 1978 年吸收了国内外成就动机的研究结果，把成就动机的内容加以拓展，将其界定为内在和外在的优秀标准相竞争冲突的行为，把成就动机分为自我取向与他人取向两类，西方人多以自我取向为主，以中国人为代表的东方人则属于他人或社会属性的成就取向居多，成就动机的跨文化差异相当明显（表 9-3）。[2]

表 9-3　西方人与东方人的成就动机特点比较

西方人的成就动机特点	东方人的成就动机特点
成就标准由自己决定	成就标准由他人、社会规定
成就的价值观点自我内化强	成就价值观点自我同化弱
成就动机的功能独立性强，不依赖别人帮助	成就动机的功能独立性弱，依赖强
动机的工具性较低	动机的工具性较高（为达到自己的另外目的而工作）
自我取向	他人（社会）取向

① 刘重庆.学生学习成就动机训练的实验研究.心理科学，2001（3）.
② 杨国枢，黄光国，杨中芳.华人本土心理学.重庆：重庆大学出版社，2008.643-674.

美国学者布鲁曼于 20 世纪 90 年代在跨文化研究的基础上进一步提出的成就范例模型（Model of Achieving Styles）学说，认为成就动机的三种取向为自我、工作、他人（社会）三个维度取向，人的成就动机模式是由三种取向、两个直接间接维度、九种类型构成的不断循环运动的图式。这三种取向又可分为直接和间接成就动机，直接成就动机范例是指个人直接面向任务，依靠自己的努力达到目标；间接的成就动机范例，相比较而言，是通过中介关系追求成就，依赖合作、贡献、间接工具操作关系实现目标。直接成就动机范例尚可划为内在型、竞争型、权力型、工具型四个亚结构，间接成就动机范例也能分作替代型、贡献型、合作型、依赖型、间接工具五个亚结构。绝大多数人的成就动机范例不是单纯的一种，而多趋向这种模式的综合运用能够满足成就欲望。在讨论描述模型时，采用分解式的方法分析成就动机范例是很重要的，并不可能保证解释每个成就者的特殊的、全面的事例。[①]这一成就动机模型丰富和补充了西方人成就动机的结构类型和研究内涵，可以在一定程度上深度解释所谓"东方人成就动机普遍低于西方人"的流行观点。

近半个世纪以来，心理学对成就动机问题进行了深入系统的研究，从理论和实证角度揭示了成就需求水平的高低、焦虑的适度性、成就价值与难度的掌握及失助感、成就归因及训练等核心问题。这些问题在个体成长和学校教育中始终具有普遍性和关键性。长期以来，中国文化中存在着追求成就需求和动机不足的问题。正如恩格斯所言，传统是一种巨大的惰力。我们必须承认，中国社会内部缺乏能够推动社会快速发展的内在机制。近年来，国内部分年轻人中出现的"躺平"、"内卷"、创业恐惧、追求稳定等现象，依然反映出国人成就需求动机水平有待提高的现实问题。

当然，我们也必须指出，尽管西方成就动机理论取得了很大的成功，但由于私有制的先天局限性，它无法从根本上满足人们的成就需求。相反，在资本主义条件下，民众的成就动机心理甚至被引向畸形的一面。过分追求成就、过分强调积极心理，会导致大量"悖论"的产生。因此，理论创新对于一个学科的发展至关重要。国内学者在成就动机理论创新和服务社会重大需求方面，仍然肩负着艰巨的任务和长远的责任。

---

① Lipman-Blumen J，Leavitt H J，Patterson K J，et al. A model of direct and relational achieving styles//Achievement motivation. Boston：Springer，1980：135-168.

二、元认知研究及其教师能力培训策略

元认知是当前认知心理学研究中的一个热点议题，被誉为改变现代教学和学习理论的"五大概念"之一。美国学者哈勒指出，"元认知训练和辅导，应该说是教育研究中所取得的最大的实质性效果"，因为在促进个体认知发展的过程中，没有什么要素能比"个人积极参与调节自己的发展更重要的问题了"。①尽管目前仍有学者对元认知的概念和研究持不同看法，但近 20 年来，元认知的理论建构和训练方法已经逐渐成熟，并对教育实践产生了重要的实质性影响。然而，目前国内学术界对元认知的研究主要集中在学生的元认知活动及其培养上，对在教学活动中发挥主导作用的教师的元认知活动研究则相对薄弱。在西方，随着教师教育运动国际化的日益高涨，有关教师的元认知活动及技能培训问题在教师教育中已经得到较为深入的探讨。研究教师的元认知教学活动特点，不仅能为培养学生的元认知意识和能力提供有意义的发展线索，还能为教师教育开辟新的知识视角和培训策略途径。

（一）当前元认知研究对教师教学活动的关注

教师元认知问题是从对学生的元认知技能学习活动的探讨中发展起来的一个新的研究领域。从重视学生的元认知技能培养到转向关注教师自身的元认知技能提高问题，以更好地实现教学双边活动的相互配合，是当前元认知理论与实践培训研究中的一个新的发展趋向。

"元认知"或反省认知，是指"一个人对自己的思维和学习活动的认知和监控"。虽然相关类似的概念早已存在，但对其进行系统的科学研究却只是近 20 来年的事情。最早提出元认知概念的是美国学者弗莱维尔，他将元认知视为"反映或调节认知活动的任一方面的知识或认知活动"。②这一概念被提出以来，心理学家已围绕元认知现象展开了大量的理论与实证研究，其中涵盖许多关于如何培养与开发元认知能力的研究。20 世纪 80 年代和 90 年代前期，元认知研究的焦点主要集中在学生元认知知识、技能的教育和培养的有效性与迁移问题上，对在教学活动中起主导作用的教师的元认知技能训练则研究较少。然而，随着元认知理论的逐步完善，教师的元认知活动及技能培训问题也被提到重要议程上。近年来，

---

① 转引自 Bransford J D，Brown A L，Cocking R R. How People Learn. Washington，DC：National Academy Press，2000：84.

② Flavell J H. The Nature of Intelligence. London：Routledge，1976：231-236.

国外对元认知问题的研究呈现出两个主要方向：一是特别倡导教师应关注学生的元认知活动；二是强调通过提升教师自身的元认知意识和技能，进一步为学生提供学习和模仿的对象，以促进学生元认知技能的发展。这样，各种旨在培养学生元认知技能的教学方法改革策略才能发挥更加持久的作用。许多针对学生的元认知训练方法的实验结果表明：在教学活动中，"教师对于自己所要传授的思维技能的元认知知识是影响他们活动的主要因素"。[1]教师是否掌握思维技能的元认知知识对于他们能否成功地实现课堂教学目标十分重要，特别是教师的元认知知识对于其能否在课堂中引进元认知活动、设计高质量的新的学习活动以及系统地传授高级思维技能等，都是非常必要的。[2]否则，在教学活动中就会出现教学双边的元认知活动过程相互脱节的问题。

研究表明，儿童青少年元认知技能的形成是一个缓慢而艰难的过程，而对于具有丰富经验的成年教师来说，提升元认知活动效能同样面临困难。以色列学者佐哈等的研究发现，在职中小学教师的元认知活动通常具有直觉性、程序性，且发展水平不平衡。[3]帕瑞斯等对美国 17 所中学教师的调查也得出类似结论：在实际教学活动中，许多教师虽能凭直觉运用思维技巧和元认知策略，却难以明确阐述这些认知思维活动的过程，因此也难以有效地指导学生进行元认知学习。[4]在对教师进行元认知培训课程的实验中，还发现许多教师往往认为只要掌握教学程序（即程序性元认知知识）就足够了，而对于如何将学科知识和问题表达得更清晰（即陈述性元认知知识）则明显重视不足。多数新教师在课堂教学中能"做"但不能"说"。对于教学活动所依赖的"陈述性元认知知识"——这种需要明确表征科学概念和科学推理的教学过程，许多有经验的教师也感到困难。从在职教师元认知技能的自我发展水平来看，其发展层次和水平也极不平衡，大多数人会经历"不自觉—自觉—自动化"的发展阶段。尽管成人的学习与学生的学习存在差异，成人具有强烈的自我引导学习需求和以生活为中心的学习定向特征，但教师受教学工作中逐渐形成的习惯性思维影响，常在不知不觉中形成个人化"教学理论"。这既是教学工作的有利资源，也可能成为教师进行教学改革的负担。美

---

① 江淑玲. 利用元认知策略提高教师教研水平. 中国教育报，2023-02-05.

② Zohar A. Teachers' metacognitive knowledge and the instruction of higher order thinking. Teaching and Teacher Education，1999（4）.

③ Zohar A. Elements of teachers' pedagogical knowledge regarding instruction of higher order thinking. Journal of Science Teacher Education，2004（4）.

④ Paris S G，Michigan U. How metacognition can promote academic learning and instruction. Dimentions of Thinking and Cognitive Instruction，1990（1）.

国学者诺尔斯指出，在职教师的习惯性思维虽类似于某种教育理论，却不具备科学理论的基本范式。因此，在实际教学活动中，无论是对学生还是对教师，元认知技能的形成和提高都是一个普遍且具有挑战性的理论与实践难题。[①]

造成教师元认知意识与技能培训难度大的原因是多方面的。从元认知的实质来看，它属于人类的高层次思维策略。相较于影响教师专业教学行为的其他重要变量，如自我教学效能感、自我监控能力、教学反思能力等，元认知这一心理品质的结构、要素与机制可能更为复杂。元认知理论的创立者弗莱维尔指出，"元认知通常被广泛地定义为任何以认知过程与结果为对象的知识，或是任何调节认知过程的认知活动"。[②]元认知的结构要素由元认知知识、元认知体验和元认知技能三部分组成。元认知知识是人们具有的关于认知活动的一般性知识，是通过经验积累起来的关于认知的陈述性知识和程序性知识；元认知体验是人们从事认知活动时产生的认知和情感体验；元认知技能是对认知活动的调节和控制。其中，元认知技能是个体进行调节活动所必须具备的根本条件，元认知知识为认知调节提供基本的知识背景，元认知体验则是认知调节得以进行的中介。元认知并不是一种知识体系，而是一种活动过程，类似于智力加工结构过程中的元成分品质，其表现为元认知知识量与可激活性、元认知监测判断的精确性以及元认知控制的有效性，实现着主体与客体认知水平的监测及调控。[③]元认知是比认知活动高出一层的认知活动。如果说认知活动是"知其然"，那么元认知就是"知其所以然"。认知与元认知的区别表现在认知的程度及实质上：认知活动可以说是一种"知之较浅"的活动，元认知活动则是一种"知之较深"的活动；认知是对知识信息的加工，而元认知则是驾驭知识的知识。教师的教学活动从本质上说是一种高级的认知活动，每一位教师都有自己特定的关于教学的观念和规则，都存在着对学生的发展和教学活动的"内隐理论"，形成了自己独特的关于如何有效地实现教学目标的"自我图式"。正是这种独特的认识决定了他们的课堂行为和自我调节方式。教师把自己教学本身作为认识对象，对其进行反思的过程，实质上也是元认知活动的过程。

从元认知的心理活动机制来看，其形成和发展过程相当复杂。国外学者舒尔曼指出，元认知之所以具备认知知识、体验和调控的功能，是因为人的元认知活

① Rhine S. Research news and comment: The role of research and teachers' knowledge base in professional development. Educational Researcher, 1998 (5).

② Flavell J H. Metacognition and cognitive monitoring: A new area of cognitive–developmental inquiry. American Psychologist, 1979 (10).

③ 汪玲，郭德俊. 元认知的本质与要素. 心理学报，2000 (4).

动机制中存在一种"具体领域与通用认知监测技能"的模型。①具体领域的认知监测技能是指在特定学科知识和技能领域的学习过程中形成的有效认知调节策略方法，而通用认知监测技能则是指适用于各学科的普遍性认知调节策略方法。通常，人们在特定的具体领域学习中会形成监测认知和监测体验，这些认知和体验逐渐概括化，最终形成具有广泛效用的元认知监测技能。因此，构建人的"通用认知监测技能"模型机制必须以专门知识领域的元认知能力为基础。研究表明，善于学习的人首先会在特定专业领域获得特定的策略知识，然后使用这些策略知识来构建关于何时何地使用这些策略的元认知知识，最终形成可应用于各领域的通用策略元认知知识。②一般的策略知识、元认知监测技能和整个元认知能力结构都需要在具体的专门领域元认知能力的基础上逐渐发展起来。因此，个体在这种心理品质的形成和发展过程中往往需要付出巨大的努力。尽管这种心理品质的形成和发展较为困难，但它却是人的行为活动中极为关键的心理要素。对于具有丰富知识经验的教师来说，教师教育和师资培训的目标是推动多数在职教师将已形成的所教学科的具体型认知监测技能转化为通用型认知监测技能，从而形成自律的元认知活动水平。

（二）教师元认知研究在师资培训中的意义

心理学视野中的元认知研究在当前教师教育培训中具有重要意义，集中表现在其有助于为在职教师的自我专业发展提供一种具体的理论框架与实践操作方法。正如美国认知心理学家帕瑞斯所讲的那样，将元认知技能人为地分离出来，有助于我们将传统的认知领域中的类似性知识区分开来，重新认识与整合影响教师教学行为重要变量和相似概念。③

众所周知，不断提高在职教师的专业素质和教学能力，是教育教学改革的一个中心课题，更是当前国内教师教育理论与实践集中关注的重要内容。然而在学校教育实际中究竟如何入手，才能持续提高在职教师的专业素质和教学能力呢？近年来，国内许多学者总结提出，反思性教学、自我教学效能感和教学监控能力，是提高教师教学能力与素质的几个关键要素。通过不断培训在职教师的自我

---

① Shulman L S. Theory, practice, and the education of professionals. The Elementary School Journal, 1998 (5).

② Lu L, Liu D Z. The research progress of learning strategies in recent years. Advances in Psychology, 2015 (5).

③ Paris S G, Michigan U. How metacognition can promote academic learning and instruction. Dimentions of Thinking and Cognitive Instruction, 1990 (1).

效能感、反思性教学实践能力以及教学监控能力，已成为当前提高教师专业素质及教学能力的重要策略途径。[①]我们认为，元认知观点有助于心理学研究者进一步重新认识、理解与整合影响教师专业教学行为的相似概念和变量。

第一，有助于心理学研究者进一步深化和拓展反思性教学问题的研究。反思性教学活动是当前国内外教育学、心理学研究的热点领域。从元认知的实质中我们可以看出，元认知与反思性教学概念十分相近。元认知本质上是教师把自己的教学本身作为认识对象进行反思的过程。教师在掌握一定的元认知知识的基础上，就能对自己的教学活动进行元认知监控活动。这与反思有一定的相通之处。国内有学者中肯地指出，当代认知心理学全面揭示了人的认知过程和因素，用"元认知"这个术语代替了"反思"这个概念，并从科学角度对它进行了深入的分析和讨论。元认知理论的形成深化并拓展了反思的概念，不仅使反思的内涵与步骤等更清晰，更易于理解与把握，而且使反思由过去单纯的心理现象变成一种实践行为，直接在实践过程中发挥作用。[②]研究表明，在许多教师培训教材中增加元认知方面的内容，能够有效地提高教师的自我专业发展的反思意识与反思能力，帮助教师更清楚地知道自己的职业水准在目前的发展水平，自己现阶段应当怎样做，为了将来的发展应当进一步怎样做，从而更自觉而有系统地组织和交流自己的教学经验反思性活动。[③]

第二，有利于促进教师的自我教学效能感与实际教学能力的提升。教师元认知的培训要与其自我专业发展动机相结合，才能进一步提高元认知技能教学水平，关注教师个体的自我效能感便属于提高教师自我专业发展动机的重要内容。许多研究发现，自我教学效能感的增强能够促进教师的教学能力，促进元认知技能水平的提高。但是，自我教学效能感与元认知活动也是有一定的区别的。元认知是一种更高层次意义上的心理调节机制多具有能力的品质，自我教学效能感则多体现出动机的特点。在实际教学工作中，确实存在教师的教学能力与自我效能感不一致的情况。例如，有些教师的教学效果并不理想，但他们却自我感觉良好。这进一步说明，仅仅关注对教师的自我教学效能感训练，并不能确保其教学能力的提高。只有通过培养教师的元认知技能，才能实现自我效能感与实际成就、技能水平的匹配和协调。

第三，有助于增强教师的教学监控能力。近年来，我国一些学者提出，在推

---

① 董奇. 论元认知. 北京师范大学学报（社会科学版），1989（1）.

② 余嘉元. 当代认知心理学. 南京：江苏教育出版社，2001：73.

③ 霍涌泉，栗洪武. 教师元认知技能研究及其培训途径. 教育研究，2003（6）.

动教师由经验型向专家型转变的过程中，教学监控能力是提高教师素质的关键性变量。教学监控能力是指教师在教学过程中，为实现教学目标，以教学活动为对象，进行积极、主动的计划、监视、检查、评价、反馈、控制和调节的能力。从元认知的角度来看，这可以解释个体的自我调节行为和能力。在掌握一定元认知知识的基础上，教师能更有效地对自己的教学活动进行元认知监控，即教学监控活动。如果教师对自己的教学活动缺乏自觉、清晰的认识，其教学必然会显得随意、散乱，从而影响教学质量。因此，提升教师的教学监控能力，离不开对元认知活动的支持和训练。

由此可以看出，教师的元认知技能活动与反思性教学、自我教学效能感和教学监控能力之间存在着内在的相互依存关系，并在一定条件下可以相互重叠或转化。其中，元认知作为最高级的概念，是其他概念的基础和重要的发展目标。自我效能感主要关注动机的激励与维系；反思性教学实践培训的核心在于"发现问题"与"解决问题"；而教学监控能力则聚焦于"教师的自我调节能力"，这与元认知的三种主要成分相契合。元认知活动是实现这三者之间相互整合与良性互动的关键机制。当然，对反思性教学、自我教学效能感和教学监控能力等领域的深入细化研究，也为教师的元认知技能培训提供了更为丰富的内容和结构。随着这些领域的专门性研究的深入，我们也需要从整体上思考如何提高教师的教育教学能力的综合素质。

长期以来，在我国的基础教育领域，由于巨大的升学压力和常规教学的超负荷运转，广大一线教师缺乏系统的培训和进修机会。而有限的教师培训也主要集中在教学行为和技能层面，使得教师更像实用型技术人员，其专业成长被忽视。这种实用技术型的教师培训模式导致一些教师机械地使用他人设计的课程，进行简单的重复教学，缺乏对自己教学行为的理性思考和系统反思。因此，他们只能传授学生基础知识，而无法真正教会学生如何学习。从这个角度来看，加强对在职教师元认知技能的培训显得尤为重要和迫切。

（三）教师元认知技能培训的策略途径

为了提高教师的元认知技能水平，近年来国内外心理学家研究并总结出了多种有效的培训策略模式。从类型上看，这些模式可以概括为"通用型元认知培训策略"和"具体学科型元认知培训策略"两种；从方法上看，主要包括策略讲授法、情境模拟法、交互式教学模式、程序促进方案、思维工具丰富教程、自我提问法、问题中心解决法、录像反思法、教学反馈法以及微格教学等具体的教师培训方案。在培训形式上，这些方案将元认知的理论和方法内容融入职前培训、在职研讨、工作坊、教师创造小组讨论会、假期培训班等多种活动中。根据现有研究，我们认为，当前我国教师教育培训工作要引入元认知技能策略模式，需重点加强以下内容。

1. 增加对在职教师的元认知知识和教学法知识的培训

增加认知者的元认知知识，如关于各种认知作业性质的知识、认知策略有效性的知识、个人认知能力以及认知方式的知识等，是促进其元认知技能形成的基本途径。国外教师元认知技能培训课程实验表明，在职教师元认知水平不高的原因在于缺乏系统的元认知知识和解决某些问题的策略。若他们具备这些知识和策略，便能在解决类似问题时迁移这些策略，有效调整自己的行为，从而展现出较高的元认知水平。

因此，在元认知技能培训中，"策略讲授法"非常重视向被培训教师直接介绍通用的元认知知识、教学法知识以及解决相关学科具体问题的策略。具体做法包括：在培训课程中积极调动教师的直觉式元认知知识，有意识地增加思维技巧的元认知知识，特别是陈述性知识；帮助教师分析和认识自己的教学思维方式和特点，理解自己思维方式与学生认知水平的差异；实施程序化的教学模式，强化教师的"过程-结果"教学观念，克服许多在职教师只重结果而无过程的教学习惯。

例如，近年来美国、英国等国家在许多中学实施了"通过科学教育促进认知"（Cognitive Acceleration through Science Education，CASE）实验方案，这是一项基于"应用元认知知识促进教师帮助学生发展思维"的开发项目。该项目的一个中心假设思想是"元认知高级思维技巧必须以系统化的方式来传授"。教师接受培训时间大约进行3个月，包括24学时的讲授和讨论会议活动。要求接受培训的老师学习讨论培训的目标、元认知与技能迁移的基本理论概念、分析学习材料的具体范例方法、讨论课堂应用中的问题。同时，要求教师填写结构化的报告，记录课堂上的重要事件。

为了给教师提供更具结构程序的教学方法，培训教材和案例均详细介绍了元认知技能解决问题所需的一系列认知知识和思维技巧程序，包括提出具体科学问题、提出公式化假设、研究设计、变量控制、得出结论和评估结论等内容，使教师能以科学论证的方式进行教学。每个分步骤的练习要经过6—9次的相似重复，因为他们认为，如果教师只进行一两次的解决问题的元认知训练，对学生只能起到促进特殊兴趣的作用，而对元认知技能和思维的发展帮助不大。

CASE 教学的目标是不断重复相同的思维技能程序,这对教师提出了很高的要求:教师必须设计好自己的教案,学会如何在不同情境中多次重复练习某一技能的方法,如何设计含有高级思维训练的活动单元,如何在课堂上引入元认知活动,并有效地组织学生的学习活动,以兼顾教材内容目标和思维技能训练目标。培训课程中还要帮助教师分析他们自己的思维过程,找出他们在解决问题过程中所使用的元认知策略,并对这些元认知思维技能进行讨论和概括。这种系统化、程序化的教师元认知知识和技能培训方法,值得我国在教师教育培训中借鉴。

2. 加强对教师元认知调节控制能力的实践模拟训练

除了对教师进行元认知知识方面的培训,还需要进一步加强其元认知调节控制能力的提升。教师元认知调节控制能力与教师教学监控能力紧密相联。目前,国内外针对这两项能力的培训多采用情境模拟策略。此策略强调教师元认知技能发展的动态性,注重为教师创造活化知识的情境,使他们在实践中学习如何有效监控自己的认知活动,积累元认知监控的经验,从而提升对认知活动的主动控制能力。在培训过程中,常采用"自我指向型"和"任务指向型"两种认知指导技术培训方式。自我指向型的认知指导技术通常通过一系列自我提问来监督教师的教学行为,如"我让学生充分理解问题了吗?我鼓励学生发表不同意见和创造性见解了吗?我组织学生进行了专题探究性学习了吗?"

任务指向型的元认知技能培训的具体步骤共有四个阶段。①澄清阶段:向实验教师说明培训目的、依据和所要达到的具体目标;②模拟阶段:向实验教师具体模拟采用认知的自我指导技术方法,提高教学监控能力的过程;③练习阶段:受培训者练习认知的自我指导技术,使之达到熟练化的程度;④提示阶段:通过指导教师监控,巩固认知的自我指导技术,达到自动化的程度,这标志着教师元认知教学监控能力的初步形成。

通过培训,许多人逐渐意识到讲授高级的元认知技能应该是教育教学活动的一个明确目标。有的受训教师反映:"过去我是在无意识地讲授……但是现在……对我来说,一切更加结构有序了。"也有的认为"把它意识化,这是我最大的收获。我会更加专心地知道我在做什么……这是最有意义的事情"。任务指向型的元认知技能指导技术,更适用于结合数学、物理、外语等具体型学科的元认知教学工作。当然在课堂教学的监控制方面也很有意义。例如,有的教师自我监控能力弱一些,容易将情绪带进课堂,这就需要经常提醒要注意反省与调节自己的行为。对于条理性弱一些的教师,需要通过元认知的帮助,强化其认知活动的计划性、策略性、调控性，促进教学效能的提高。

3. 加强对教师的自我教学效能感的激励活动

提升教师的元认知技能水平，必须紧密结合在职教师的学习动机、进修意识和自我教学效能感。通过培养自我效能感，增强其元认知的成功体验，进而推动元认知技能的提升，这是培养教师元认知技能的又一关键途径。近年来，国外许多研究者已将元认知理论与自我效能感理论融入教师的课堂教学和培训领域。例如，玛尼等（1993）探讨了元认知策略在教师成长中的重要作用，他们通过对师范生或在职教师进行元认知训练，显著改变了教师的控制取向，减少了教学焦虑，并提高了课堂计划水平和教学表现。[①]教师的自我教学效能感主要由一般教学效能感和特殊教学效能感两部分构成。专家型教师和优秀教师往往具有较强的特殊教学效能感，新教师和经验型教师则更多地表现出较强的一般教学效能感。高水平的特殊教学效能感及其带来的情感体验，能够激发和维持教师的工作动机，鼓励教师在具体的教学内容和过程中不断寻求成功的喜悦，从而减少教学焦虑和无助感，进一步提升其自我元认知体验和调节控制能力，推动他们向专家型教师发展。因此，不断增强教师的特殊自我教学效能感，降低一般教学效能感水平，实质上就是提高了教师的元认知活动水平。要培养教师的特殊教学效能感，需要从教师的教育观念、教学信念、成功经验、失败教训、自我观察以及教学反思等多个方面入手。

为了解决我国中小学一线教师缺乏时间进行元认知训练和反思性教学的问题，我们可以借鉴西方国家在教师培训中实施的在职教师创造小组讨论会制度。近年来，国外越来越多的教师培训计划纳入了"创造小组讨论会"模式。在这种模式下，每位教师都需在全组成员中展示自己设计的学习材料，并就此展开深入讨论。这样的活动对于明确教学目标具有很大帮助。

还需指出的是，目前各种教师元认知技能培训策略方法虽各有优点，但也存在明显缺陷。有学者对教师元认知技能培训的策略模式提出批评，认为其过分强调教师教学活动的理性化、程序化特点，却忽视了教学工作的直觉性、艺术性。此外，许多相关的元认知技能培训策略在概念和理论上模糊不清，泛化色彩过重，导致受训教师难以理解和掌握。这表明，教师元认知技能的培训理论与实践策略仍有待进一步完善。

---

① Marni S，Aliman M，Roekhan S，et al. Students critical thinking skills based on gender and knowledge group. Turkish Journal of Science Education，2020（4）.

第 十 章

传统"心文化"与心理建设的
当代价值

　　"心文化"是中国传统思想的重要组成部分，同时也是东方心理学思想与西方近现代科学心理学显著区别的一个特点。然而，长期以来，受西方科学主义范式的影响，国内一些学者将传统心文化视为"玄学"或"唯心主义思想"，这种观念在一定程度上阻碍了近现代科技事业的发展。①随着当今文化全球化的推进和文化心理学研究热潮的兴起，我们有必要重新认识和发掘传统心文化中的积极思想资源。中国传统"心文化"经过数千年的积淀与发展，不仅对当今国人的心灵成长产生了深远影响，而且有望为现代心理学的健康发展注入更多活力。传统"心文化"在构建具有中国特色的自主性心理学内容体系、促进东西方文化思想交流融合，尤其在文化自信建设、国民心理建设和健康维护等方面，仍然具有不可忽视的重要价值。

---

　　① 黄明同.心学与心理建设.北京：社会科学文献出版社，2017，序言.

第一节 传统文化中的 "心" 与 "心学"

一、传统文化中的 "心"

在我国古代典籍中，"心" 是一个重要的文化范畴。在中文语境下，"心" 这个词具有复杂的多义性。它除了指脊椎动物体内那个为血液流通提供动力的中心内脏器官外，更重要的是还涵盖了主体的脑（即高级神经活动器官）及其内部的认知、意识、道德、情志、精神等活动。因此，"心" 被视为具有灵魂性的生命主体。①传统上，"心" 的概念融合了生理、心理和精神等多重含义，同时，它也是一个整体性的观念，是知识、情感和意志的集合体。

在孟子之前，虽然已有一些哲学家和思想家讨论了心的概念，但孟子对心的道德本性和作用进行了深入的阐述。他认为 "心" 具有先验的道德本性，如 "恻隐之心，仁之端也；羞恶之心，义之端也；恭敬之心，礼之端也；是非之心，智之端也"（《四书通旨》卷一），并指出仁就是人的本心——"仁，人心也"（《孟子·告子上》）。同时，孟子也视 "心" 为思维的器官，是主宰五官的 "大体"。他提出 "心之官则思，思则得之，不思则不得也"，"从其大体为大人，从其小题为小人"（《孟子·告子上》）。此外，孟子还把 "心" 看作知觉和意识的源泉，如他所说，"权然后知情重，度然后知长短，物皆然，心为甚"（《孟子·告子上》）。孟认为心的功能就是思考，并深入探讨了心的道德本性。

《尚书·大禹谟》载，"人心惟危，道心惟微，惟精惟一，允执厥中"（人心是危险难安的，道心却微妙难明。惟有精心体察，专心守住，才能坚持一条不偏不倚的正确路线）。儒家学者将此视为尧舜以来口口相传的 "圣人心法"，是治理天下和个人修行的 "十六字心传"。

在中国传统文化中，"心" 的概念是可以拓展的，能包含天地万物。古人区

---

① 彭鹏. 本体、工夫与境界：心文化的理论与实践. 唐都学刊，2010（5）.

分了"道心"和"人心",其中"道心"被理解为与自然之天相通的心,是超越个体私欲的纯粹之心;"人心"则指人们自身所具备的心,包括情感、认知、思考等心理活动。这种区分体现了古人对心的深刻理解和复杂认识。由此可见,中国古人对"心"的重视可以追溯到尧舜之前。

《管子·心术上》亦将心作为思维器官,"心之在体,君之位也;九窍之有职,官之分也",表达了心在人体中处于核心地位,类似于君主在国家中的地位,而其他器官则各自有其职责,如同官僚机构中的官员。这体现了管子将心视为思维器官和人体核心的观点。荀子提出"以仁心说"(《荀子·正名》),认为心是藏"仁"的道德本性,强调了仁心在道德和伦理中的重要性,认为仁心是指导人们行为的核心原则。他还认为"心居中虚,以治五官,夫是之谓天君"(《荀子·天论》),指出心处于身体的中央,像君主一样治理着其他器官,这进一步强调了心在人体中的核心地位。

《黄帝内经·素问》载"歧伯对曰:……心者,君主之官,神明出焉。肺者,相傅之官,治节出焉",用类比的方法将人体内的脏腑与封建国家官僚机构中的官职相对应,突出了心在人体中的核心地位,如同君主一般。《傅子·正心》进一步提出"心者,神明之主,万物之统也",强调了心在精神和物质世界中的核心地位,认为心是神明的主宰,也是万物的统领。隋唐时期,佛教将心视为一切精神现象的总称,提出了"三界唯心""一心三观"等理论,并与"识""意"等概念相通,强调了心在佛教修行和宇宙观中的重要性。

北宋哲学家邵雍则将心看作宇宙的本体,并强调心在宇宙生成中的作用。他提出"心为太极……先天之学,心也"(《性理群书句解》卷十六),这体现了邵雍对于心作为宇宙本体的看法;"先天学心法也,故图皆自中起,万化万事皆生乎心也"(《御纂性理精义》卷三),同样表达了心在宇宙生成和万物变化中的核心地位。同时期的哲学家张载认为知觉是心的一部分,强调了心与知觉的紧密联系,他的观点"合性与知觉,有心之名"(《正蒙·太和篇》)清晰地表达了心是性与知觉的结合体的思想。

南宋理学家朱熹的思想对中国哲学产生了深远的影响,他提出"心者,人之知觉,主于身而应于事者也",这体现了他对心作为人的知觉和主体的理解。朱熹认为心是连接身与事、内与外的桥梁,主导着人的行动和反应。他接受了张载的"心统性情"说,张载认为心是性和情的统一,性是静态的、未动的,情是动态的、已动的,心则包容了已动和未动的状态。朱熹进一步发展了这一观点。《朱子语类》卷五载"性是未动,情是已动,心包得已动未动","心统性情也",

这体现了朱熹对心、性、情三者关系的深刻理解，他认为心是统摄性和情的主体。

陆王学派（即陆九渊和王阳明的心学学派）则提出了"心即理"的命题。这一命题强调心（或良知）与理（或宇宙法则）的同一性，认为人的内心就是宇宙法则的体现。他们提出"天之所以与我者，即此心也。人皆有是心，心皆具是理，心即理也"（《象山先生全集》卷十一）。明代的王守仁（即王阳明）认为"致吾心之良知者，致知也；事事物物皆得其理者，格物也；是合心与理而为一者也"（《阳明先生集要》理学篇卷三）。他还认为心是天地万物的主宰，"人者天地万物之心也，心者天地万物之主也。心即天，言心则天地万物皆举矣"（《阳明先生集要》理学编卷四）。

明末理学家的刘宗周受到陆王心学的深刻影响，他提出的观点"天地万物之外，非一膜之能囿。通天地万物为一心，更无中外可言。体天地万物为一本，更无本心可觅"（《刘子全书·语录》）体现了他的心学思想，认为心是宇宙万物的精神本体，万物皆由心生，心与万物相通。

明清之际黄宗羲的学术思想涉及心和气的关系，他提到"盈天地之间皆气也"（《明儒学案·蕺山学案》），以说明天地间充满了气。他又提到"盈天地皆心也"（《明儒学案序》），以强调心的重要性。顾炎武用气来解释精神现象，指出"气之盛者为神。神者，天地之气而人之心也"（《日知录·游魂为变》），认为精神是气的高级形象。王夫之的观点是"一人之身，居要者心也，而心之神明，散寄于五脏，待感于五官……一官失用，而心之灵已废矣"（《尚书引义》），他认为心是思维器官，知觉是心的特殊功能，心有认知作用。

近代以来，对"心"这一范畴的研究愈发深入。清代思想家和文学家龚自珍提出了"自尊其心"的命题，其中蕴含近代人文主义的思想元素，强调了对个体的自我价值和尊严，与近代人文主义思想有相通之处。谭嗣同为了"冲破束缚"，特别强调了"心力"的重要性，认为心力是推动社会变革的重要力量。在1917年，青年时期的毛泽东便撰写了名为《心之力》的杰出雄文，这篇文章表达了对中华传统心文化的深刻理解和感悟，充分展现了中华传统心文化对这位伟人的深远影响。

二、心文化与心学

心学是儒家思想的一个重要分支。心学的根源可以追溯至先秦时期的心性之学，特别是孔子对心的阐释以及孟子对人性的深入解说。在宋明理学中，心学思想得到了专门化的发展。这一学派起始于北宋程颢的开创，经过南宋陆九渊的进一步拓展，与后来成为官方哲学的程朱理学形成了对立。到了明朝，王阳明在心学方面达到了集大成的境界，从而构建了一个以儒家伦理道德为核心、具有中国特色的主观唯心主义哲学体系。自此，心学开始展现出清晰而独立的学术脉络。

先秦时期的心性之说无疑是宋明心学的重要源头。在孔子的思想体系中，成就道德的两个关键因素为礼和仁。其中，礼作为外在的伦理规范，而仁则是内在的道德法则。心通过认知和良知两种功能，负责对礼和仁的觉知与认取。因此，心可以被细分为"认知之心"和"良知之心"。孟子则针对人的心性，提出了以"性善论"为核心的哲学思想。他认为人的心灵不仅具有认识性，更具备道德性。人心决定了人性，因此人性本质上是善良的。孟子进一步将心具体化为四心：恻隐之心、羞耻之心、辞让之心和是非之心，这些心灵特质进而体现为仁、智、礼、义四种道德。尽管人性本善，但孟子强调人们仍需不断扩充和修炼自己的本性，而诚则是实现心性修炼的唯一途径。与孟子的"性善论"形成鲜明对比的是荀子的"性恶论"。荀子将人性思想概括为"行恶善伪"，认为如果任由人的性、情、欲自由发展而不加节制，必然会对社会造成危害。

北宋时期，程颢与程颐共同创立了理学，其中蕴含着心学的深厚渊源。心学的产生与二程理学中的不同学术倾向密切相关。后人将程颢的思想视为陆王心学的重要来源，而将程颐的思想作为程朱理学的根基。程颢的思想体系以"识仁"为核心，旨在达到一种"与物无对"的境界，即包容天地万物，将万物之理融入个人感受之中。为实现这一目标，程颢提出了破除"与物有对"立场的方法。南宋时期的陆九渊继承了程颢的思想，并进一步将其发展为心学。陆九渊哲学的核心观念是"心即理"，他认为发明本心的关键在于"存养"。具体而言，"存"是指排除外界干扰，将发明本心作为认识的唯一目的；"养"则是在确立本心的基础上，涵养此心，完善精神境界，最终达到与理同体、与天为一的至高境地。

时至明朝，王阳明将心学发扬光大，使其成为一个独立的哲学体系，在其哲学体系中赋予了"心学"新的含义和重要地位。他突破了程朱理学对思想的束缚，强调发挥人的主观能动性和独立思考，为沉寂多年的思想界注入了新的活力。王阳明的心学体系将对封建伦常道德的外在追求转向内在人心，认为人心的良知是一切价值的标准，从而极大地提升了人的主体性和道德自觉。他的"知行合一"学说更加强调行动的重要性，使道德自觉不仅停留在主体的主观层面。在阳明心学形成完整体系后，它迅速进入了全盛时期，直至明末清初才被实学所取代并逐渐衰败。

三、传统心文化中的代表性思想

在心学发展建立的历史中，出现了很多杰出的思想家，由于篇幅有限，笔者就其中起关键作用的几位先贤的心文化思想进行阐述。

（一）孔子关于心的论述

孔子作为儒学的创立者，对"心"进行了深入的论述。在春秋战国时期，儒家和道家的先贤们将中国人对"心"的理解推向了一个新的高峰。在记录孔子思想的《论语》中，"心"这个字就出现了 6 次。现代学者基于孔子的思想，进一步将"心"按照其功能划分为"认知之心"和"良知之心"。其中，"良知之心"以"仁"为核心，"认知之心"则以"礼"为核心。"良知之心"是内在的、直觉的，如孔子所言"仁远乎哉？我欲仁，斯仁至矣"（《里仁》），以及"博学而笃志，切问而近思，仁在其中矣。"（《子张》）。相对而言，"认知之心"是外向的、理性的，例如他说"殷因于夏礼，所损益，可知也；周因于殷礼，所损益，可知也；其或继周者，虽百世可知也"（《为政》）。因此，可以说孔子开启了中国古代对"心性"探索的先河。值得注意的是，《论语》中"心"字虽然共出现了 6 次，但这些都是描述一般的心理活动，并未涉及到后来心性论意义上的深层含义。例如"七十而从心所欲"（《论语·为政》），"回也，其心三月不违仁"（《论语·雍也》），以及"饱食终日，无所用心"（《论语·阳货》）等。此外，《论语》还使用了 74 个带有心部的字，其中"恶""德""思""怨""忠""患""志"等字的使用频率都相当高，还有"恭""惑""愚""怀""隐""惠"等字。由此可见，《论语》在很大程度上是一部探讨人的心理现象，并进而深入探究人的心性的著作。孔子对心性论意义上的心的讨论，并不是直接通过"心"这个字来进行的，而是主要通过"识""知""思""学"等概念来传达。

认知，指的是心对外在事物及其规则的感知和理解能力。根据认知与道德成就之间的关系，认知被分为"道德认知"和"非道德认知"。"道德认知"是与道德成就直接相关的认知；"非道德认知"是与道德成就不直接相关的认知。孔子在《论语·子路》中提到："不知礼，无以立也。"这里，礼是成就道德的外在规范和伦理准则。如果不学习礼，就无法了解它，进而无法堂堂正正地立足于世间。因此，对礼的认知与道德成就是紧密相连的，属于道德认知的范畴。学习诗、文、道、易等，不仅是与道德直接相关的学习活动，能提升道人们的道德修养，其内容还涵盖了更广泛的知识和领域。谈及"非道德认知"，孔子在《论语·阳货》中曾言，学习《诗经》可以"多识于鸟兽草木之名"。在孔子看来，学习《诗经》不仅能让人明白做人的道理，还能增加对鸟兽草木等自然事物的了解。这种认知与道德成就并无直接关系，因此被归类为非道德认知。

良知，即心对内在道德法则的直觉感受功能。"良知"这一概念虽最早由孟子提出。就"知"字而言，孔子没有直接使用"良知"这个词，主要通过"仁""义""礼""智"等概念来阐述他的道德观，而不是通过"知""闻""思"等概念来直接传达"良知"的含义。在《论语·卫灵公》中的"知德者鲜矣"、在《论语·里仁》中的"观过，斯知仁矣"、《论语·里仁》中的"见贤思齐"以及《论语·季氏》里的"见得思义"，虽然包括"知""思"，但并不等同于"良知"。孔子的"知"更多是指对道德、天命、人性等深层次问题的理解和体悟，孔子的"思"更多是指道德反思和道德实践的过程。

认知和良知是心的两大功能，它们之间的关系展现在以下三个方面。首先，这两者都是成就道德的理性基石。道德认知作为外在的理性依据，侧重于逻辑分析；良知则作为内在的理性根源，着重于内在直觉。其次，尽管非道德认知与道德成就并无直接关系，但它却扮演着间接且重要的角色。内在的道德法则若想转化为现实的道德实践，必然涉及自然世界中的万事万物，这就需要借助心的认知功能来洞察自然界的事物。最后，基于孔子思想的现代解读认为，孔子常常流露出良知优于认知的倾向，这与仁与礼的关系紧密相连。仁是道德成就的内在法则，礼则是外在的伦理规范。因此，仁构成了礼的内在基础，使得仁比礼更为根本，进而使得良知比认知更为基础。然而，在理解孔子的这一态度时，必须结合他当时的忧患意识和使命意识。孔子以仁为己任，对道德的完善深感忧虑，因此他更加重视良知，并自然地流露出良知优于认知的态度。但需要注意的是，我们决不能将这种态度绝对化，简单地认为良知就是优于认知。

实际上，孔子对学习和思考同等重视，他既反对只学习（认知）而不思考（良知），也反对只思考（良知）而不学习（认知）。然而，后世的儒家学者在对待心的这两种功能时，往往选择其中之一而舍弃另一个，这导致长达两千多年的学派纷争。首先，孟子在孔子"心学"基础上深化了对良知的理解，他阐述道："人之所不学而能者，其良能也，所不虑而知者，其良知也。"（《孟子·尽心上》）其次，荀子充分发扬了孔子"心学"中的认知之心，与孟子的性善论形成鲜明对比，他提出了性恶论，认为人性本恶，必须通过遏制恶来使其归于善，这就需要学习和认知礼。因此，荀子强调认知之心的重要性。最后，宋明理学作为儒学发展的一个巅峰，其内部的分歧也集中在心的问题上。在心的问题上，朱熹与陆九渊之间的辩论在某些方面重演了孟荀之争，其中朱熹强调认知之心，陆九渊则强调良知之心。

（二）孟子的心性论

孟子的心性论建立在人性本善的基础之上。在先秦时期，人性问题一直是各位思想家热烈争议的话题。孔子是最早探讨人性问题的思想家之一，他提出"性相近也，习相远也"（《论语·阳货》）。孔子认为，人的天性在本质上是相似的，而人们之所以被划分为"上智"与"下愚"，主要是由于后天环境和社会习俗的影响。然而，孔子并未明确阐述人性的善恶属性。因此，在孔子之后，各派思想家围绕人性的善恶问题展开了激烈的争论，从而产生了多种关于人性的不同学说。例如，告子主张"性无善无不善也"（《孟子·告子上》），法家则将追求快乐、逃避痛苦以及喜好安逸、厌恶劳作视为人的本性。

关于人性的观点，孟子明确提出了性善论，成为中国哲学史上首位主张性善的思想家。他阐述道："乃若其情，则可以为善矣，乃所谓善也。若夫为不善，非才之罪也。恻隐之心，人皆有之；羞恶之心，人皆有之；恭敬之心，人皆有之；是非之心，人皆有之。恻隐之心，仁也；羞恶之心，义也；恭敬之心，礼也；是非之心，智也。仁义礼智，非由外铄我也，我固有之也，弗思耳矣。"（《孟子·告子上》）这里的"乃若其情"的"情"字，应理解为"实情"，意味着在孟子看来，性善是人的本性和实情，它构成了仁义礼智四种道德品质的基石。由于善是与生俱来的，因此不能因后天出现的不善行为而否定人先天的善性。孟子将人性本善比作水从高处流向低处的自然趋势，认为"人性之善也，犹水之就下也。人无有不善，水无有不下。"（《孟子·告子上》）同时，他主张每个人都像拥有四肢一样，天生就具备四心，即"恻隐之心，仁之端也；羞恶之心，义之端也；辞让之心，礼之端也；是非之心，智之端也。人之有是四端也，犹其有四体也。"（《孟子·公孙丑上》）基于这些观点，孟子通过对人性的深入探索，构建了他的心性理论。

"心"是《孟子》一书中频繁使用的字眼，共出现百余次，包括"人心""尽心""民心""不动心""恻隐之心"等多种表述。《孟子》中"心"的含义颇为复杂，经过粗略分析，大致可归纳为以下几种意义：其一，"心"可指道德情感和道德意识，如《孟子·告子上》中的"人皆有不忍人之心"。其二，"心"用来描述人的精神世界及精神生活，例如《尽心上》里的"岂惟口腹有饥渴之害，人心亦皆有害"。其三，将"心"看作一种心理状态，这在《孟子·告子上》的"欲贵者，人之同心也"中有所体现。其四，"心"既被视为精神活动的物质载体，也代表思维的精神内容，如《孟子·告子上》所述："口之于味也，有同嗜焉；耳之于声也，有同听焉；目之于色也，有同美焉。至于心，独无所同然乎？心之所同然者何也？谓理也，义也。圣人先得我心之所同然耳。故理义之悦我心，犹刍豢之悦我口。"在这段话中，"心"字共出现四次，前后两个"心"与口、耳、目等器官相比较，显然是将"心"视为人体器官；中间两个"心"则是指人的精神生活和精神世界。

心的具体内容包含恻隐之心、羞恶之心、辞让之心和是非之心，这四个方面共同构成了心的"四端"。人人天生具备这"四端"，它是人性的基石。在这个基础上，人性通过后天的教化得以逐渐发展、扩充，进而演变为仁义礼智四种道德品质。"所以谓人皆有不忍人之心者，今人乍见孺子将入于井，皆有怵惕恻隐之心"（《孟子·公孙丑上》），孟子将不忍人之心解释为恻隐之心，它指的是人们对他人遭遇和苦难的同情心，并在此基础上产生援助他人的意愿。为了阐释这一点，孟子举例说：人们看到一个即将落入井中的儿童，都会自然而然地产生同情心。这种同情心并非源于外在因素，如个人在社会上的声誉或与儿童父母的交情，而是出于人的内在本心。羞恶之心则涉及人们对善恶的判断，它警醒人们不要越过善恶的界限，是对个人内心的一种约束。辞让体现了人们对自己权利的谦让，即使对某些事物拥有权利，也愿意放弃并转让他人。是与非代表着对与错、真与假，是非之心则帮助人们辨别事物的对错，从而做出正确选择和决策，走上正确的道路。

既然人性本质上是善的，那么为何还要强调后天的道德修养呢？孟子解释道："凡有四端于我者，知皆扩而充之矣。若火之始然，泉之始达。苟能充之，足以保四海；苟不充之，不足以事父母。"（《孟子·公孙丑上》）在孟子看来，虽然人性本善，但这种善只是"善端"，即只具备了善的潜在可能性，而非现实性。由于人们常常受到物质欲望的困扰，因此现实中的人性也带有恶的倾向。所以，即便人性中天生就具备仁义礼智的潜质，但仍需通过"扩而充之"的过程来使其得以彰显。这一过程，实际上就是德性的修养过程。孟子认为，虽然每个人都拥有善良的本心和本性，但这仅仅是一种潜在的可能性。只有当人们充分发掘并扩充自己的本心时，才能使这种善的可能性转变为现实性。否则，善良的本性就会永远停留在潜在状态，甚至有可能蜕变为不可能实现的东西。至于如何扩充本心，孟子提出了"反身而诚"的方法。"反身而诚，乐莫大焉。强恕而行，求仁莫近焉。"（《孟子·尽心上》）在这里，"诚"指的是诚实和真诚，它不仅是对真理的如实认识，更是一种忠实于自己的人格品德。当人们反身而诚时，他们不仅在践行一种诚实的活动，更是在与自己的真实本心相融相通。这种反身而诚的做法，实际上就是寻求仁道的简明途径，也是存心养性的重要方法。通过这种对个人心性的修炼和提升，人们才能真正成长为一个完整意义上的人，也就是孟子所说的"大人"。"大人者，不失其赤子之心者也。"（《孟子·离娄下》）这里的"大人之心"，实际上就是指未被遮蔽和遗忘的赤子之心，即人的本心或四端之心。

（三）荀子的心性论

在古代的人生哲学中，荀子对心理的研究尤为重视，对心理的状态和作用进行了深入探讨。荀子主张性恶论，这主要指的是情欲方面。然而，他强调，除了情欲之外，心的作用至关重要。荀子阐述道："性之好恶喜怒哀乐谓之情。情然而心为之择，谓之虑。心虑而能为之动，谓之伪。"（《荀子·正名》）例如，当人们看到想要的东西时，觉得它吸引人，这是"情然"；随后，人们会思考是否应该获取这个东西，这是"心为之择"；最终，经过权衡后采取行动去获取，这是"能为之动"。在这个过程中，情欲与动作之间，全靠心作为一杆天平秤来平衡。因此，荀子说："心也者，道之工宰也。"（《正名》）他进一步指出，"心者，形之君也，而神明之主也，出令而无所受令"（《荀子·解蔽》）。

在探讨心与情欲的关系时，荀子认为，"凡语治而待去欲者，无以道欲而困于有欲者也。凡语治而待寡欲者，无以节欲而困于多欲者也。……欲不待可得，而求者从所可。欲不待可得，所受乎天也。求者从所可，受乎心也。天性有欲，心为之制节。……故欲过之而动不及，心止之也。心之所可中理，则欲虽多，奚伤于治？欲不及而动过之，心使之也。心之所可失理，则欲虽寡，奚止于乱？故治乱在于心之所可，亡于情之所欲"（《荀子·正名》）。荀子提出，人们不必去除欲望，但要学会引导欲望；不必追求欲望的稀少，但要懂得节制。最关键的是，必须有一个"所可中理"的心来主宰。

荀子还解释了心如何知道和理解事物："人何以知道？曰，心。心何以知？

曰，虚壹而静。心未尝不臧也，然而有所谓虚；心未尝不满也，然而有所谓一；心未尝不动也，然而有所谓静。人生而有知，知而有志。志也者，臧也，然而有所谓虚，不以己所臧害所将受，谓之虚。心生而有知，知而有异，异也者，同时兼知之。同时兼知之，两也，然而有所谓一，不以夫一害此一，谓之壹。心，卧则梦，偷则自行，使之则谋。"（《荀子·解蔽》）尽管心始终在活动，但荀子认为它也需要达到静的状态，即不被梦境和纷乱的思绪所干扰，这就是所谓的静。为了求道，心需要做到虚心、专一和静心这三种工夫。这是荀子哲学和心理学思想中的核心观念。

（四）老庄的心性思想

在老子的作品中，"心"字出现仅十次左右，但老子将其与他的政治思想与修身思想联系了起来。老子认为"赤子之心"才是符合"道"的心，是"常德不离"，"含德之厚"。他主张人的心不应该被任何知识、欲望、偏见所污染，应"复归于婴儿"，保持一颗纯粹的心。老子还讲："圣人无常心，以百姓心为心"（《老子》），将自然与政治相结合，认为圣明的君主应该没有固定不变（常）的心，而要以老百姓的心作为自己的心。他主张"无为"是强调顺应自然之道，与民同心，而不乱作为。①此外，老子也阐明了"修心"的途径，包括有"抱一""守中""抟气"。"抱一"就是"专注于一"，"无离于道"，这样才能够在为人行事中不违背"道"。"守中"则被大多数学者理解为"守心"，即守住本初无知无欲之心。"抟气致柔，能如婴儿乎？"（《老子》）在道家的理论中，"气"是生成万物的本体。"气先于心"，"抟气"可理解为"集气"，这里的气则是指"血气"或"精气"。老子讲既要"抟气"又要"致柔"，才有可能复归于自然之心。

庄子对"心"的描述则更加独特，他讲求绝对无为，"无心而顺命"。这是一种完全听其自然，顺命由天的生存态度。同时，庄子提出了人有三种"心"的境界——"游心""常心""镜心"。"游心"是《庄子》中很常见的一个概念，"乘物游心""游心于淡"，是指人的内心要随事物而游走，扫去除情欲、才智、私心，使其归于平淡，然后达到的"畅游于道"的境界。只有扫除内心的杂质，使其变得空灵洁净，才能与自然相交融，真正体悟"道"的意义。"常心"是庄子提出的一种境界，即"以其知得其心，以其心得其常心"（《庄子·德充符》）。这是说由人的知识得知他的内心，由其内心得知他的"常心"。"常心"是指恒久不

---

① 匡钊，王中江.道家"心"观念的初期形态——《老子》中的"心"发微.天津社会科学，2012（4）.

变之心，它虽"得于知"，却又"脱于知"。西晋玄学家郭象将其理解为"顺物之心"，是一种不违背自然的心。南宋理学家林希逸则将其解释为"本然之心"，是不为情、物所动的原本之心。钟泰认为，"常心"即"死生不变，天地覆坠而不遗之心"。①对于庄子所说的"常心"，也可以理解为"平常心"，或与自然相宜以及"本真之心"。《庄子·应帝王》载："体尽无穷，而游无朕，尽其所受于天，而无见得，亦虚而已。至人之用心若镜，不将不迎，应而不藏，故能胜物而不伤。"这一说法把圣人的心比作镜子，"镜心"的最大特点在于"虚"。将心比作镜，可以说是开了反映论的认识论的先河。后人认为，圣人的"心"能达到"虚"的境界，而虚能生"静"，亦能生"明"。拥有"镜心"，人就能不为外物所扰，以客观的心态去对待世界，不因自身的好恶影响判断与决策。胡文英说庄子"眼极冷，心肠极热"，这就是"镜心"的最好体现。此外，庄子认为人要实现与自然、社会以及自我的和谐。其中，人与自我的和谐，就要通过"心斋"。他指出，"若一志，无听之以耳而听之以心，无听之以心而听之以气。听止于耳，心止于符。气也者，虚而待物者也。唯道集虚。虚者，心斋也"（《庄子·人间世》）。"一志"乃"专心致志"，"气"这里指以空虚清净的态度对待万事万物，这是道家人物所主张的认识论。庄子在《人间世》中，借由孔子对颜回的说教阐释了"心斋"这一做法。孔子说耳朵只能听到声音，心只能感应存在，要想治国，不能假求于外，应先求诸己。只要将内心变得空灵澄澈，自然能"同于大通"。

（五）张载的心性思想

宋代既产生过唯心主义浓厚的心学思想，也涌现出具有唯物主义精神的心性论观点。有学者总结认为，张载则明确提出"心统性情"的命题。他认为，心是总括性情与知觉而言的，"合性与知觉，有心之名"；性是根本的，"天授于人则为命，亦可谓性。人受于天则为性，亦可谓命"；"性即天也"，所以"性又大于心"，有性再加知觉，便成为心；性之发为情，情亦是心的内容。按照心统性情说的结构顺序，"心"是此说的首要范畴。张载是从心的来源和结构界说心的，他指出，"合性与知觉，有心之名"（《正蒙·太和篇》）。这里的"知觉"主要指人的意识活动及其能力。但张载并非仅以知觉为心，而是认为知觉与性结合在一起才构成心。应当说，张载对心的规定是相当独特的，也正是在这里表现出了与

---

① 钟泰.庄子发微.上海：上海古籍出版社，2002.

后来朱熹的看法有所不同。

张载论心性问题有两方面的特征。第一，"性"所涉之"虚"，亦即"太虚"，是"气之本体"，亦可谓性体。此性既是万物生成的根源，又是道德价值的本原。第二，张载从整合虚（性体）与气亦即本体界与现实界入手，进而提出了"天地之性"和"气质之性"的学说。张载是从宇宙论的高度论性（"合虚与气有性之名"）的，同时他以"天地之性"作为人性本体，而性又是与心结合在一起的，于是在张载哲学中，性便成为心的宇宙本体论根据，以及主体自身的道德原则。由此可知，张载所谓心，是指主体以性为宇宙本体论根据的精神结构及其能力。这个命题确定了心、性、情三者的关系。用现代的语言来说，所谓心，指精神作用；所谓性，指普通的理性；所谓情，指普通的情操。"心统性情"是指人的精神作用包括理性和情操。《性理大全》卷三十三引："张子曰：心统性情者也。有形则有体，有性则有情。发于性则见于情，发于情则见于色，以类而应也。"

（六）朱熹的心性思想

朱熹发扬了张载"心统性情"的思想，并将其作为理学人性论的重要组成部分。他强调心是性情的主宰，性是心的根本，情是性的外在表现。张载提出"心统性情，性情皆因心而后见。心是体，发于外谓之用""性者，理也。性是体，情是用，性情皆出于心，故心能统之"。（《张子语录后录下》）他认为心有体有用，心之体是性，心之用是情，性情皆由心中发出。他比喻说，心如水，性如水之静，情如水之流。张载、朱熹强调"心统性情"，其主要意义在于表明，进行精神修养既须认识本性，又须培养情操、调节情感。在朱熹哲学中，心的主要含义是指知觉，"有知觉谓之心"（《朱子语类》卷一百四十）。朱熹不同意张载的看法，他说："横渠之言大率有未莹处。有心则自有知觉，又何合性与知觉之！"（《朱子语类》卷六十）朱熹的心性论主要包括"性情一体"与"心统性情"，他认为心是体用不二的，提出"心也者，知天地，宰万物而主性情者也。六君子惟尽其心，故能立天下之大本，行天下之达道"（《朱熹文集》卷七十三）。因此，他所说的"心"常被人们理解为"认知之心"，即"心"是知觉的主体，能体察外部世界；也是意志的来源，能控制人的性情。问："心之发处是气否？"曰："也只是知觉。"朱熹认为不能只把"心"解释为"气"，而是理气之和，心之"体"是性，"用"则是知觉。"心统性情"，性情皆出于心，"心"对"性""情"

的统领作用应该表现为一种统一,通过"心"将"性"还原至本初之善,将"情"调和至不偏不倚。

（七）陆九渊的心学思想

同时期的陆九渊则与朱熹有不同观点,提出"宇宙即是吾心",将"理"规定为人的本心,批评朱熹"理在心外"的观点,强调"存心""养心"的重要意义,提倡自我反省,扩充本心。这明显地夸大了主观精神的作用。

陆九渊自幼便深受孔孟思想的影响,尤其是孟子的"四端说",他通过研读《孟子》深刻领悟了这一思想。在阅读古籍时,他看到了"宇宙"二字的解释:"四方上下曰宇,往古来今曰宙"（《象山先生全集》卷三十二）,这使他豁然开朗,并写下"宇宙便是吾心,吾心即是宇宙"（《象山先生全集》卷三十六）,"宇宙内事是己分内事,己分内事是宇宙内事"（《象山先生全集》卷二十二）。陆九渊对"宇宙"的理解涵盖了以下几个方面:首先,他认为宇宙是无边无际的,时空无限延伸,每个人都与古代的圣贤共同存在于这个无限的时空之中,而圣贤所推崇的正是宇宙之理。其次,他主张宇宙中只包含一个"理",这个理与宇宙共存,由于宇宙是无限的,因此理也是无限的,它贯穿于宇宙的每一个环节和整个过程。最后,他提出这个理虽然充盈于宇宙之中,但相较于宇宙似乎又具有独立性。鉴于宇宙包含理,而心即是宇宙,陆九渊基于这样的宇宙观,进一步提出了"心即理"的心学思想。

理,作为宇宙万物的普遍性原理,构成了它们存在的基石。在陆九渊的哲学思想中,"理"主要被理解为宇宙万物内在的规律和法则。他有时也使用"道"这一术语来指代"理",如他所述:"道塞乎天地","此理塞宇宙,所谓道外无事,事外无道"。这表明在陆九渊的认知里,"道"与"理"是同一的,都指代宇宙万物的普遍原理。这一普遍原理同时被视为宇宙间的最高本体,无论天、地、人都被这一理或道所包容,即"三极皆同此理""天地乾坤同一理也""尧舜同一理也"（《象山先生全集》卷十二）。陆九渊进一步提出,天地万物之理以及宇宙之理都寓于人心之中,并由人心所发,即"道未有外乎其心者"。他认为宇宙之理是从人心之中充发出来的,因此,从根本上说,他所谓的"心"与"理"其实是同一的。基于对"心"的独特理解,陆九渊推导出了他理论体系中的核心心学命题——"心即理"。从内涵上解释,"心"指的是人心所内含的理,"理"则指的是宇宙之理。换言之,人心内含宇宙之理,而宇宙之理也即人心内含之理。在宇宙之外，没有其他的理；在人心之外，也同样没有其他的理。从存在形式上看，"心"是包容"理"的，"理"是居于"心"之中的。这既说明了心与理是合而为一的，同时也将"理"安置在了"心"之中，以"心"来统摄"理"。

在陆九渊的学说中，对于"心"和"理"他都有着独到的阐释。"心"这一概念包含三层含义：首先，"心"被视为人的根本。其次，"心"被看作是天赋予人的道德观念。陆九渊曾言"四端者，即此心也。天之所与我者，即此心也"（《象山先生全集》卷十一），这里的"四端"指的是孟子所阐述的仁、义、礼、智四种道德观念的萌芽，陆九渊将它们视为人心的核心。最后，"心"被认为是宇宙的本源，与"理"在宇宙本原的层面上是相一致的，即"人皆有是心，心皆具是理，心即理也"。同样地，"理"也包含三层意义：首先，"理"被视为宇宙的本原，它充斥于宇宙之中，是无限的，天地万物都体现了"理"，因此"理"是天地万物的根源。其次，"理"被认为是自然界和人类社会的总规律，自然、社会、天地鬼神以及所有人都必须遵循这一总规律。"理"在封建社会中，体现为政治法制、礼法制度以及纲常伦理的最高准则。

同时，陆九渊提出了"本心"的观点。他主张性与心是合一的，这一观念被陆象山称为"本心"。"本心"一词源于孟子，而陆九渊则进一步阐释道："恻隐，仁之端也；羞恶，义之端也；辞让，礼之端也；是非，智之端也。此即是本心。"（《象山先生全集》卷三十六）从广义上讲，本心即指仁义之心。从细分角度来看，本心则包含孟子所说的四端或四心。这两者在实质上是一致的，都指向人心内在固有的道德观念和应遵循的道德原则。从存在状态上来说，本心等同于良知良能，它是道德良知与道德实践相结合的产物，是天赋的、先验的。

在提出"本心"的同时，陆九渊承袭了孟子的性善说，从"心即理"的思想出发，认为人心之中蕴含纯然至善，从而使得人心成为一个纯然至善的实体。因此，每个人都天生具备一颗纯然至善的心，拥有与生俱来的良心和善性。然而，在实际生活中，大多数人会受到各种影响，导致本心受到不同程度的蒙蔽，即"有所蒙蔽，有所移夺，有所陷溺，则此心为之不灵，此理为之不明"《《象山先生全集》卷十一）。正因如此，心性修养的必要性就显得尤为重要。为此，陆九渊提出了有所蒙蔽，有所夺移，有所陷溺，则此心为之不灵，此理为之不明"发明本心"的方法。他认为，发明本心的日常功夫主要在于"存养"。"存"是指要排除外物的干扰和对外部世界的探求，坚信心中自然蕴含万物的理则，认定本心是世界的本质，并将发明本心视为认识世界的唯一目的。"养"则是在确立本心的基础上，通过日常的学习实践，如读书、亲师友、学习圣贤等，来涵养此心，使心中的道德意识不断充实、焕发，最终达到与理同体的境界。

（八）王阳明的心学思想

王阳明继承了孟子的"良知"说和陆九渊的"心即理"思想，从而构建了自己独特的心学体系。这一体系主要包含三个核心概念："心即理"、"知行合一"和"致良知"。

王阳明反对朱熹将"心"与"理"二分的观点，而采纳了陆九渊的"心即理"思想，进一步提出了"心外无物"和"心外无理"的主张。他认为心是理与物的本源，因为"心"作为意识的流动能够认识并产生物与理。为了证明这一点，王阳明引用了"岩中花树"的例子："先生游南镇，一友指岩中花树问曰：天下无心外之物，如此花树在深山中自开自落，于我心亦何相关？先生曰：尔未看此花开时，此花与尔心同归于寂。尔来看此花时，则此花颜色一时明白起来，便知此花不在尔的心外。"（《阳明先生集要》编卷二）从"心外无物"的理论出发，王阳明进一步将"心外无理"推导出"心即理"，将宇宙万物的规律完全归于个体心的判断范畴内。这样做是为了强调进行封建道德修养只需在人的主观心灵上下功夫。他所指的理主要是封建伦理道德，认为这些道德准则只存在于人心之中，只要从天理之心出发，就能达到道德修养的目标。

"知行合一"是王阳明哲学中的又一重要命题，它实质上是对"心即理"理念的具体实践，从而防止其"心"学理论陷入空泛。知行问题历来是儒家道德实践中探讨的核心理论问题。通常而言，"知"指的是对道德法则的认知与学习，而"行"则指的是道德的实践活动。在以往的儒家学者眼中，"知"与"行"是分离的，因为"知"属于主观范畴，而"行"则是主观对客观世界的外在表现。然而，王阳明却打破常规，提出"知"与"行"不可分割，并强调知行合一。这里的"合一"应理解为"同一"。王阳明明确指出"知之真切笃实处便是行，行之明觉精察处便是知"（《阳明先生集要》编卷三）。在此，"知"指的是本体的良知，而"行"则不仅指道德实践，更包括"致良知"，即将良知推广至事物与理的活动。知行之间没有先后之分，知的发动也就是行的发动。但值得注意的是，这并不意味着"知"等同于"行"。实际上，"知"是本体，"行"是作用，本体与作用相互依存，不可分割。因此，王阳明有"功夫不离本体。本体原无内外"（《阳明先生集要》编卷二）之说。

王阳明在提出"知行合一"的观点后，进一步提出了"致良知"的理念，使得知行合一成为实现"致良知"的途径。"良知"这一概念最初源自孟子，《孟子·尽心上》载："人之所以不学而能者，其良能也；所不虑而知者，良知也。"在《孟子》一书中，"良知"一词仅在此处出现，指的是人先天具备、无需后天反思即能拥有的能力。王阳明在五十岁时提出"致良知"。实际上，良知与心是同一事物的不同方面，体现着体与用的关系，其中良知为体，心则是良知的作用。因此，王阳明在《传习录》中阐述道："心之本体即是良知"。那么，为何需要"致良知"呢？王阳明认为，人性在先天上应当是"无善无恶"的，善恶的产生并非受天理的制约，而是由人心中的道德意志所决定。既然"良知"在人心之体中并非先天存在，而是后天逐渐形成的，这一过程便主要由人的心意来引导，并需要后天的培养。良知在人的后期发展中得以存在，但常人的良知往往隐藏较深，不易被察觉，似乎处于"无"的状态，然而实际上已经进入了"有"的状态。"致良知"即是个人良知的扩展与增强。"身之主宰便是心，心之所发便是意，意之本体便是知，意之所在便是物"。人心若能得到正当的引导，便成为道心；道心若失去正当的引导，则沦为人心。人必须在实践中磨炼，才能立得住；才能做到静时定、动时亦定。艰难困苦，正是对心性的最佳磨砺。

（九）近现代的新心学思想

近代以来，梁启超等对阳明心学有所研究，强调"心"的重要性，并认为"心"相较于"制度"处于更深的层次，人的内心改造是改革成功的关键之一。此外，梁启超致力于介绍西方的学术思想和政治制度到中国，以促进中国的现代化。孙中山在推翻清朝后所面临的困境，强调国民道德建设和国民教育的重要性，这可以理解为一种广义上的心理建设。五四运动以来，为应对文化危机，一批知识分子发起了儒学复兴运动，旨在发挥儒家学说的主导作用，同时构建一种"中体西用"的思想体系。在冯友兰、贺麟、熊十力、梁漱溟、张君劢等的共同努力下，中国人文主义心理学与西方科学心理学发生了碰撞与融合。随着西方心理学的传入，中国学者开始尝试将中国传统的人文主义心理学与西方科学心理学进行融合，以构建一种既符合中国国情又具有现代科学性的心理学体系。

其中，贺麟创立了"新心学"，这是对中西文化的融合，具体表现为中国陆王心学与西方新黑格尔主义的结合。他的"儒家思想的新开展"论述、知行合一新论与直觉论，以及"心即理"的唯心论，共同构成了他哲学思想的核心部分。而熊十力则对本体界、现象界和道德界进行了区分，他以"体用不二"为宗旨建立了本体论，通过"翕辟成变"解释了心和物的现象，从而建立了宇宙论，并通过区分本心和习心开辟了道德界。熊氏认为本心即本体，见心即见体，他通过明心见性的方式将本体界、现象界和道德界融为一体。

尽管冯友兰是现代新儒家学者中程朱理学一派的代表，但他也非常重视阳明学。在《中国哲学史》中，他系统而全面地阐述了对阳明学的看法，包括《大学问》、知行合一、朱王异同、差等之爱等问题。在中西比较研究方面，现代新儒学也取得了丰硕的成果，如冯友兰的境界说、梁漱溟对心理学学科性质的界定，以及熊十力援佛入儒构建的新哲学体系等。

也有许多学者选择以西方认识论为本位，对中国本土心理进行了一系列研究。例如黄国光的"人情与面子理论模型"和"自我曼陀罗模型"、杨中芳的"中庸实践思维模型"等。这些研究都是基于现代科学诞生于西方的观点而展开的。从上述事实中，我们可以看到中西"心"文化的相互融合，这也为文化的多元化和创新发展开辟了新的路径。

第二节 传统心文化的当代价值

老一辈心理学家潘菽等先生撰文指出，"中国古代曾是世界心理学思想最早策源地和丰饶产区之一。在古代思想家讨论心性、道德和教育的理论或和宗教思想作斗争的著作中、在医学理论著作和文艺理论著作中，都包含着许多有关心理学问题的理论与资料，值得予以探讨和发掘"[①]。随着当前全球性的文化研究热潮的不断演变以及中华民族伟大复兴，那些曾经被西方学界所瞩目的中国传统文化再次登上国际学术研究的舞台。特别是中国传统思想资源中的"心文化"，这一由两千多年来中国历代思想家持续探讨与积淀的宝贵精神遗产，不仅彰显了其深厚的历史底蕴，更成为东方心理学思想与西方现代科学心理学之间显著区别的一个重要特征。

长期以来，受西方科学主义范式的影响，不少学者将传统心文化视为"唯心主义的产物"。心理学作为独立学科得到长期发展，文化资源的供给必不可少。传统心理学以西方文化为据，得出中国传统文化只有片段化的零碎心理学思想而无心理学理论一说，试图以此证明中国文化缺乏相应的心理学传统。在西方心理学研究者看来，中国文化中所蕴含的心理学思想只是一种主观臆断，并不具科学证据支撑。其思想只表现出历史意义，并不具备现实意义；只体现出哲学意义，

---

① 潘菽，陈立，王景和，等.威廉·冯特与中国心理学.心理学报，1980（4）.

而无科学意义之表征。^①有学者认为，对心体与性体的关注，构成了理学的重要特征。心性作为哲学问题，并非始于宋明，但在这一时期，心性问题被提到了相当突出的位置。从哲学的层面看，心性问题涉及多重理论维度；理学的不同阐释者对心体与性体也各有侧重。从总体上看，较之对天道的形上追问，心性之学更多地指向人自身的存在。以心性为关注之点，理学既从内在的层面反思人的实然形态（人是什么？）及应然形态（人应当是什么？）并从人与对象的关系维度考察和理解世界，二者从不同的方面展示了对意义的追寻。^②明代黄宗羲曾批判张载的横渠四句名言："涂以生民立极、天地立心、万世开太平之阔论钤束天下。一旦有大夫之忧，当报国之日，则蒙然张口，如坐云雾。"^③

由于传统心学与现实的认识和实践过程相隔绝，其内容仅限于反身向内的心性涵养和思辨体验。显然，这种境界呈现出一种封闭、玄虚的精神世界。从这个角度来看，理学在心性领域的意义追寻确实有其消极的一面。然而，在中国现代性初期，这种心学思潮虽然与前面提到的内在性心灵化现代性方向相符，但却与现代化基本趋势中的生产对象化和社会结构化相悖。自黑格尔以来，中介或工具成为现代历史的关键，主体对象化被剥夺了"心"的价值取向及推动意识的部分，从而外化为异化的外在中介运动。冯特创立的第一个心理实验室使得"心"可以转化为自然科学数据和社会科学民俗习惯，成为客观存在的对象。随后，巴甫洛夫的狗和斯金纳的鸽子的反射实验取代了这一地位。心灵（即使非实体心灵）的观念，除了在文学修辞或浪漫情调中，几乎变得愚昧。近代西方哲学的集大成者康德，不谈及心灵，只关注"心"的功能的先验构成。现代心理学的主流趋势是将"心"剥离并转化为"行为"（行为主义）、"操作"（操作主义）、"意识结构"（精神分析）等。总体来说，"心"（非生理意义上的"心"）被不断涌现的外在客体对象的分析所取代。因此，完整真实的精神之"心"已不再被看作是真实存在。"心灵学"被视为神话般的语言，"意识哲学"被认为是幼稚且过时的哲学，"唯心论"甚至成为政治对手的罪名。这一切都体现了现代生产与交往中无人称的客观对象化运作的特征。由此可见，如果我们使用西方传统心理学的工具和标准来分析和归纳中国古代典籍中的心理学思想，只能找到零散的心理学思想论述，这并不奇怪。但是，如果我们放弃西方传统心理学的标准，从中国文化心理学的角度来审视中国文化，就会发现其中包含系统化的心理学思想。

---

① 杨荣国. 心性之学与意义世界. 河北学刊，2008（1）.

② 尤西林. 心体与时间：二十世纪中国美学与现代性. 北京：人民出版社，2009：42-43.

③ 沈善洪. 黄宗羲全集（第三一六册）宋元学案. 杭州：浙江古籍出版社，1992：69.

　　在当前文化心理学研究持续深入的时代背景下，重新认识和发掘传统心文化的积极思想资源显得尤为重要。在国际心理学与中国特色心理学建设的过程中，我们探讨现代心理学话语体系是否能借鉴传统心文化资源这一议题。传统心文化一方面包含内在主义、唯心主义、神秘主义、直觉体悟主义的元素，另一方面也展示了理性主义、自然主义、整体主义的普遍存在及其合理性。这种文化呈现出内在化与外在化的双重特性。为了实现心学向实学的转变，我们需要同时关注虚实两个方面。虚体性特征正逐渐走向实体性的发展路径。心与行的结合为解决这一问题提供了支撑。过去，心学与社会实际相脱节，然而张载的"横渠四句"所体现的心思想将心学提升到了家国情怀的层面，不仅引发了广泛的共鸣，还揭示了心学更高层次的境界。

　　我国古代史中的"心文化"是传统心理学思想的集中表现，其影响有两个主要特点，既重视对人的内心活动规律的探索；又具有较强政治性质。换句话说，就是治国安民首先要"得人"，因此必须知民心，明民意；另一方面需要"修养人心"，强调引导臣民修身养性，提高道德修养。这两方面既是使社会朝更加和谐方向发展的必由之路，也是心理学实现为社会进步和制度创新服务的重要路径。

　　我国传统的"心文化"已经历了数千年的积淀。它不仅为中华民族的思维方式与民族性格的塑造做出了显著贡献，更为世界文化宝库注入了新的内涵，创造了宝贵的价值。在当今物质文明高度发达的背景下，我们也应关注精神文明的同步进步，回首学习并传承古人的深邃智慧。探索"心文化"对当代哲学、心理学及政治学领域的重要价值，这不仅有助于构建人类命运共同体，更能推动社会主义现代化建设，为打造具有中国特色的心理学体系开辟新路径。在心理学研究领域，对不同文化的深入关注也显得日益重要。汤一介先生曾指出，中国人在吸收外来文化时展现出了高度的自觉性和主动性，但在向外传播本土文化时却显得相对缺乏自觉和主动[①]，这或许与我们的民族性格息息相关。一个多世纪以来，西方科学心理学取得了显著的发展成果，当代中国心理学在很大程度上是基于西方的方法体系和理论模式而发展起来的。然而，作为心理学思想的发源地之一，中国拥有其独特的历史传承和研究成果。特别是以"心文化"为代表的心理学思想，对西方科学心理学的进步与发展也产生了一定的影响。

　　20世纪初，韦伯的《中国的宗教：儒教与道教》一书出版，引发了西方学界对中国传统思想的社会学关注热潮。韦伯对中国文化持否定态度，认为只有西方

---

　　① 汤一介.在中欧文化交流中创建中国哲学.北京大学学报（哲学社会科学版），2005（5）.

社会文明才能为资本主义发展提供适宜环境，而中国的"宗教"缺乏理性，因此中国古代社会制度不具备现代化的条件。费正清和列文森等支持并发展了韦伯的观点。然而，罗素持不同看法，他认为西方文明的显著特点在于科学方法，中国文明的优点则在于对生活目标的正确理解，这两者应相结合。罗素深受道家思想影响，认为中国人的天性追求自由而非支配，他从老子思想中找到了关于人生归宿的启示。罗素还指出，中国自古以来就是一个高度文明的国家，他主张打破西方中心论和优越感，承认东方文化的独特价值。①与罗素相似，杜威也对中国传统文化有浓厚兴趣，并曾在中国进行为期两年的讲学，被誉为"西方的孔子"。杜威高度评价了五四运动，并提出中国需要一种更符合国情的、繁荣的文化，而非仅仅吸收西方文化成果。他认为中国人顺应自然的态度对西方文化具有借鉴意义。罗素和杜威都认为东西方文化应互补，精神理想的构建既需要西方的"服务伦理思想"和对社会进步的关注，也需要东方的"审美欣赏与冥想"。②此后，还有西方学者对东方文化进行了深入研究。例如，海德格尔崇拜道家学说，荣格则对中国内向性的"心文化"产生兴趣。荣格认为，西方"心"的概念已将心理孤立并限制在自身领域，切断了其与世界的原始统一，而东方人的世界中，心灵创造的万物都充满生机。东方思想采用内向型视角看待心理现实，而西方则是外向型视角。20世纪60年代，马斯洛创立了人本主义心理学，被称为心理学的"第三势力"。在晚年，他针对人本主义的不足，提出了心理学的"第四势力"——超个人心理学取向，视其为人本主义的终极发展。萨蒂奇指出，超个人心理学的研究对象包括人的成长、元意识、自我实现、自我超越、终极价值、高峰体验、一体性等，这些与东方的道、本心等概念有着内在联系。③超个人心理学家威尔伯提出了"意识谱"理论，将人的意识分为阴影层、自我层、存在层和心灵层，这四个层面反映了人"心"所达到的不同境界，其中心灵层即《尚书》所言的"道心"。由此可见，超个人心理学必然需要借鉴东方文化。

随着西方思想的传入，我国传统文化在新文化运动至"文化大革命"期间经历了剧烈的冲击和深刻的批判，导致部分人质疑和全盘否定传统文化。然而，改革开放以后，传统文化的价值逐渐得到重视并恢复了其应有的地位。近年来，西方心理学家对中国传统文化的研究进一步凸显了中国文化的独特价值和魅力，同时也印证了对传统文化中蕴含的心理学思想进行深入考察和探究的必要性。

---

① 伯特兰·罗素. 中国问题. 田瑞雪，译. 北京：中国画报出版社，2019.
② 顾红亮. 杜威在华学谱. 上海：华东师范大学出版社，2019.
③ 郭永玉. 超个人心理学的基本理念. 华中师范大学学报（人文社会科学版），2000（5）.

心理学理论研究的坚守与创新

现代心理学是在西方传统文化与工业文明的背景下成长壮大的一门科学。自其独立发展以来，已历经一个世纪，取得了显著的进步和杰出的成就。它不仅成为现代科学之林中一门重要的"重型学科"，而且在国家和社会发展中发挥了至关重要的作用，特别是在军事、人工智能、教育和健康保健领域中，其功能价值不可或缺。改革开放40多年来，我国的心理学迎来了转型发展的新纪元。在国家政策扶持和社会需求的广泛推动下，我国心理学研究取得了历史性的跨越式发展。然而，与国际先进水平相比，我国的心理学仍呈现轻型学科、小专业的形象。因此，探索中国心理学进一步走向繁荣的新机制，把心理学的学科建设推向更高水平，是摆在国内理论心理学工作者面前的一项重要任务。

一、中国心理学理论研究的自主特色创新问题

在当今心理科学日新月异发展的新时代形势下，心理学理论研究贡献的价值再次进入人们的视野，这有助于拓展、深化心理学探讨的视野和思路，进而带来关于心理学发展的新境界和路径，使人类的心理文化放射出更加夺目光芒和活力。积极弘扬中国传统优秀文化心理思想，重视吸收西方心理学的合理成分为科学养分，进一步探索总结当前及未来中国心理学理论创新的内涵、模式、突破点，是体现中国心理学理论研究自主创新的一项艰巨而复杂的战略任务。

受西方现代主义、科学主义和实证精神的影响，科学心理学承担着重要的社会发展使命。美国心理学会前任主席塞利格曼曾概括心理学的三大使命：一是帮助人治疗心理/精神疾病（一部分）；二是帮助普通人健康幸福地工作、生活；三是发掘人的潜力，培养人的特殊才能。①但是，心理学作为一门古老而又年轻的学科，对研究理论之类的高级心理学问题一直缺乏比较有效的手段和实施方法。科学心理学的创始人和先驱者，如冯特、布伦塔诺、狄尔泰等，曾经雄心勃勃地宣布：心理学是一门经验的科学，"这种经验观点的心理学十分重要因为这种心理学为所有的哲学奠定了一个坚实的基础，或者说心理学是基本的哲学科学，能

---

① 转引自张建新. 人文心理学溯源及特征. 心理技术与应用，2023（1）.

够提供一种如莱布尼茨所认为的本质的普遍性"①，心理学应被视为建立真正严格科学的哲学起点，在所有理论科学中占据至高无上的地位，成为能够引领并整合其他科学的科学。然而，这一观点很快遭到了以胡塞尔为代表的反心理主义运动的批判和反驳。原因在于，当时的科学心理学并未能承担起作为科学基础的重任。更进一步地说，由于科学实证主义的影响，心理学研究偏离了对高级问题的探讨，仅仅局限于对低级心理现象的实证和重复性研究。因此，科学心理学中的代表性学派——行为主义，最终选择了否定人的心理，用行为来取代心理，导致心理学变成了一门没有"心理"的心理科学。随后发展起来的主流思潮——认知心理学，则试图用计算来模拟人的心理。而精神分析流派则专注于研究人的病态、无意识和本能等心理问题。这些发展虽然在一定程度上推动了心理学的前进，但也带来了不少负面影响。针对这一状况，狄尔泰曾深刻指出科学心理学诞生后存在的两个基本缺陷：一是心理学在处理人类思维和行动的高级功能时显得力不从心；二是其研究结果的可靠性令人质疑。狄尔泰认为，心理学应该汲取诗人的智慧和洞察力，并为其赋予精确的表达和逻辑基础，但当时的心理学却未能做到这一点。②此外，以自然科学的理性精神和方法为模板的实验心理学的发展，不可避免地导致心理学与其初衷及应达到的终极目标相背离。

当代国际心理学在发展过程中正面临着现代主义与后现代主义"饱和发展"所带来的双重挑战。除了美国，其他国家的心理学在学科地位上仍相对较弱，其影响力尚不足以触及社会及其他学科。在日常生活中，人们对当前时代的心理学抱有反感情绪，这主要源于两个方面：一是心理学作为科学的根基尚不稳固，而当今时代的心理学又过分偏爱量化方法与技术；二是这一时代的心理学本身对"心理"问题的关注不足，反而更侧重于行为或神经方面的研究，导致心理学自身都忽视了心理的核心地位，纷纷涌入其他专业领域寻求发展。除了学科内部的问题外，社会背景等外部因素也对心理学的发展构成了不利条件，缺乏推动社会文化心理发展的良好环境。时代的需求不仅揭示了心理学研究自身存在的缺陷，还凸显了心理学专业人才队伍建设与社会发展之间的严重脱节。因此，我们亟需加强积极且富有建设性的心理学研究以回应这些挑战。

当前，我国自然科学和哲学社会科学的主要学术发展目标是融入国际学科体系，并构建具有中国特色的学科体系、学术体系和话语体系，即"三大体系"，

---

① Mandler G. Crises and problems seen from experimental psychology. Journal of Theoretical and Philosophical Psychology，2011（4）.

② Slife B D，Williams R N. Toward a theoretical psychology：Should a subdiscipline be formally recognized? American Psychologist，1997（2）.

以期为世界作出中国人应有的贡献。这是我国改革开放 40 多年来，在科学研究和学术研究领域实现再次飞跃的重要任务之一。在推动国内心理学理论研究事业的发展方面，我们可以将其划分为近期、中期和远期三个阶段。在近期阶段，学习和引进国外的先进水平是必不可少且至关重要的。然而，随着时间的推移和知识技术的积累，我们进入深层攻坚阶段后，创新的重要性便凸显出来。如果我们的研究方法、技术、范式和思想都源自国外，那么在科学研究的国际化进程中，我们将只能扮演补充性的角色，难以赢得他国的尊重。同时，在面对国内重大社会现实问题时，我们也可能陷入"失声、失语、失范"的困境，导致理论与实践脱节。在国际心理学的大背景下，我国心理学研究虽然取得了跨越式发展的新局面，但也需要正视在变革与发展转型过程中所面临的诸多问题。

科学心理学的诞生与发展，不仅满足了人类对自身特有心理活动认知与理解的需求，同时也为人类心理实践活动的展开提供了坚实的支撑。以亚里士多德的实践哲学为基石，心理学衍生出两大传统：其一，专注于具体心理活动中的运作机制、方法或技艺的心理学传统；其二，致力于探寻人类普遍心理活动实践规律以构建科学心理学的传统。这两大传统相互交织、融合，共同推动着当前心理学的发展与实践活动的深入，具有深远的积极意义。然而，正如北美著名理论心理学家斯坦姆所指出的那样，心理学科学研究在取得重大突破的过程中，面临着以下十种类型的两难性问题：①难以公式化表达；②缺乏固定不变的规则；③不存在绝对的对错标准；④无法进行精确测量；⑤每种解决方法仅具有一次性效用；⑥缺乏固定可选的解决方案；⑦问题本质具有独特性；⑧解决一个问题可能引发其他并发症状；⑨解释的有效性取决于实际效果；⑩良好的动机与计划往往因不佳的实践结果而扭曲，同时，现实社会中的复杂问题也进一步放大了理论研究的不足。"科学心理学似乎仍然是一个健全和不断成长的年轻人。这与理论危机和被觉察及讨论的逐步形成对比。心理学被形容处于真空期……太多的活动和没有主要的主导方向或理论的承诺。"①针对这些困难而复杂的问题，斯坦姆认为传统心理学理论研究所遭遇的危机与失败，并不预示着理论研究的终结；相反，它们为心理学理论建设提供了宝贵的反思机会。②

当前国内心理学发展中实证研究与理论研究面临着失衡的严重问题，导致在回应重大理论或现实问题时声音微弱。为了寻求促进中国心理学理论研究的内涵

①　Stam H J. Ten years after，decade to come：The contributions of theory to psychology. Theory & Psychology，2000（1）.

②　汤玛斯·梯欧. 从理论视角看批判心理学. 王波，译. 南京：江苏人民出版社，2015.

式发展机制，目前需要在以下几个方面加强投入和关注，以积极推进心理学的理论建设和教育工作。

首先，需要继承和弘扬老一辈学者开创的学术传统。潘菽先生等老一辈心理学家一直高度重视心理学的理论建设，在 20 世纪的五六十年代以及八十年代初期，理论性研究模式一度成为当时国内心理学研究的主流趋势。朱智贤先生也强调指出，基本理论不是可有可无，而是非搞不可。车文博先生更是认为，加强心理学基本理论的研究，这是关系着我国心理科学发展全局的根本大计，具有战略性的意义。加强心理学理论研究，对改善实证研究与理论研究失去平衡的现状、开创我国心理学发展的新境界具有重要的学术意义和实践价值。单纯强调心理学的实证研究，还不足以支撑及维系其成为一门重要学科的战略发展任务，容易纠缠于不重要的问题，难以自拔，更无法适应现代心理学发展的需要。心理学需要借鉴费孝通先生在 20 年前提出要"扩展社会学的传统界限"，他指出"社会学是一种具有'科学'和'人文'双重性格的学科"。①这个"学科观念"的论断，当然不是完全否定，但却明显针对并高于常见的所谓社会学是"实证科学""经验科学"之类的说法，相较之下，可以显见通常说法的褊狭性。社会学追求实证性是理所当然的。在费先生看来，社会学不能只抓住"生态"，丢了"心态"。他的启蒙老师派克教授早就指出，人同人集体生活中的两个层次：利害关系和道义关系。自己却拾了基层（利害关系或称物质关系），丢了上层（道义关系或称精神关系），这是不可原谅的。②这也类似于当今心理学的主流发展研究形态。如果说在 19 世纪乃至 20 世纪中期以前，采用还原论而能够在社会科学中增强如自然科学那样的实证性还是有其合理性的话，那么在现代自然科学已经在更高水平重回整体性，各门科学技术走向交叉融合、科学性与人文性趋于实现结合的 21 世纪，心理学仍然偏执地以"实证科学""经验科学"自居就显得不合时宜了，特别是不符合建设中国特色心理学的需要。不可否认，把"实证性""经验性"绝对化，从重视经验、强调实证到把它们当作科学的全部内容和唯一标准，无疑难免束缚学科的发展。我国学术界需要充分认识到，虽然科学心理学本身是一门实验科学，心理学理论应该立足于全部实验的总和之上，理论正确与否必须落实到实验检验上，但是在心理学发展的中间过程，应该允许有的阶段性"理论研究优位于实验研究"，而不必完全拘泥于具体的实验，需要给予理论创新充分的自由空间。一个重要的心理学理论开始时甚至有看不到实验检验的可能，但进一步拓

---

① 费孝通.试谈扩展社会学的传统界限.北京大学学报（哲学社会科学版），2003（3）.

② 景天魁.不能只抓住"社会生态"，丢了"心态".理论周刊，2022（11）.

展、补充却可以引发重要突破和科学革命，例如在物理学中的相对论和规范场论就是这方面的典型例证。因此，我们也应当允许和宽容对待，甚至有选择地鼓励这种在纯理论方面的探索性研究，特别是涉及心理学各分支领域基础的新概念、新方法和新思想。

其次，需要扎实推进国内人文社会科学的理论性研究水平。心理学作为一门既有实证性又有理论性的学科，其发展自然需要建立在比较科学的理论体系和深厚的基础理论之上。不同的学术研究方向、学术观点和学术流派的形成及发展，是心理学研究繁荣兴盛的重要标志，也是推动我国心理学跨越式发展的内在机制。然而目前国内心理学界仍存在着"重理轻文"的偏差，学术争鸣和交流还不够，关注宏观与中观理论问题的学者也较少，研究力量相对薄弱，资源相对稀缺，理论话语权还不足，因而在应对我国心理学的重大理论或元理论问题时声音微弱。近30年来，国内心理学理论研究取得了一定的学术成果，但是在学理和实践上还面临着很大的挑战和考验。现代心理学的学科发展出现了"热点广、思潮多"的繁荣景观，"切片性"的精细研究十分深入，同时也面临着"小、轻、薄、散"的核心理论失落问题，应加大思想力度，丰富行动实践智慧，否则长此以往，易走向偏离正常人的生活实际和实践秩序的轨道。要克服心理学理论研究的薄弱环节，有必要借鉴科学哲学的思想资源和方法论立场，通过大理论与小理论、大思想与小思想、元理论与实体理论的对接，积极建构具有"多元一体"特征的心理学理论新范式形态。我国心理学理论研究深度不足，其根本原因在于理论心理学和哲学心理学等分支学科的研究存在着泛化及滞后错位问题。加强对理论心理学、哲学心理学、文化心理学、社会心理学、心理学思想历史等专门化基础学科的建设，倡导创学立说，为国治学、为民立说，是深化国内理论研究的重要路径。当然，我国心理学理论创新研究依然面临着攻坚克难的深层次发展问题。一方面，我国的心理学理论研究者面对国际心理学理论研究背景具有一定的不适应性，即当前国际心理学理论研究从以往的宏大叙事性研究转向中程理论和微观理论的研究。另一方面，目前我国心理学理论研究仍处于艰难的爬坡阶段。对此，我们应正视现实、直面问题，勇于进取、积极作为，发现并抓住潜在机遇，积极寻求中国心理学理论事业的新境界和新高度。具体来说，需要从以下三个方面着手推进心理学理论建设：首先，必须清晰认识到当前我国心理学理论建设所面临的挑战，例如如何打破仅仅跟随实证研究的局限，遵循科学原则，探索一条融合创新的发展路径等；其次，我国心理学研究在坚持科学化和实证化的基础上，需要进一步强化理论建设和教育工作，以实现实证研究、理论深化和实践技能三者的有效结合和相互促进；此外，需要改变目前只停留在表面层次的实证研究状态，努力推动心理学研究向整体化和科学化方向发展，并通过创新的科学理论来重塑心理学的学科体系。

最后，需要积极回应重大现实问题，提高心理学的社会政策研究服务水平。发挥心理学理论研究"守正创新，引领未来"的功能，进一步提升关注和回应社会经济文化建设发展的重大理论与实践问题的水平。特别是在当前我国人民为实现中国梦而努力奋斗的伟大征程中，物质生活的日益丰富与精神焦虑的普遍增加，已经成为一个不容忽视的社会心理问题。积极应对此类问题，正是心理学理论研究服务国家发展战略大有作为的地方，也是发挥自己不可替代的正能量的领域。随着社会政策在国家治理和公民福祉中的作用日益凸显，西方心理学界关于政策制定的理论和实践研究已经引起了政府各级部门和众多社会团体的高度关注，并且社会政策的实施效果也受到了公众的广泛关注。然而，与此形成鲜明对比的是，我国心理学界在多年的发展过程中，对于直面社会现实、结合心理学分支学科的重大理论和实践问题的研究相对欠缺。特别是当问题触及到更为宏观的制度层面和社会文化层面时，相关的基础性研究就显得更为稀缺。这就需要我们在迈向世界的征程中加强中国理论心理学的创新工作。在这方面，除了要使中国古代的传统文化心理思想走向世界之外，还可以做这样几方面工作：一是把现代相关研究成果推介到国外；二是积极实施中国的理论心理学行动的方案；三是基于中国立场对世界心理科学进行重构与理解，需要以解决问题为导向，开展"心理学理论在行动"的发展策略。当前我国心理学理论研究的特色创新既需要实现传统文化心理的现代转化和走向世界，又需要积极推动"心理学理论在行动"的本土化实践，以增强心理学理论的实践影响力和国际话语权。因此，加强心理学理论建设和理论教育工作，培养新型的理论心理学的人力资源，通过扎实推进理论心理学分支学科建设工作，将是心理学理论研究水平迈上一个新的发展台阶的必由之路。其中一个重点任务就是借鉴西方"理论心理学在行动"的策略途径，紧密配合国家社会政策方面的心理学研究项目，开展"向日葵计划""从0到1行动方案""赋权运动"之类的质化研究和行动研究，从理论心理学的立场总结当下中国的深度研究，走向世界，扩大理论心理学的影响力。

二、新科技、新人文与心理学的新使命

近半个世纪以来，高新科技提高了我们社会的生产力，提供了丰富的物质资

源，改变了我们人类的学习、工作和生活方式。高新科技，也称为硬核科技，是以人工智能、航空航天、生物技术、光电芯片、信息技术、新材料、新能源、智能制造等为代表的高精尖科技。高新科技是一个由基础科学和工程技术创新驱动的物理世界，具有极高的技术门槛和技术壁垒，难以被复制和模仿。硬科技之所以"硬"，是因为它属于高端先进制造业，处于全球制造业价值链的高端环节，具有高知识产权壁垒、高资本投入、高信息密集度、高产品附加值、高产业控制力等特点，是衡量一个国家核心竞争力的重要标志。高新硬科技是我们常讲的"核心技术""高技术"的典型代表。硬科技的"硬"，主要体现在需要长期的、高强度的人财物研发投入，也需要科研工作者坐相当长时间的冷板凳，持续攻坚、不怕风险、百折不挠才能有所斩获。我国必须尽快打破对传统科技创新路径的依赖，加快科技创新战略转型，从模仿跟随到引领，从以"需求引致的科技创新路径"为主，补弱增强，向"以基础研究和核心技术供给路径为主，以需求引致的路径为辅的新型双引擎整合式创新强国路径"彻底转型，实现科技创新动力模型和经济社会发展驱动模式的转型升级。为了应对当前和今后一个时期的复杂局面，党和政府一直在探索并采取一切有力措施。当前的关键是加大落实力度，使得长板优势不减，短板尽快补齐，落后的需要迎头赶上，同步的必须赢得优势，领先的还需要作出更大贡献，满足国内的发展需求。

当然，高新科技的不确定性与确定性矛盾问题也会越来越突出。高新科技的发展对人文科学的发展必然提出新的更高的要求。如果没有真善美的人文关怀的积极导向引领，高新科学技术就难以形成正确的科学精神。异化发展的高新技术不但不能给人类带来光明与幸福，还可能给社会带来灭顶之灾。与之同时，传统的人文主义思想和精神应与时俱进，坚持实事求是，将真善美内化为人的良知与尊严，并用来合理地协调和有效地控制人们的认知、情感和行为。因此，在客观真实和科学昌明的基础上，构建和发展渗透传统人文启蒙主义、科学人文主义与生态人文主义的新现代哲学社会科学体系，培植良知与道义，促进和平与进步将是人类文明进步的标志，也是哲学社会科学发展的首要任务。值得注意的是，21世纪是一个高度信息化的时代，哲学和人文社会科学研究因其自身的影响力成为引领社会思潮的舵手，这些研究应当从对人类文明进步的关怀性和建设性的思维方式出发，对学术研究和社会大众思想进行正确的启迪及引领。

当前，整个人类社会进入一个反思的时代。"反思科学、批判社会"成为时代主旋律，正如布鲁纳所言"世界性的反思不仅在人类科学中，而且在文学、艺术和文化中。心理活动的实现在如何改变世界中发挥着更加明显而重要的作用。

影响到了整个人的心理世界"①②。例如，在面对"新科技"这一新的突出问题时，布鲁纳认为，如果科技是心灵的问题，那么科技无论如何也得在某种非科技的理解方式中存在，"科技本身的解释语言是特殊的人工语言如数学，但叙述科技的语言则是日常语言，而它的方法是叙事法"。需要以"新科技/新人文"来引领未来"心理学下一章"的发展。

新科技、新人文自然包括当前日益兴盛的"新文科建设"。③心理学的"新文科"建设的要义在于引领学科方向，回应社会关切，坚持问题导向，打破学科壁垒，以解决新时代提出的新问题为旨归，以构建高质量心理学人才培养的文理科教育体系，全面提升心理学人才的核心竞争力。第一，应坚定不移地以专业化、标准化来引领心理学的学科方向。面对当前国际心理学研究热潮对心理学全方位、深层次和广泛渗透的发展势态，需要进一步提高心理学服务社会的专业化水平，从数量增长向内涵式发展的道路，通过坚持标准化引领心理学的发展。所谓标准化，是指具有专业化性质的科学、技术和实践准则，是为了在一定的范围内获得最佳秩序，由权威部门制定、发布、实施的对实际的或潜在的问题进行指导的共同规范。第二，坚持高标准化、规范化引领基础心理学和应用心理学的专业发展水平。作为一门日益为当代社会发展所重视的心理学研究，需要在自身的专业化发展进程中，追随时代精神的大趋势，积极配合时代发展的最新要求，及时调整改变旧的科学观。我国学者需要具有世界性的长远眼光，重视理论创新、方法创新和实践创新，提升自身研究的高度和力度；立足于实践，服务于社会，为勇于不断反思变革而不懈努力。

有学者指出，工业文明时期人类进入一个心理学化的时代。④面对当前心理学诸多热潮带来的复杂问题，心理学的学术研究既要重视探讨实体性的具体化研究成果，又要在更高的站位上研究影响人心理活动的重要问题；捕捉学术发展的总体趋势，提高心理学这一重要学科的核心竞争力，重视解决当前存在的突出问题，从而不断开创心理学研究的新境界、新图景。

---

① 布鲁纳. 教育的文化. 宋文理，译. 台北：远流出版公司，2001.

② 杰罗姆·布鲁纳. 布鲁纳教育文化观. 宋文里，黄小鹏，译. 北京：首都师范大学出版社，2011：315.

③ Stam H J，Burns D. Theoretical psychology//Encyclopedia of Critical Psychology. New York：Springer，2014：1952-1954.

④ Sternbger R J. Culture and intelligence. American Psychologist，2004（5）.

参考文献
REFERENCE

爱因斯坦. 1977. 爱因斯坦文集（第1卷）. 许良英, 范岱年, 编译. 北京：商务印书馆.

班杜拉. 2018. 思想和行动的社会基础：社会认知论. 林颖, 王小明, 胡谊, 等, 译. 上海：华东师范大学出版社.

北村实, 戴水. 1991. 社会发展的客观规律性和有意识活动的辩证法. 哲学研究, （11）.

伯纳德·巴尔斯. 2002. 在意识的剧院中——心灵的工作空间. 陈玉翠, 秦速励, 伍广浩, 等, 译. 北京：高等教育出版社.

布鲁纳. 2011. 布鲁纳教育文化观. 宋文理, 黄小鹏, 译. 北京：首都师范大学出版社.

蔡曙山. 2009. 认知科学框架下心理学、逻辑学的交叉融合与发展. 中国社会科学, （2）.

曹日昌. 1959. 心理学界的论争. 心理学报, （3）.

车文博. 2010. 中国理论心理学. 北京：首都师范大学出版社.

陈锡祺. 1991. 孙中山年谱长编. 北京：中华书局.

陈妍秀. 2021-06-03. 开放科学对心理学理论发展的意义. 中国社会科学报.

陈永明, 张侃, 李扬, 等. 2001. 二十世纪影响中国心理学发展的十件大事. 心理科学, （6）.

崔平. 2009. 对心理主义和反心理主义之争的超越性批判——为反心理主义制做"认识断裂"论证. 学术月刊, （9）.

丹尼尔·韦格纳, 库尔特·格雷. 2020. 人心的本质. 黄珏苹, 译. 杭州：浙江教育出版社.

丹尼什. 1998. 精神心理学. 2版. 陈一筠, 译. 北京：社会科学文献出版社.

费多益. 2010. 自由意志：幻象、纷争与解答. 自然辩证法研究, （12）.

傅小兰, 荆其诚. 2006. 心理学文集. 北京：人民出版社.

傅小兰, 张侃. 2023. 心理健康蓝皮书：中国国民心理健康发展报告（2021—2022）. 北京：社会科学文献出版社.

高觉敷. 2005. 中国心理学史. 2版. 北京：人民教育出版社.

郭齐勇. 1996. 孙中山的文化思想述评. 中国社会科学, （3）.

韩水法. 2019. 人工智能时代的自由意志. 社会科学战线，（11）.

何振亚. 2017. 神经智能：认知科学中若干重大问题的研究. 长沙：湖南科学技术出版社.

赫根汉. 2004. 心理学史导论. 郭本禹译. 上海：华东师范大学出版社.

洪定国. 2001. 物理实在论. 北京：商务印书馆.

胡塞尔. 1997. 胡塞尔选集. 倪梁康，选编. 上海：上海三联书店.

黄明同. 2017. 孙中山"心理建设"中的中国元素——浅论孙中山对传统心学的传承与创新. 中共宁波市委党校学报，（5）.

江怡. 2007. 胡塞尔是如何反对心理主义的？——对《逻辑研究》第一卷的一种解释. 现代德国哲学与欧洲大陆哲学学术研讨会论文汇编：44-51.

景怀斌. 1995. 中国人成就动机性别差异研究. 心理科学，（3）.

雷德鹏. 2005. 论胡塞尔对逻辑本质的现象学诠释. 学术论坛，（2）.

雷永生，王至元，杜丽燕，等. 1987. 皮亚杰发生认识论述评. 北京：人民出版社.

李炳全，叶浩生. 2005. 意义心理学：僭越二元论的新的积极探索. 社会科学，（7）.

李零. 2009. 郭店楚简校读记. 北京：人民大学出版社.

李其维. 1990. 论皮亚杰心理逻辑学. 上海：华东师范大学出版社.

李其维. 2008. "认知革命"与"第二代认知科学"刍议. 心理学报，（12）.

李其维. 2010. 寂寞身后事，蓄势待来年——皮亚杰（J. Piaget）逝世30周年祭. 心理科学，（5）.

李其维. 2019. 心理学的立身之本——"心理本体"及心理学元问题的几点思考. 苏州大学学报（教育科学版），（3）.

李绍崑. 2007. 中国的心理学界. 北京：商务印书馆.

李泽厚. 2005 实用理性与乐感文化. 北京：生活·读书·新知三联书店.

理查德·罗蒂. 2003. 哲学和自然之镜. 李幼蒸，译. 北京：商务印书馆.

林崇德. 2019. 加快心理学研究中国化进程. 教育研究，（10）.

林崇德，杨治良，黄希庭. 2003. 心理学大辞典. 上海：上海教育出版社.

林家有，张磊. 2014. 孙中山评传. 广州：广东人民出版社.

刘敬东，吴国风. 1999. 试谈孙中山哲学的理念及其意义. 哲学研究，（3）.

刘儒德. 1999. 一种新建构主义-认知灵活性理论. 心理科学，（6）.

刘晓力. 2020. 认知科学对当代哲学的挑战. 北京：科学出版社.

鲁宾斯坦. 1965. 心理学的原则和发展道路. 赵璧如，译. 北京：生活·读书·新知三联书店.

罗洛·梅. 1987. 爱与意志. 蔡伸章，译. 兰州：甘肃人民出版社.

罗姆·哈瑞. 2006. 认知科学哲学导论. 魏屹东，译. 上海：上海科技教育出版社.

罗跃嘉，吴婷婷，古若雷. 2012. 情绪与认知的脑机制研究进展. 中国科学院院刊，（S1）.

马克斯·舍勒. 2011. 伦理学中的形式主义与质料的价值伦理学——为一种伦理学人格主义奠基的新尝试. 倪梁康, 译. 北京：商务印书馆.

马忠. 2010. 变革时代的思想重建：孙中山国民心理变革论研究. 北京：人民出版社.

宁新昌. 2016-11-21. 孙中山与心学研讨述要. 光明日报.

潘菽. 1984. 中国古代心理学思想刍议. 心理学报, （2）.

潘菽, 陈立, 王景和, 等. 1980. 威廉·冯特与中国心理学. 心理学报, （4）.

彭彦琴. 2008. 心理学：另一种声音：现代新儒学与中国人文主义心理学. 中国学术期刊文摘（1）.

皮连生. 1997. 学与教的心理学. 上海：华东师范大学出版社.

皮连生. 1996. 智育心理学. 北京：人民教育出版社.

皮亚杰. 1981. 发生认识论原理. 王宪钿, 译. 北京：商务印书馆.

秦龙. 2006. 加强社会转型期的心理建设. 中国青年研究, （3）.

塞尔. 2006. 心灵的再发现. 王巍, 译. 北京：中国人民大学出版社.

邵元冲. 1948. 心理建设论. 北京：中国文化服务社印行.

申继亮, 辛自强. 2002. 迈进中的发展心理学事业. 北京师范大学学报（人文社会科学版）, （5）.

沈荣兴. 1988. 逻辑学中的心理主义和反心理主义述评. 苏州大学学报, （1）.

沈善洪. 1992. 黄宗羲全集（第三—六册）宋元学案. 杭州：浙江古籍出版社.

石中英. 2001. 知识转型与教育改革. 北京：教育科学出版社.

舒尔曼. 1999. 理论、实践与教育的专业化. 王幼真, 刘捷, 译. 比较教育研究, （3）.

司晓宏. 2009. 教育管理学论纲. 北京：高等教育出版社.

斯蒂芬·霍金. 2002. 时间简史. 徐贤明, 吴忠超, 译. 长沙：湖南科学技术出版社.

孙际铭, 王晓茜. 2008. 浅谈实证主义对心理学的影响. 现代企业教育, （4）.

孙中山. 2014. 建国方略. 北京：生活·读书·新知三联书店.

孙中山. 1981. 孙中山全集. 北京：中华书局.

唐孝威, 等. 2008. 脑与心智. 杭州：浙江大学出版社.

托马斯·内格尔. 2000. 人的问题. 万以, 译. 上海：上海译文出版社.

万俊人. 1990. 论价值一元论和价值多元论. 哲学研究, （2）.

万明钢. 1996. 文化视野中的人类行为：跨文化心理学导论. 兰州：甘肃文化出版社.

王蓓. 1999. 论孙中山的政治心理思想. 兰州大学学报（社会科学版）, （4）.

王俊秀. 2015-09-07. 社会心理建设是创新社会治理的基础. 光明日报.

王启康. 2014. 关于意识的两个基本理论问题. 华中师范大学学报（人文社会科学版）, （6）.

王玉樑. 1992. 客体主体化与价值的哲学本质. 哲学研究, （7）.

王振武. 1986. 认识定义新探. 哲学研究, （4）.

韦伯. 1999. 社会科学方法论. 韩水法，译. 北京：中央编译出版社.

维之. 2009. 论心理的本质. 青岛大学师范学院学报，（2）.

魏明德. 2002. 全球化与中国. 北京：商务印书馆.

吴熙钊. 1986. 孙中山与融汇中西文化思想初探. 现代哲学，（3）.

武天林. 2007. 人学思想的历史演变及形态. 社会科学评论，（1）.

辛自强. 2017. "心理建设"或可上升为国家战略. 民主与科学，（6）.

休伯特·德雷福斯. 1986. 计算机不能做什么——人工智能的极限. 宁春岩，译. 北京：生活·读
　　书·新知三联书店.

徐向东. 2008. 理解自由意志. 北京：北京大学出版社.

颜中军. 2008. 试论弗雷格的反心理主义逻辑观. 自然辩证法研究，（8）.

杨国枢. 1985. 现代社会的心理适应. 台北：巨流图书公司.

杨雄里. 2016. 为中国脑计划呐喊. 中国科学：生命科学，（2）.

叶浩生. 2001. 试析现代西方心理学的文化转向. 心理学报，（3）.

叶浩生. 2005. 西方心理学理论与流派. 广州：广东高等教育出版社.

叶浩生. 2006. 有关进化心理学局限性的理论思考. 心理学报，（5）.

叶浩生. 2007. 社会建构论视野中的心理科学. 华东师范大学学报（教育科学版），（1）.

叶浩生. 2010. 具身认知：认知心理学的新取向. 心理科学进展，（5）.

叶浩生. 2010. 中国古代道家责任心理思想及其现代意义. 南京师大学报（社会科学版），（3）.

叶浩生. 2011. 心理学史. 2 版. 北京：高等教育出版社.

叶浩生. 2012. 镜像神经元：认知具身性的神经生物学证据. 心理学探新，（1）.

叶浩生. 2013. 认知与身体：理论心理学的视角. 心理学报，（4）.

叶浩生，苏佳佳，苏得权. 2021. 身体的意义：生成论视域下的情绪理论. 心理学报，（11）.

英格尔斯. 1985. 人的现代化. 殷陆君，译. 成都：四川人民出版社.

尤西林. 2009. 心体与时间. 北京：人民出版社.

余嘉元. 2001. 当代认知心理学. 南京：江苏教育出版社.

约翰·杜威. 2010. 杜威全集. 张国清，朱进东，王大林，译. 上海：华东师范大学出版社.

约翰·塞尔. 2006. 心灵、语言和社会：实在世界中的哲学. 李步楼，译. 上海：上海译文出版社.

张春兴. 2001. 现代心理学. 上海：上海人民出版社.

张岱年. 1990. 论价值的层次. 中国社会科学，（3）.

张岱年. 2004. 文化与价值. 北京：新华出版社.

张岱年. 2005. 中国伦理思想研究. 南京：江苏教育出版社.

张厚粲. 2003. 行为主义心理学. 杭州：浙江教育出版社.

张玲，蔡曙山，白晨，等. 2012. 假言命题与选言命题关系的实验研究——对逻辑学、心理学与认知科学的思考. 晋阳学刊，（3）.

张汝沦. 2006. 现代西方哲学十五讲. 北京：北京大学出版社.

张卫东，李其维. 2007. 认知神经科学对心理学的研究贡献——主要来自我国心理学界的重要研究工作述评. 华东师范大学学报（教育科学版），（1）.

赵莉如. 1992. 西方心理学传入中国及其发展. 心理学探新，（2）.

赵汀阳. 2022. 人工智能的神话或悲歌. 北京：商务印书馆.

中国科学院心理研究所，中国心理学会. 2007. 潘菽全集（第 7 卷）. 北京：人民教育出版社.

周长鼎. 1988. 论反映. 陕西师范大学学报（哲学社会科学版），（1）.

朱智贤. 1989. 反映论与心理学. 北京师范大学学报（社会科学版），（1）.

Allwood C M. 2019. Future prospects for indigenous psychologies. Journal of Theoretical and Philosophical Psychology，（2）.

Ardila R. 2007. The nature of psychology：The great dilemmas. American Psychologist，（8）.

Arnett J J. 2009. The neglected 95%，a challenge to psychology's philosophy of science. American Psychologist，（6）.

Baars J. 2005. The consciousness access hypothesis. Trends in Cognitive Science，（1）.

Barsalou L W. 2008. Grounding Symbolic Operations in the Brain's Modal Systems. Cambridge：Cambridge University Press.

Belk R W. 1985. Materialism：Trait aspects of living in the material world. Journal of Consumer Research，（3）.

Brentano F. 2014. Psychology from an Empirical Standpoint. London：Routledge.

Brockmeier J. 2009. Reaching for meaning：Human agency and the narrative imagination. Theory & Psychology，（2）.

Bruner J. 2008. Culture and mind：Their fruitful incommensurability. Ethos，（1）.

Case R. 1992. Neo-piagetian theories of intellectual development//Piaget's Theory：Prospects and Possibilities. Hillsdale：Lawrence Erlbaum.

Chalmers D. 2004. How We Construct a Science of Consciousness？The Cognitive Neurosciences. Cambridge：MIT Press.

Chikazo J，Lee D H，Kriegeskorte N，et al. 2014. Population coding of affect across stimuli，modalities and individuals. Nature Neuroscience，（8）.

Chomsky N. 2012. Poverty of stimulus：Unfinished business. Studies in Chinese Linguistics，（1）.

Earley P C，Ang S. 2003. Cultural Intelligence：Individual Interactions. New York：Stanford

University Press.

Engel P, Kochan M. 1991. The Norm of Truth: An Introduction to the Philosophy of Logic. Toronto: University of Toronto Press.

Ferguson C J. 2015. Everybody knows psychology is not a real science: Public perceptions of psychology and how we can improve our relationship with policymakers, the scientific community and the general public. American Psychologist, (6).

Fowers B J. 2012. An Aristotelian framework for the human good. Journal of Theoretical and Philosophical Psychology, (1).

Fredrickson B L, Levenson R W. 1998. Positive emotions speed recovery from the cardiovascular sequelae of negative emotions. Cognition & Emotion, (2).

Fredrickson B L. 2013. Positive emotions broaden and build. Advances in Experimental Social Psychology, (47).

Frege G. 1956. The thought: A logical inquiry. Mind, (9).

Gabbay D M, Woods J H. 2004. Handbook of the History of Logic. Amsterdam: Elsevier.

Gross J J. 2015. Emotion regulation: Current status and future prospects. Psychological Inquiry, (1).

Gruber J, Moskowitz J T. 2014. Positive Emotion: Integrating the Light Sides and Dark Sides. Oxford: Oxford University Press.

Haggard P. 2019. The neurocognitive bases of human volition. Annual Review of Psychology, (70).

Han S, Northoff G. 2008. Culture-sensitive neural substrates of human cognition: A transcultural neuroimaging approach. Nature Reviews Neuroscience, (8).

Hanson B. 2008. Wither qualitative/quantitative? Grounds for methodological convergence. Quality & Quantity, (1).

Hardcastle V G. 1996. How to Build a Theory in Cognitive Science. New York: SUNY Press.

Hedden T, Ketay S, Aron A, et al. 2008. Cultural influences on neural substrates of attentional control. Psychological Science, (1).

Hedges L V. 1987. How hard is hard science, how soft is soft science: the empirical cumulativeness of research. American Psychologist, (5).

Houdé O, Borst G. 2014. Measuring inhibitory control in children and adults: Brain imaging and mental chronometry. Frontiers in Psychology, (5).

Howard H. 2004. Neuromimetic Semantics. Amsterdam: Elsevier.

Jacquette D. 1997. Psychologism the philosophical shibboleth. Philosophy & Rhetoric, (3).

Jacquette D. 2011. Psychologism revisited in logic, metaphysics, and epistemology. Metaphilosophy, (3).

Jacquette D. 2003. Philosophy, Psychology, and Psychologism: Critical and Historical Readings on the Psychological Turn in Philosophy. Berlin: Springer Netherlands.

Koch S. 1964. Psychology and emerging conceptions of knowledge as unitary//Behaviorism and Phenomenology. Chicago: The University of Chicago Press: 1-45.

Kono T. 2020. Recent movements in theoretical psychology in Japan. Theory & Psychology, (6).

Kusch M. 1998. Psychologism: A case study in the sociology of philosophical knowledge. Journal of the History of the Behavioral Sciences, (2).

Lakoff G. 1999. The Embodied Mind and its Challenge to Western Thought. New York: Basic Books.

Lilienfeld S O. 2012. Public skepticism of psychology: Why many people perceive the study of human behavior as unscientific. American Psychologist, (2).

Loss C P, Pickren W E. 2016. Special issue introduction: Psychology, politics, and public policy. History of Psychology, (3).

Mandler G. 2011. Crises and problems seen from experimental psychology. Journal of Theoretical and Philosophical Psychology, (4).

Martin J. 2004. What can theoretical psychology do? Journal of Theoretical and Philosophical Psychology, (1).

Mazur L B, Watzlawik M. 2016. Debates about the scientific status of psychology: Looking at the bright side. Integrative Psychological & Behavioral Science, (2).

Muthukrishna M, Henrich J, Slingerland E. 2021. Psychology as a historical science. Annual Review of Psychology, (72).

Notturno M A. 1999. Perspectives on Psychologism. Leiden: Brill Press.

Parker I. 2009. Critical psychology and revolutionary Marxism. Theory & Psychology, (1).

Pelletier F J, Elio R, Hanson P. 2008. Is logic all in our heads? From naturalism to psychologism. Studia Logica, (1).

Pulvermvller F. 2005. Brain mechanisms linking language and action. Nature Reviews Neuroscience, (7).

Rowlands M. 2001. The Nature of Consciousness. Cambridge: Cambridge University Press.

Rueschemeyer S A, Pfeiffer C, Bekkering H. 2010. Body schematics: On the role of the body schema in embodied lexical-semantic representations. Neuropsychologia, (3).

Schwartz S H. 1992. Universals in the content and structure of values: Theoretical advances and empirical tests in 20 countries. Advances in Experimental Social Psychology, (25).

Schwartz S J，Lilienfeld S O，Meca A，et al. 2016. The role of neuroscience within psychology：A call for inclusiveness over exclusiveness. American Psychologist，（1）.

Searle J. 1984. Minds，Brain and Science. Cambridge：Harvard University Press.

Searle J. 2004. The Rediscovery of Mind. Cambridge：MIT Press.

Seligman M. 2021. Agency in Greco-Roman Philosophy. The Journal of Positive Psychology，（1）.

Seligman M E. 2002. Positive psychology，positive prevention，and positive therapy. Handbook of Positive Pychology，（2）.

Semin G，Smith E. 2008. Embodied Grounding：Social，Cognitive，Affective，and Neuroscientific Approaches. Cambridge：Cambridge University Press.

Sheldon K M，King L. 2001. Why positive psychology is necessary. American Psychologist，（3）.

Slife B D，Williams R N. 1997. Toward a theoretical psychology：Should a subdiscipline be formally recognized？American Psychologist，（2）.

Smedslund J. 2016. Why psychology cannot be an empirical science. Integrative Psychological and Behavioral Science，（2）.

Staats A W. 1991. Unified positivism and unification psychology：Fad or new field？American Psychologist，（9）.

Stapleton M. 2013. Steps to a "Properly Embodied" cognitive science. Cognitive Systems Research，（2）.

Sternberg R J，Nokes C，Geissler P W，et al. 2001. The relationship between academic and practical intelligence：A case study in Kenya. Intelligence，（5）.

Sternberg R J. 2004. Culture and intelligence. American Psychologist，（5）.

Teo T，Stenner P，Rutherford A. 2009. Varieties of the Oretical Psychology：Nternational Philosophical and Practical Concerns. Captus：Concord.

Tiger L. 1979. Optimism：The Biology of Hope. New York：Simon and Schuster.

Tweney R D，Budzynski C A. 2000. The scientific status of american psychology in 1900. American Psychologist，（3）.

Weber A M. 2011. Embodied Cognition. London：Routledge.

Wierzbicki J，Zawadzka A M. 2016. The effects of the activation of money and credit card vs. that of activation of spirituality–Which one prompts pro-social behaviours？Current Psychology，（3）.

Willems R M，Hagoort P，Casasanto D. 2010. Body-specific representations of action verbs：Neural evidence from right-and left-handers. Psychological Science（1）.

后 记
POSTSCRIPT

　　积极推进心理学的理论建设，是作为兼有自然科学与社会科学双重属性的现代重要学科之一的心理学研究面临的一项重要任务。近 20 年来，国内外心理学研究的一个发展趋势是重新重视对心理学重要理论性知识的贡献，并崛起了理论心理学这一新的学科分支。这一新的学科分支取向一方面延续了心理学的基本理论与历史研究的优良传统，另一方面积极运用新的科学研究范式促进心理学理论研究的深化发展。

　　理论心理学是我校心理学传统的研究方向，前辈学者刘泽如先生、杨永明教授、王淑兰教授、方俊明老师、郭祖仪老师等专家在国内学界享有声誉。2003 年在申报基础心理学博士点时，学科带头人游旭群教授专门将"心理学基本理论"列为研究方向之一。目前我校心理学院的理论与社会心理研究团队本着"延续传统，开拓创新"的学术宗旨，近年来在这一领域又取得了新的标志性成果，争取到了教育部人文社会科学项目、国家社会科学基金后期资助等项目，在《心理学报》《心理科学》《心理科学进展》《教育研究》，以及国际理论心理学顶级刊物《理论与心理学》《心理学史》等杂志上发表了高水平论文，许多论文被全国哲学社会科学工作办公室、人民网、光明网、中央党校网、中国社会科学网、人大复印资料等媒体转载，出版了《现代心理学新进展与思潮研究》(陕西师范大学出版社，2000)、《心理学理论价值的再发现》(中国社会科学出版社，2009)、《意识心理学》《现代心理学基本理论研究》(陕西师范大学出版社，2011)、《新中国心理学发展史研究》(科学出版社，2015) 等专著，参与了荣获教育部人文社会科学一等奖的车文博先生主编的《中外心理学思想比较研究》、叶浩生先生主编的国家精品教材和大百科全书心理学理论分卷副主编等重要工作。获得全国高校出版社优秀畅销书一等奖、陕西省哲学社会科学优秀成果奖二等奖、陕西省高等学校人文社会科学研究优秀成果奖一等奖等奖项。同时，积极参加国际理论心理学研究会组织的学术活动。

回顾我个人40多年在陕西师范大学求学、教学和科研工作的经历，对心理学的理论和历史研究能够长期坚持，实属不易。我研究心理学理论充满了许多偶然及心酸，其间经历了一种无意识内隐的不自觉、有意识外显的自觉和自信的学术挣扎脉动轨迹。一方面，有幸成长于当今伟大变革时代太平社会需要有理论创新事业的国度；另一方面得益于工作单位潜移默化的感染影响以及我个人学习兴趣的积累。改革开放以来国家高考政策的恢复，使我这位从黄土高坡山沟里长大的人成为早期的幸运者和受惠者之一。我上的大学和工作的单位长期具有心理学理论研究的传统，有两三辈的老师们直接或间接地从事心理学理论研究。当然基于国内学术研究潮流的变化影响，这一领域多年来处于后继乏人的清冷局面。然而真正使我对理论心理学有所触动的是，2000年我们单位两位学术带头人在调离时，专门安排我去北美做国际CDA项目高级访问学者。我在国外既看到了大量的实证研究成果，也无意中发现好多西方心理学有关理论与历史方面的文献资料。回国后，人到中年的我斗胆第一次考博，居然幸运地考上了中国心理学会前任副理事长叶浩生先生的博士。风雨南京三年，成为我学术生涯的又一重要转折点，我导师那种中西合璧、"静水流深见气象"的学术风采和勤勉奋进的精神，诸多无形示范感染尤其是对我的精心培养及错爱扶持，经常冲击着我有些懒散的心灵。"师恩泽被情难忘"。唯有努力进取，才能不负师从名家的天赐幸运。

客观地讲，从事"守正与创新"的目前非主流的心理学理论与历史研究方向，也局限了自己的学术影响力。我从早期承担普通心理学、教育心理学、心理学史等课程的教学工作，在学术上努力冲击《社会科学评论》《光明日报》《陕西师大学报》《教育研究》《国外社会科学》等国内顶级刊物报纸，到中期追星于《心理学报》等学术权威杂志，再到近年来与弟子们博击国际专业高峰期刊。从出版学术专著到编写教材，一路走来，虽艰辛不已，却也幸运无比，得到了许多贵人的扶持，获得了不少赞誉。可惜个人志大而才疏，学养素质结构不良，虽然比较努力可不善经营。我深知自己不过是从黄土地走出来的一名很普通的读书人，书生型的多重性格矛盾、工作生活环境的冲击，造成了自己时而逆来顺受，时而与命运同行，时而奋起，但至今仍未能写出个人特别满意的精品，深感有愧于我们伟大的时代和单位及家人。再过几年我将退休，应该封笔，以免误导新人。

　　本书的出版得到了许多专家学者的帮助和陕西师范大学出版基金的资助。特别感谢心理学院领导游旭群教授、何宁教授、杨剑锋教授等的积极支持，感谢西北大学博士生导师王淑珍教授为本书做的匿名、热诚的评审与推荐，感激科学出版社责任编辑崔文燕的细致工作。同时本书也凝聚了集体的心血汗水，以下各章整理和校对工作是由我的博士们完成的，其中第一章第二节陈媛媛，第二章第一节魏晨晨，第四章前两节王静、第三节李翔宇、康彬，第五章刘佳、齐梓帆，第七章赵蒙，第十章王静、李翔宇，杨雪婷。张怡欣、陈炳宏、杨卓和刘文馨也参加了一些章节的修改工作。繁重的统稿任务由王静博士完成。鉴于本书研究的难度，其中可能存在的不足之处主要由我负责。值此即将在美丽的陕西师范大学校园工作满四十年之际，我仍然有许多事情可以做。

作者于古城

2024 年 5 月 12 日